国家出版基金项目
NATIONAL PUBLICATION FOUNDATION

# 社区保护地建设与外来干预

*Management and Outsides Interventions of Community-Conserved Areas*

自然生态保护

李晟之 著

北京大学出版社
PEKING UNIVERSITY PRESS

**图书在版编目(CIP)数据**

社区保护地建设与外来干预/李晟之著. —北京：北京大学出版社，2014.4
(自然生态保护)
ISBN 978-7-301-23942-1

Ⅰ.①社…　Ⅱ.①李…　Ⅲ.①社区—生态环境—环境保护—西北地区　②社区—生态环境—环境保护—西南地区　Ⅳ.①X322.2

中国版本图书馆 CIP 数据核字(2014)第 029153 号

书　　　名：社区保护地建设与外来干预
著作责任者：李晟之　著
责 任 编 辑：黄　炜
标 准 书 号：ISBN 978-7-301-23942-1/X・0064
出 版 发 行：北京大学出版社
地　　　址：北京市海淀区成府路 205 号　　100871
网　　　址：http://www.pup.cn　　新浪官方微博:@北京大学出版社
电 子 信 箱：zpup@pup.cn
电　　　话：邮购部 62752015　发行部 62750672　编辑部 62752038　出版部 62754962
印 刷 者：北京大学印刷厂
经 销 者：新华书店
　　　　　　720 毫米×1020 毫米　16 开本　18.25 印张　300 千字
　　　　　　2014 年 4 月第 1 版　2014 年 4 月第 1 次印刷
定　　　价：45.00 元

# "山水自然丛书"第一辑
## "自然生态保护"编委会

# 序一

在人类文明的历史长河中,人类与自然在相当长的时期内一直保持着和谐相处的关系,懂得有节制地从自然界获取资源,"竭泽而渔,岂不获得?而明年无鱼;焚薮而田,岂不获得?而明年无兽。"说的也是这个道理。但自工业文明以来,随着科学技术的发展,人类在满足自己无节制的需要的同时,对自然的影响也越来越大,副作用亦日益明显:热带雨林大量消失,生物多样性锐减,臭氧层遭到破坏,极端恶劣天气开始频繁出现……印度圣雄甘地曾说过,"地球所提供的足以满足每个人的需要,但不足以填满每个人的欲望"。在这个人类已生存数百万年的地球上,人类还能生存多长时间,很大程度上取决于人类自身的行为。人类只有一个地球,与自然的和谐相处是人类能够在地球上持续繁衍下去的唯一途径。

在我国近几十年的现代化建设进程中,国力得到了增强,社会财富得到大量的积累,人民的生活水平得到了极大的提高,但同时也出现了严重的生态问题,水土流失严重、土地荒漠化、草场退化、森林减少、水资源短缺、生物多样性减少、环境污染已成为影响健康和生活的重要因素等等。要让我国现代化建设走上可持续发展之路,必须建立现代意义上的自然观,建立人与自然和谐相处、协调发展的生态关系。党和政府已充分意识到这一点,在党的十七大上,第一次将生态文明建设作为一项战略任务明确地提了出来;在党的十八大报告中,首次对生态文明进行单篇论述,提出建设生态文明,是关系人民福祉、关乎民族未来的长远大计。必须树立尊重自然、顺应自然、保护自然的生态文明理念,把生态文明建设放在突出地位,以实现中华民族的永续发展。

国家出版基金支持的"自然生态保护"出版项目也顺应了这一时代潮流,充分体现了科学界和出版界高度的社会责任感和使命感。他们通过自己的努力献给广大读者这样一套优秀的科学作品,介绍了大量生态保护的成果和经验,展现了科学工作者常年在野外艰苦努力,与国内外各行业专家联合,在保护我国环境和生物多样性方面所做的大量卓有成效的工作。当这套饱含他们辛勤劳动成果的丛书即将面世之际,非常高兴能为此丛书作序,期望以这套丛书为起始,能引导社会各界更加关心环境问题,关心生物多样性的保护,关心生态文明的建设,也期望能有更多的生态保护的成果问世,并通过大家共同的努力,"给子孙后代留下天蓝、地绿、水净的美好家园。"

2013 年 8 月于燕园

# 序二

　　1985 年,因为一个偶然的机遇,我加入了自然保护的行列,和我的研究生导师潘文石老师一起到秦岭南坡(当时为长青林业局的辖区)进行熊猫自然历史的研究,探讨从历史到现在,秦岭的人类活动与大熊猫的生存之间的关系,以及人与熊猫共存的可能。在之后的 30 多年间,我国的社会和经济经历了突飞猛进的变化,其中最令人瞩目的是经济的持续高速增长和人民生活水平的迅速提高,中国已经成为世界第二大经济实体。然而,发展令自然和我们生存的环境付出了惨重的代价:空气、水、土遭受污染,野生生物因家园丧失而绝灭。对此,我亦有亲身的经历:进入 90 年代以后,木材市场的开放令采伐进入了无序状态,长青林区成片的森林被剃了光头,林下的竹林也被一并砍除,熊猫的生存环境遭到极度破坏。作为和熊猫共同生活了多年的研究者,我们无法对此视而不见。潘老师和研究团队四处呼吁,最终得到了国家领导人和政府部门的支持。长青的采伐停止了,林业局经过转产,于 1994 年建立了长青自然保护区,熊猫得到了保护。

　　然而,拯救大熊猫,留住正在消失的自然,不可能都用这样的方式,我们必须要有更加系统的解决方案。令人欣慰的是,在过去的 30 年中,公众和政府环境问题的意识日益增强,关乎自然保护的研究、实践、政策和投资都在逐年增加,越来越多的对自然充满热忱、志同道合的人们陆续加入到保护的队伍中来,国内外的专家、学者和行动者开始协作,致力于中国的生物多样性的保护。

　　我们的工作也从保护单一物种熊猫扩展到了保护雪豹、西藏棕熊、普氏原羚,以及西南山地和青藏高原的生态系统,从生态学研究,扩展到了科学与社会经济以及文化传统的交叉,及至对实践和有效保护模式的探索。而在长青,昔日的采伐迹地如今已经变得郁郁葱葱,山林恢复了生机,熊猫、朱鹮、金丝猴和羚牛自由徜徉,那里又变成了野性的天堂。

　　然而，局部的改善并没有扭转人类发展与自然保护之间的根本冲突。华南虎、白暨豚已经趋于灭绝；长江淡水生态系统、内蒙古草原、青藏高原冰川……一个又一个生态系统告急，生态危机直接威胁到了人们生存的安全，生存还是毁灭？已不是妄言。

　　人类需要正视我们自己的行为后果，并且拿出有效的保护方案和行动，这不仅需要科学研究作为依据，而且需要在地的实践来验证。要做到这一点，不仅需要多学科学者的合作，以及科学家和实践者、政府与民间的共同努力，也需要借鉴其他国家的得失，这对后发展的中国尤为重要。我们急需成功而有效的保护经验。

　　这套"自然生态保护"系列图书就是基于这样的需求出炉的。在这套书中，我们邀请了身边在一线工作的研究者和实践者们展示过去30多年间各自在自然保护领域中值得介绍的实践案例和研究工作，从中窥见我国自然保护的成就和存在的问题，以为热爱自然和从事保护自然的各界人士借鉴。这套图书不仅得到国家出版基金的鼎力支持，而且还是"十二五"国家重点图书出版规划项目——"山水自然丛书"的重要组成部分。我们希望这套书所讲述的实例能反映出我们这些年所做出的努力，也希望它能激发更多人对自然保护的兴趣，鼓励他们投入到保护的事业中来。

　　我们仍然在探索的道路上行进。自然保护不仅仅是几个科学家和保护从业者的责任，保护目标的实现要靠全社会的努力参与，从最草根的乡村到城市青年和科技工作者，从社会精英阶层到拥有决策权的人，我们每个人的生存都须臾不可离开自然的给予，因而保护也就成为每个人的义务。

　　留住美好自然，让我们一起努力！

2013 年 8 月

# 自序

........................................

常常被朋友问及如何与农民打交道,他们是否值得信赖? 为什么真心地去社区帮助农民,但却得不到真诚的配合? 整体而言农民到底是诚信的还是更偏重于狡黠?

朋友们的困惑我自己也常常遇到:从 1992 年参与社会林业项目开始,逐渐树立了要管护好森林、保护好水源地和野生动物就必须要把老百姓动员起来的信念。在工作中也不断地与政府的合作伙伴以及资助者沟通,呼吁要相信并支持以社区为主体的项目策略;但是,尴尬的是在热闹的启动仪式后,社区项目常常是只有村干部带着几个亲近人员"简约式"地配合完成项目需要的活动,而其余的农民则袖手旁观,很多时候村支书与村长之间的不同观点也影响着项目实施。作为一个社区项目实施者,在面对社区内大部分村民冷漠参与的同时,还需要在项目建议书或者报告中不断宣扬社区保护的优点和成效。

其实这些困惑大都源于把社区看成是一个整体,而不是一个由具有不同利益诉求的众多家庭组成的单元。困惑久了,就发现社区内的各个家庭之间具有由血缘、利益、文化等诸因子凝聚成的相互关系,由于各个因子的消长,加之国家政策、市场波动、自然灾害等外部因子影响,社区内家庭间的相互关系是动态变化的。各个家庭的意见很难统一,社区也难以形成合力来自主开展项目或与外界合作。

做社区项目过程中对于村干部是既依赖又无奈。行政村(通常的社区项目单元)干部在连接包括政府在内的外部资源和社区各个家庭的过程中缺乏制约的权力和"理性寻租",而在现有的乡村自治构架下无论是政府还是民间组织的项目都难以绕开行政村干部以寻求突破。很长的一段时间我曾尝试通过对社区精英开展领导力培训来理顺社区内利益格局、引导社区形成合力,但乏善可陈。

学习奥斯特罗姆有关集体行动的八项原则后发现,社区精英并不是自然资源可持续利用的关键,而是管理制度。从长期来看,社区精英最根本的作用在于引领社区制定和修改乡村治理的制度而不是带领社区群众开展多少轰轰烈烈的活动。

从 1995 年开始，我就围绕自然资源可持续利用同时在科研机构和民间组织工作，享受着科研与管理间跨界的乐趣。2012 年 7 月，放下了从事 10 余年的民间组织管理工作而专心研究自然资源可持续利用和乡村治理。本书是基于前期的实践教训的阶段性总结，尤其是对于如何认识农村社区复杂性的认真思考。

感谢北京山水自然保护中心，本书中大量的资料来自于该组织的实践案例，吕植博士和保护中心的同事们为我创造了良好的条件来学习各种理论著述，并把十余年基于社区的生物多样性保护工作进行了梳理。

感谢张逸君女士和申小莉女士、四川省社会科学院刘伟先生和甘庭宇研究员、贵州师范大学的任晓冬教授，他们慷慨地允许我在本书中引用了他们各自的研究成果(请见相关标注)，从而弥补了我研究的不足，使相关的内容更加完整。

感谢北京大学出版社，正是由于他们对生态保护的热情，积极筹划申请了国家出版基金项目——"自然生态保护"，使我的拙著能够尽早面世。尤其是黄炜老师的悉心指导和不断鼓励，使本书在原稿的基础上在细节方面有了质的改善。

钱穆先生提出，唐以后中国农村社区开始解体，乡村治理日趋衰落至今，形成了农村只有家庭没有社区的普遍现象。回顾上述自己对这一问题的认知过程，发现自己的研究兴趣已经逐渐地从 10 余年前的社区参与转向今天的乡村治理，研究自然资源可持续利用的最终目的还是希望中国乡村治理由衰而盛的拐点早日实现。

研究之路漫长，希望也相信本书仅仅是自己的一个重要里程碑。

李晟之

2013 年 10 月

# 目　录

# 第一章 什么是社区保护地

## 第一节 社区保护地

### 一、社区保护地定义与起源

世界自然保护联盟(IUCN)把社区保护地定义为"自然和(或)经过人为改变的,具有重要的生物多样性价值、文化价值与生态服务功能,并被当地社区和原住民通过传统习俗或其他有效方式自发保护的生态系统"。

社区保护地的概念被提出、总结提炼最后得到普遍认可的时期并不太长。2003年第五届世界保护大会(德班)指出,原住民和当地社区作为保护的重要参与者的管理作用应该得到充分认可;接着2004年在曼谷的世界保护大会首次提出了社区保护地的概念;紧接着在吉隆坡召开的生物多样性公约第七次缔约方大会批准了支持保护区的一种"新方法",要求注意保护中的公平及原住民的权利;2010年在第十次缔约方大会(名古屋)的建议报告中做了关于原住民/社区保护地认可的特别建议,例如"认可机制应该尊重长期以来维持原住民/社区保护地的习惯法管理体系。"可以认为,社区保护地概念逐渐得到世界保护主流的共识大致是在2003~2005年间。

全球早期经正式批准建立的自然保护地可以追溯到美国的黄石国家公园(1872年),而中国的第一个自然保护区则是位于广东省的鼎湖山国家级自然保护区(1956年)。以政府为主导的保护地建设,从历史来看,我国与世界的差距有近90年,而社区保护地正式提出不过近10年的时间。建设社区保护地,可能缩小我国的保护地建设与国际的差距,依托于我国丰富灿烂的生态文化,甚至可为整个世界保护地贡献出中国经验。

人们对于社区保护地的判断常常有不同的看法,甚至很多生态保护专业人士之间也会产生争执,究其原因,是从广义或狭义,或者在两者中间取某一点形成了各自不同的认识。从广义来看,社区保护地是社区群众历史上或当前现实中对于自然资源采取自我约束或排斥性干预活动的区域;而从狭义来看,社区保护地必须是被官方认可的,社区群众自发且有组织的,有目标、区划及管理计划的,能够不断监测评估并自我修正的保护区域。其广义的和狭义的区别主要在于以下几点:

① 社区群众是否系自发地、非外界干预性地开展生态保护活动;

② 所采取的保护举措是否是有组织地、日常性地开展;

③ 保护活动有多大程度受到政府的认可或支持;

④ 社区保护地所采取保护举措和保护目标之间的联系是否被科学家们认可;

⑤ 社区保护地的保护成效如何。

无论是广义还是狭义地认识社区保护地,都应该包容性地看待不同的观点,在实践中力争求同存异,形成建设社区保护地的合力。

## 二、社区保护地属性

社区保护地不仅仅是保护地,也是一种经济区域,是由农牧民自发保护建设的,生态系统与经济社会系统叠合的,由"聚落"、"域面"和"天然联系"构成的特殊的生态经济区域。所谓"聚落"是指农牧民聚居的区域;"域面"是社区保护地的整个保护区域;而"天然联系"是指农牧民和生态系统的关系,包括他们在长期的生产与生活实践中获得的生态知识、形成的乡规民约和生态禁忌等。

从区域经济学角度看,社区保护地具有以下的属性特征。

① 管理属性。依据一定制度,如习惯法、乡规民约或家规等,一方面对社区内农牧民的自然资源利用进行约束(管理),即内控性的自我约束;另一方面也排斥或管理外来资源使用者。与所遵守的制度相配合,社区也有相应的组织管理手段和资源(如社区精英、信息机制、资金和人力保障等),来贯彻实施制度以保护生态环境。社区的这种管理方式通常规定比较具体,自我约束性强,与政府或宏观层面的

调控手段,如法律、市场和文化,有显著区别但又相互影响,互为补充。在山区和高原草原区的有效的、好的保护机制,必须是两者都有且能形成良性互动。

② 空间属性:社区保护地通常具有明确的四至界限,但很多时候它的边界又是非正式的和动态的。所谓非正式的,是指从历史上某一时点看,社区保护地的农牧民对于自然资源管理的权力具有合理性,但不一定都是受到当前法律的认可或保护,某些情况下甚至与国家的和周边社区的土地权属相冲突;所谓动态的,是指社区保护地的大小和社区的管理能力是相一致的,由于在不同历史时期管理能力不同,同一个社区所管理的社区保护地大小也不同,与相邻社区或管理单元的社区保护地存在此消彼长的情况。

③ 多目标属性。农牧民传统上对社区保护地内的资源利用通常是多目标的,不会单一、片面地去利用社区保护地的某一种或几种资源,进而造成过度利用;强调综合利用并发挥生态系统的整体功能,但同时也很少有绝对保护而不开发利用的。社区保护地通常在处理资源开发和生态保护等矛盾方面形成了自己的平衡点。社区自发形成的平衡点与外来的开发利用者的平衡点却常常不一致,但都应该是政府的政策制定的重要参考。

④ 文化属性。任何管理活动都需要借助权威。与自然保护区依赖于国家的相关法律法规不同,社区保护地通常依托于当地的生态文化和传统生态知识,具体形式可能是多种多样的,如宗教、禁忌、乡规民约、风俗习惯等等。生态文化与社区保护地实践往往是相互促进的:一方面社区保护地的管理依赖于传统文化;另一方面社区保护地的管理实践反过来也强化了传统文化在老百姓中的认同与传承。

了解社区保护地的属性,对于在建设社区保护地的实践中顺应农牧民的诉求,使农牧民在保护中的优势与劣势得以扬长避短是非常重要的。

# 第二节 相关概念

为了更好地理解社区保护地,需要同时了解几个相关的概念。

## 一、自然保护区与自然保护地

### 1. 自然保护区

中国的自然保护区被定义为"保护各种生态系统或自然环境,保护生物多样性,拯救濒临灭绝的野生生物,以及保护自然历史遗产划定的特殊的自然地域"①。在这些自然保护区中,既包括各种自然地带中各种生态系统的代表,又包括一些珍贵、稀有动植物种类的主要分布区,候鸟繁殖、越冬场所和迁徙体系的驿站,以及饲养、栽培品种的野生近缘种的集中产地。自然保护区的内涵还包括具有特殊保护价值的地址剖面、化石产地、冰川遗迹、地质地貌、瀑布、温泉、火山口、陨石所在地、海岛等,甚至包括风光优美的自然风景名胜区、特殊的农业耕作区等②。2012年底,中国已建成的自然保护地包括2632处自然保护区,约占国土陆地面积的16%。

按照《中华人民共和国自然保护区管理条例》,自然保护区管理上"禁止在自然保护区内进行砍伐、放牧、狩猎、捕捞、采药、开垦、烧荒、开矿、采石、挖沙等活动"(第二十六条)。自然保护区通常分为"核心区"、"缓冲区"和"实验区"三个区域:核心区禁止任何人类干扰;缓冲区只准进入从事科学研究观测活动;实验区可以进入从事科学试验、教学实习、参观考察、旅游以及驯化、繁殖珍稀、濒危野生动植物等活动。因此保护区内不能有除旅游之外的任何其他经济活动,"禁止任何人进入自然保护区的核心区"。从理论上看,自然保护区管理非常严格。

然而,根据由100多位中国专家组成的"自然保护立法研究组"③通过调查研究却认为,中国的自然保护区不能满足生态安全的基本需求,现有自然保护区的核心区和缓冲区阻止了大多数大型的经济开发和森林砍伐,但是却并未能阻止人类活动,放牧、偷猎、采菜、挖药、采松子、旅游等活动非常普遍。很多自然保护区由于过于严格,反而引起来自当地地方政府和居民们的强烈反弹,导致保护成效低下。

2. 自然保护地

出于改善中国自然保护现状的目的,"自然保护立法研究组"结合国际相关经验,提出了"自然保护地"的概念,并建议在中国大力加强自然保护地建设,而不是把注意力仅仅着眼于自然保护区建设。

所谓自然保护地,是指对有代表性的自然生态系统、有重要生态系统服务功能的自然区域、珍稀濒危野生动植物物种和重要遗传资源的天然集中分布地,以及重

---

① 《中华人民共和国自然保护区管理条例》。

② 解焱著.中国自然保护区管理体制综合评述.北京:社会科学文献出版社,2006,第十二章.

③ 由中科院动物所副研究员解焱博士引领近100位来自生态、法律、政策研究、管理、公民社会建设、新闻传播等领域的资深专家,在2012年4月志愿成立了"自然保护立法研究组"。研究组以推动国家制定并颁布《自然保护法》及配套法律法规为目标,起草并发布了《自然保护法》草案以及《自然保护地保护管理人员与经费需求分析》报告,组织召开了专家讨论会、院士座谈会、部委座谈会等多场专题会议,并通过新闻媒体、微博、网站建设、两会提案等各种途径向公众和国家领导人传达研究组的成果和立法建议。

要走廊地带、有特殊意义的自然遗迹和自然景观等保护对象所在的陆地、陆地水域或海域，由政府依法予以特殊保护和管理的区域。

1994年，世界自然保护联盟将全球所有的自然保护地划分为六个大类，其中第一种类型又可分为两类，即：类别Ⅰa，严格的自然保护区；类别Ⅰb，原野保护地。余下的五大类分别为：类别Ⅱ，国家公园；类别Ⅲ，自然纪念物；类别Ⅳ，栖息地/物种管理地；类别Ⅴ，陆地/海洋景观保护地；类别Ⅵ，资源保护地。

从上述分类可以看出，与自然保护区相比，自然保护地是更广泛的范畴。自然保护区通常被认为是自然保护地七种类型中的一种，即类别Ⅰa，是受到最严格保护的自然保护地。截止到2004年，全球共有自然保护地超过10万个，其中自然保护区数量不到50%[①]。

在很长的一段时间里，尤其是计划经济在国民经济中占据绝对优势地位的时期，人们往往把自然保护区与自然保护地的概念完全等同起来。20世纪90年代后期开始，随着与国际生物多样性保护同行交流的不断加强以及对中国保护地调研工作的不断深入，中国生物多样性保护理论研究和实践工作者逐渐认识到自然保护区与自然保护地的区别，尤其仅仅发展自然保护区而忽视其他类型保护地的局限性。

自然保护地这七种分类，是从保护对象和保护严格程度来进行划分的，而社区保护地则是按照保护的主体来进行划分的。由于划分依据不同，在七种保护类型中并不能对应地找到社区保护地。社区保护地可能是这七种自然保护地的任何一种。

## 二、社区

### 1. 社区的概念

在农村发展与资源环境保护领域，很多业内人士认为"社区"这一概念最早来自1887年德国学者滕尼斯的《社区与社会》（即 *Gemeinschaft and Gesellschaft*）。德文"Gemeinschaft"一词一般被译作"共同体"，表示任何基于协作关系的有机组织形式。"社区"一词是在20世纪30年代经美国"转口"引进中国的，费孝通等燕京大学社会学系的部分学生首次将英文的 community 译为"社区"，"社区"逐渐成为中国社会学的通用语[②]。

---

① Adrian Phillips. 使用共同的语言——世界自然保护联盟保护地管理类别，2005.

② 姜振华，胡鸿保. 社区概念发展的历程. 中国青年政治学院学报，2002，7.

从社区这个词起源至今,国内外很多学者都从不同的角度对社区进行了诠释。现将其中的一些摘录出来,一方面希望读者能够从多角度、包容性地理解社区的概念,而不是一味强调其中一种而排斥其他的定义,这对于理解社区的复杂性是非常重要的;另一方面,如果有机会,读者能够延展性地阅读这些书籍,相信一定会获益匪浅。

- 滕尼斯认为,社区是由若干亲族血缘关系结成的社会联合,强调血缘纽带和联合,即共同体。

- F. M. 罗吉斯与 L. I. 伯德格在《农村社会变迁》中指出:社区是一个群体,它由彼此联系、具有共同利益或纽带、具有共同地域的一群人所组成。社区是一种简单群体,其成员之间的关系是建立在地域的基础上的。他们强调共同利益、共同地域、简单群体三个要素。

- G. 邓肯·米切尔指出:社区一词是指人们的集体,这些人占有一个地理区域,共同从事经济活动和政治活动,基本上形成一个具有某些共同价值标准和相互从属心情的资质的社会单位,城市、城镇、乡村或教区就是例子[1]。

- 费孝通在其《社会学概论》一书中认为:社区是若干社会群体(家庭、氏族)或社会组织(机关、团体)聚集在某一地域里,形成一个在生活上互相关联的大集体。

- 张敦福在其编著的《现代社会学教程》中,把社区的基本要素归结为共同情感联系和价值的认同,共同的地域空间,共同的利益,一定的人群[2]。

- 方明指出:社区一般是指聚集在一定地域范围内的社会群体和社会组织,根据一套规范和制度结合而成的社会实体,是一个地域社会生活共同体[3];蔡禾指出:社区是建立在地域基础上的,处于社会交往中的,具有共同利益和认同感的社会群体及人类生活共同体[4]。

- 丁志铭认为,社区是一个具备相对完整性的社会功能,能够满足社区居民基本生活需要的地域社会。在这样的地域社会中,由于人们共享同一的生活环境和社区服务,加上不同程度的血缘、地缘、业缘关系的联结,居民形成了共同的社区意识与心理认同感[5]。

---

① G. 邓肯·米切尔. 新社会学词典. 上海:上海译文出版社,1987,51.

② 张敦福. 现代社会学教程. 北京:高等教育出版社,2001,162.

③ 方明,王颖. 观察社会的视角—社区新论. 北京:知识出版社,1991,5.

④ 蔡禾. 社区概论. 北京:高等教育出版社,2005,4.

⑤ 朱婧. 社区解读. 社科纵横,2005,10.

希勒拉利在1955年对"社区"一词收集到了94个不同的定义,其中有69个都强调了下列三个要素:社会互动、地域、共同约束。综合国内外学者给社区下的定义,我们可以看到:社区是社会,但与社会不同,它是地域社区,即区域社会;社区是群体,但与群体不同,它是以地域为特征的;社区是人群,但与人群不同,它是具有社会交往的人群,具有共同意识、共同利益的人群;社区是共同体,它是人类生活的共同体。

可见,社区概念具有以下几个基本特征:一是共同性,主要指共同利益、共同文化、共同意识或价值观等;二是非正式组织性;三是社区内居民相互之间互动较多,对社区内的日常生活比较熟悉;四是具有一些基本社会功能和一定规模;五是地域性[1]。

对应于当前中国农村"乡—行政村—村民小组—农户"四个层级,社区最少的规模应该为一个村民小组,最大可能包括几个乡,是一个非常宽泛的概念。相应地,社区保护地可能的范围从单个的村民小组级的到包括几个乡的,面积变化可能很大。但从实践中看,很少看到超出县域的社区保护地。

**2. 社区的构成要素**

社区保护地要有效地运转,首先应该是相关的人群能够凝结成一个共同体,具有社区要素。社区要素是指那些构成社区的,或者说使其成为社区的基本因素[2]。理解社区的构成要素,有助于判别社区保护地所在的社区是在实践中真正存在,能够发挥生态保护功能;还是由于行政或者其他外来干预的原因,短期凑合而成。

蔡禾认为社区具有地域、人口、共同的文化和制度、凝聚力和归属感、公共服务设施等五大基本要素[1]。

王振海将构成社区的要素归结为地域,即社区的地域空间边界,当然,社区中的"区"并不纯粹是自然地理单位,而且内含着人文区位因素,是社会空间与地理空间的结合体,人口,即具有同质性和归属感的社区人群的数量、构成和分布;结构,即社区内各种群体、部门、组织间的分布与连接状况;文化心理及生活方式,即通过长期共同生活形成的文化习俗、心理取向、生活方式、行为规范等心理文化维系力[3]。

夏国忠认为构成社区的要素为人口、地域、组织、文化、设施、归属感等方面,这些要素是相互独立的,彼此之间不存在派生关系,但又相互联系,相互作用:① 人口。人口是构成社区最基本的要素,社区人口包括区域内相对稳定的静态人口和

---

①　赵德华.社区与社区功能的探析.中南民族大学学报(人文社会科学版),2007,(S1).
②　蔡禾.社区概论,高等教育出版社,2005,6.
③　王振海.社区政治论.太原:山西人民出版社,2003.

社会变迁中的城乡交流、异地流动以及反映人口增减的动态人口。② 地域。一定范围的地域空间是一个社区存在和发展的基本条件,是社区居民生存、生活和活动的基本前提。③ 组织。在社区特定区位时空中生存、居住和活动的人群和社会团体,从社会组织形式来看,是按照多种纵向与横向联系构成的组织结构。④ 文化。每个社区都有自己特定的文化特征,其外化于具有一定文化传统和人文背景的生活方式、行为规范和文化心理取向,内化于社区成员对本社区的认同感、归属感和社区精神,构成特定人文背景的社区心理和社区的内聚力。⑤ 设施。一个社区通常要有一整套相对完备的生活服务设施,用于满足人们物质和精神生活的需要。⑥ 归属感,即社区居民对自己所属社区在感情上和心理上产生的认同感[①]。

宋林飞将社区理解为一种社会关系的区位关系,体现为三维立体结构,其三个要素为:结点、域面和流网。

① 结点,即人口、住所等聚集点,是社会关系交叉与会合的地方。根据交织在一起的占主导地位的社会关系的性质,可以分为服务性的结点、文化性结点、娱乐性结点等。只有个别结点的社区,是初级社区。例如村庄、集镇、城市中新建的住宅区等。具有多个结点并且自成系统的社区,是二级社区。例如,几个边缘已经连接起来的城市所形成的城市聚集区。在现代社会,还可以把一个国家的地理范围内的人口及其共同生活现象,叫做三级社区。也可以把若干个国家的地理范围内的人口与共同生活现象,叫做四级社区,例如"欧洲共同体"。

② 域面,也就是经济腹地,即结点的各种作用力所能达到的地域,以及结点所吸引的全体人口及其日常活动。人迹不到的地域是旷野,而不是社区;几个人或几十个人,一般也不构成社区。当人们互相之间能够进行大多数日常活动时,这时的人口规模及其活动的地理范围,就是社区存在的人口与地域界限。域面是自然因素与社会因素的结合,其中人口特质、生态特征、地理特征及人工设施为人们的日常活动提供环境条件。地理、生态的状况与变化属于社区的原生环境或第一环境;被人类活动改变或破坏了的生态与地理状况,属于社区的次生环境或第二环境;由人工建造的房屋等设施,构成人工环境或第三环境;由交往、文化等因素,构成公共生活环境或第四环境。

③ 流网,即人流、物流、信息流、交通流等交织起来的状态,是处于运动变化中的网络。人流,包括人口的自然增减与机械增减,包括人口的早出晚归等常规流动以及探亲、出差旅游等临时流动。物流,包括粮食、日用品等物质资料的输入与输

---

① 夏国忠.社区简论.上海:上海人民出版社,2004.

出,包括废物排放或输出。信息流,包括接受外界的政治、经济、文化等信息以及输出经过加工的有关信息,包括各种消息在域面内的传播。交通流,即人流、物流、信息流的运载与负担过程[①]。在这里,既包括情感性社会关系,又包括功利性社会关系,而且在这些社会关系中包含了时间的因素。从而,流网反映一定地域内各社会关系的发展水平和持续程度,体现社区各个发展阶段的动态面貌,以及多种变量的相关结构[②]。

祝庆林认为,不管是农村社区还是城市社区,只要是一种社会实体的社区,都是由以下因素构成的:第一,有一定的地域作为基础或依托。地域是人们赖以从事生产以及其他各种社会活动的基础,而且社区的地域条件直接制约和影响着特定社区中人们活动的性质和特点。第二,以社会关系为基础组织起来,进行共同生活的人群。任何一个社区要能够形成,就必须有人的存在,这些人不是孤立的、没有联系的个人,而是要从事共同的社会生活、彼此结成一定的社会关系的人群。第三,有一套社区生活的制度以及相应的组织管理机构。其制度由有关的社会活动的规则体系构成;其组织管理结构一般有两类,即执行结构和居民自治组织。社区中的制度和组织管理机构是形成社会秩序的重要条件。第四,要有各方面的生活服务设施。如商业、服务业、文化、教育等。如果没有这些服务设施,居民的日常生活就无法维持,这个社区是不完整的。第五,有自己特有的文化。每个较大规模的社区,如市、县等,都应有自己的文化,而社区文化的特点则是由现实的经济、社会条件和历史传统决定的。第六,社区中的居民都有一种对自己所属社区的情感上和心理上的认同感,即有一种"我是某一个地方的居民"的概念。这种认同感则是形成社区凝聚力的一个非常重要的因素[③]。

如果生态环境与自然资源能够成为所在社区的构成要素,则社区保护地就能够持续地运行。反之,如果不是社区的构成要素,或者这些要素从社区中日趋衰退,不管花费多大的资金开展社区保护地建设项目,其持续性都是值得怀疑的。

## 三、区域

### 1. 区域的概念

区域,是区域经济学中最基本的概念,也是区域经济研究的基本出发点和整个

---

① 宋林飞.现代社会学.上海:上海人民出版社,1987.
② 朱婧.社区解读.社科纵横,2005,10.
③ 祝庆林.什么是社区.中州统战,1996,12.

区域经济学的理论基点。目前对于"区域"概念的界定，无论是国内还是国外都远未形成一个统一的观点。由于区域经济研究者的学科背景的差异，比如，地理学把区域定义为地球表面的地域单元；政治学就把区域看成是国家管理的行政单元；社会学则把区域看作共同语言、信仰和民族特征的人类社会聚落①。各个学者从不同角度对"区域"进行定义，主要有以下几种观点：

① 地理学观点。美国地理学家哈特向(R. Hartshorne)提出区域是一个具有具体位置的地区，在某种模式上与其他地区有差别，并限于这个差别所延伸的范围之内②。佩洛夫、邓恩、兰伯德等人指出区域就是用来描述一组地理上毗邻的地区，它们以具有某些共同或互补的特征，或为广泛的地区间活动流所紧密结合在一起③。高洪深(2002)继承和延伸了哈特向的同质性观念，指出区域是按照一定标准划分的连续的有限空间范围，是具有自然、经济或社会特征的某一方面或几个方面的同质性的地域单位④。王铮等(1999,2002)特别强调区域是空间的特化。所谓特化就是地域空间的一部分被赋予特定的资源、环境与人口特征⑤。崔功豪等(2003)提出区域是一个空间概念，是地球表面上占有一定空间的、以不同的物质客体为对象的地域结构形式⑥。

② 结构派观点。西方最具代表性的观点是R. 迪金森(Dickinson,1969)对区域进行的定义：区域是用来研究各种现象(物质的、生物的和人文的)在地表特定地区结合成复合体的趋向的。这些复合体有一个场所、一个核心和它们边缘地区的、明确程度不同的变化梯度。这一概念提出了内聚性这个区域划分标准，且指出每个区域由核心及有向心倾向的边缘组成。我国学者继承这一观点的包括林德全、方伦等人，他们也认为区域是有内聚力的地区。区域所包含的地区具有同质性，经济上有密切的相关性、协调运转的整体性、相互交叉的渗透性⑦。

③ 区划派观点。俄罗斯经济区划委员提出地域生产综合体理论，认为：所谓区域应该是国家的一个特殊的、经济上尽可能完整的地区⑧。程必定(1989)认为，

---

① 杜肯堂,戴世根. 区域经济管理学. 北京：高等教育出版社,2004,1.

② Richard Hartshorne. Perspective on the Nature of Geography, Chicago：Rand and McNally,1959.

③ Perloff H S, Dunn E S, Lampard E E et al. Regions, Resources and Economic Growth. Baltimore：John Hopkins Press,1960,4.

④ 高洪深. 区域经济学. 北京：中国人民大学出版社,2002,23.

⑤ 王铮,邓锐等. 理论经济地理学. 北京：科学出版社,2002,3；王铮. 区域管理与发展. 北京：科学出版社,1999,2.

⑥ 崔功豪,魏清泉,陈宗兴. 区域分析与区域规划. 北京：高等教育出版社,2003,1.

⑦ 林德全. 区域经济规划的理论与实用方法. 数量经济、技术经济资料,1986.

⑧ T. M. 克尔日查诺夫斯基. 苏联经济区划问题. 北京：商务印书馆,1961,82.

经济区域是具有特定区域构成要素、不可无限分割的经济社会综合体。杜肯堂(2004)提出经济区域是一国之内具有特定地域构成要素和自主权益,在专业化分工中担负一定职能、经济上尽可能完整的地区①。首先,经济区域是一个空间范畴,泛指人类经济活动的地域空间载体;其次,经济区域应具有必要的地域构成要素,是在全国专业化分工中分担一定职能、经济上较为完整的地区;第三,经济区域是一个主权国家疆域内,赋予了相当权益的经济共同体;第四,经济区域可以分为不同类型,通常按同质性方法和聚集性方法把区域分为同质区和极化区以及基于二者的规划区。孙久文认为,区域是指拥有多种类型的资源,可以进行多种生产性和非生产性经济活动的一片相对较大的空间范围②。

④ 经济学观点。高进田认为,区域是一种无限空间,可以由点、线、面来表示,但不包含范围③。胡佛认为:区域是根据叙述、分析、管理、规划或制定政策等目的,作为一种有效实体来加以考虑的一片地区,它可以根据内部同质性或功能同一性来加以划分④。国内学者常常以上述定义为依据,认为区域是由城市和农村二元结构或者城市、农村、城乡边缘区三元结构组成⑤。近年来在理论界对区域概念出现了一些新的认识。20世纪90年代以后,在艾萨德的基础上演化出两种探寻区域本质的研究流派,一个分支是强调聚集的规模报酬递增原理,以藤田、克鲁格曼等为代表的地理学派,在《空间经济学》一书中虽然没有直接给区域下定义,但指出:区域就是一定的经济空间,是各种形式的收益递增和不同类型的流动成本相互平衡作用的结果⑥。另一支新兴古典经济学派则更加侧重区域产生的专业化分工基础,杨小凯等人则从专业化经济和交易费用的思想出发,深化了艾德萨等人的区域专业化分工认识,认为专业化与市场交换是产生区域差异的基础,提出区域是一种经济组织,它是随城市的形成而出现的,这种组织是市场选择的结果⑦。

2. 区域的特征

就一般意义上讲,区域就是指一定的地域空间范围,它具有客观性和抽象性两重特征:一方面,就区域的存在和发展而言,是具有客观性的。尽管目前理论界对区域

---

① 杜肯堂,戴世根.区域经济管理学.北京:高等教育出版社,2004,3.

② 孙久文,叶裕民.区域经济学教程.北京:中国人民大学出版社,2000,2.

③ 高进田.区位的经济学分析.上海:上海人民出版社,2007,257.

④ Edgar M. Hoover, Frank Giarratani. An Introduction to Regional Economics, Alfred A. Knopf, 1984,264.

⑤ 高进田.区位的经济学分析.上海:上海人民出版社,2007,259.

⑥ Fujita,Krugman,Venables. The Spatial Economy:Cities Regions and International Trade. MIT Press,1999,18—30.

⑦ 杨小凯,黄有光.专业化与经济组织.北京:经济科学出版社,1999.

并没有统一的定义,但区域却有存在和发展的客观基础。首先,自然禀赋的客观差异性是区域存在的客观自然基础;其次,人类活动的客观差异性是区域存在和发展的客观人类基础。另一方面,就区域概念本身而言,其确实是抽象的,它的内容和范围都是不确定的。人们必须赋予其某种特征使其具有特定的含义和可解释的意义,并据此进行区划,区域才能具体化,才能真正具有活动组织,才能发挥区域应用的功能①。

从宏观经济研究的角度看,区域的主要特征有:① 经济完整性。区域是人类从事经济活动的地表空间范围,区域活动表现的是人们必须长期进行的社会再生产活动,是大量的经济现象积累。② 综合发展性。在宏观经济学中,有时把区域作为一个地理单元来考察,对其不是进行自然区域、人文区域、行政区域等的分类研究,也不是对某一产业部门区,工业区,农业区之类的单向研究,而是包括各产业在内的,结合自然、行政、人文、社会因素,把工业区位、农业区位等组合在一起进行的综合研究。③ 产业异构性。区域是一种客观存在的各生产要素构成的有机整体。任何区域由于受到所处地理位置的不同、拥有资源种类的差异、历史发展的文化沉淀及民族世袭习俗等因素的影响,其产业结构表现得各具特色。④ 范围可变性。区域经济活动范围的大小,是随着人类改造自然的深度和广度而变化的,进而可以根据一定历史时期的区域经济规模,借助行政区划对区域范围的大小给以重新确定,相对划定其边界。但是,区域不能无限细分,必须具有基本的构成要素和基本单位。⑤ 系统开放性。区域经济作为国民经济(或国际经济)整体的一个组成部分,是一个开放的系统。所谓开放性,是指区域经济的运转必须与外部环境发生物质、能量和信息的交换,才能促进区域自身不断适应经常变化的环境,不断与环境或其他区域的运转相耦合,才能和谐地实现良性循环。⑥ 利益共享性。区域经济活动的主体是人类活动。人们之所以能长期定居于某一空间范围内生活和发展,或者通过一个短期的区级流动,选择一个长期居住的区域,是由人们的经济利益要求所驱使的。

3. 区域要素

区域要素可以分为两类:一类是反映每一个区域特定地域特点的因素,也被称为"地域因素";另一类是反映一个区域经济运行内部特征的因素,也被称为"区域经济系统内部要素。"

(1) 地域因素的构成

地域因素可以分为五个方面:① 自然地理因素。包括区位条件、资源禀赋、生态环境等因素。它们的组合状态在一定程度上决定了区域社会发展的现实可能性

---

① 杨晓优.区域制度环境与区域竞争对策研究.广州:中山大学出版社,2005,16—17.

及其潜力,也在一定程度上决定着区域发展的战略主导方向。② 民族与人口因素。民族构成是区域特色的重要体现。少数民族自治区、聚居区的区域发展战略必须体现出民族特色,例如,在政治、文化发展战略上要突出党领导下的民族自治、民族平等以及民族文化的保护和发展。不同的人口规模和结构直接影响着区域发展的劳动力条件和社会承载能力,也是重要的区域因素。③ 经济基础条件。包括区域内部的产业结构、市场规模、基础设施、科技水平、资本积累等方面,这些因素直接影响着区域经济发展战略的制定,并且对于其他领域发展战略起着重要的约束效应。④ 人文传统因素。文化传统、文化资源是区域发展的重要精神动力和支撑,区域发展战略的制定必须考虑区域的文化背景。⑤ 政治社会因素。如政治环境的稳定程度、社会事业的发育程度等①。

(2) 区域经济系统内部要素

区域经济有两个显著特征:一是就区域经济存在的空间而言,它是特定区域的经济,具有鲜明的地域特点;二是就区域经济的复杂内容而言,它是国民经济的一个缩影,具有明显的综合特点。区域经济的这两个特征,内在地规定着其系统内部存在相互依存而又相互区别的两类要素,一是经济区域的构成要素,二是区域经济的发展要素②。

① 经济区域构成要素。它是区域经济活动的地域依托,是区域经济系统的空间要素。经济区域有多种类型,但都具有三个不可缺少的要素:经济中心、经济腹地和经济网络。在这三个要素中,经济中心是特定地域范围内聚集着一定经济能量的节点。经济中心能量辐射所及范围即其经济腹地,也就是域面。经济中心对域面辐射能量的各种渠道则可理解为经济网络,或线。其中,经济中心起着核心、引导作用。三者相互影响、吸引,共同构成一个完整的经济区域。

② 区域经济发展是区域经济运动的本质要求。保护建设要素反映了区域经济运动的物质构成和物质交换,它是支撑、构成区域经济系统并推动区域经济发展的各种自然的、经济的、社会的必要因素。与地域构成要素相比,区域经济发展要素具有多元共存和复杂多变的特征。有的按其生产状况分为自生性要素与再生性要素,或原生性要素与衍生性要素;有的按其功能分为基础性要素、约束性要素和推动性要素;有的按其作用方式分为直接影响要素与间接影响要素。这里,对支持和推动区域经济系统运行具有重要意义的要素包括:自然条件与历史基础、人口与劳动力、资本、科学技术、组织与管理③。

---

① 王丽.论区域类型与区域发展战略的选择[J].环渤海经济瞭望,2007,(9).

② 杜肯堂,戴世根.区域经济管理学.北京:高等教育出版社,2004.

③ 杜肯堂,戴世根.区域经济管理学.北京:高等教育出版社,2004.

# 第二章　国内外社区保护地发展简况

## 第一节　中国社区保护地发展简况

### 一、中国社区保护地历史

#### 1. 新中国成立前社区保护地

在西汉刘歆编著的《山海经》里,记载着战国时期不同方位的 300 余座山,这些山中据说很多都有山神,山神的喜怒影响着当地山民们的生产和生活,因此山民信奉这些山神而不能随意进入山中。这可能是有记载的中国最早的社区保护地案例①。

随着先秦诸子百家的兴起,中华民族对于自然环境的认知也不断丰富,如儒家思想以"天地人和"来对待自然山水,强调积极入世,人与自然的和谐相处。孔子提出"知者乐水,仁者乐山。知者动,仁者静②"。而孟子则直接提出了有关自然资源保护原则,即"不违农时,谷不胜食也;数罟不入跨池,鱼鳖不可胜食也;斧斤以时入山林,材木不可胜用也③",从利用自然资源的工具(罟)和时间("以时")等方面提出了自然资源管理的制度。道家的代表人物老子则力图揭示人与自然的关系,即

---

① 王超,陈耀华.中国名山的历史保护与启示.地理研究,2011,2.
② 《论语·雍也》。
③ 《孟子·梁惠王上》。

"人法地,地法天,天法道,道法自然"①,认为人应该尊崇自然法则。

虽然社区保护地这一概念是随着中国生物多样性保护发展从国外引入的,但社区保护地在中国却具有深远的历史。中国长期而广泛存在的家族或部落,尤其是唐朝以前的封建领主,都可以理解为具有高度组织能力和行动力的社区单元。出于家族或部落公共利益的考虑,如祭祀、风水、避免因水土流失而导致的自然灾害等等,家族或部落等社区单元对某块森林、山地进行经营管理,尤其是限制社区内外人员对资源的掠夺性利用,在某些情况下甚至进行封闭式管理,这些都可以看成是社区保护地。

中国第一个自然保护区于 1958 年在广东省鼎湖山建立,在此之前的漫长历史时期,正是各种形式的社区保护地在事实上起着类似自然保护区的作用,对我国生物多样性的保存并使得其在全球占据重要价值在客观上也起到了重要的作用。

2. 20 世纪 50~70 年代社区保护地

新中国建立以后,随着土改、集体化等一系列政治与经济运动的开展,传统的家族、部落等社区单元迅速消亡,绝大多数的社区保护地也随着丧失了功能。但是,在政府行政力量的主导下,在中国广大的农村,随着人民公社与合作社两级集体经济迅速建立,新的社区单元建立并很好地填补了传统社区单元消失形成的管理真空。

社区保护地在新中国成立后仍然是中国生物多样性保护的重要力量。与之前相比,社区保护地的主要变化是从传统的家族、部落为主体的经营管理模式演变为乡村行政力量为主体的经营管理模式。虽然期间经历了"大炼钢铁"等各种对自然资源造成巨大破坏的运动,但这些运动更多地是来自外部行政力量的干预,而就社区内部自我约束管理而言,依然很好地起到了自然资源与生态环境保护的作用。

当然,与新中国成立前传统的社区保护地相比,新中国成立后的很多社区保护地抵御来自外部资源破坏,尤其是外部行政力量干预引起的资源掠夺性利用的功能是极大地被弱化了。这其中很大的原因在于原有的乡村精英角色的转换——从平衡外部对于社区的资源汲取到帮助国家行政力量高效率地管理农村。

此外,在土地的国有化进程中很多传统的社区保护地被划为国有,虽然当地的农牧民仍然在利用和保护着土地上的自然资源,但从根本上动摇了传统社区保护地的基础,为后期一些社区与政府之间围绕自然资源产生的冲突埋下了伏笔。

3. 20 世纪 80 年代以后社区保护地状况

在 20 世纪 80 年代,以"包产到户"为主要手段的"去集体化"迅速在全国推行,

---

① 《老子·二十五章》。

原有以合作经济为主体的农村社区单元虽然从形式上依然得以保存,但由于丧失了土地、劳动力和收入分配功能,村、社两级干部权威降低,其对农民的组织与管理能力也被极大地削弱了。很多以村、社两级集体土地形式存在的社区保护地无法得到很好的保护,盗砍林木、猎杀珍稀动物的现象屡有发生。

在80年代中期,一度实行了集体林地改革,即简单应用耕地承包的经验把被划为村、社所有的集体林地承包给农户家庭。由于林地与耕地自然属性有很大的不同,很多农民清楚山区的林地很难依靠单个家庭的力量经营好,今后的政策肯定会调整收回,因此在获得经营权后立即砍伐林木。农民分到集体林后破坏性砍伐的现象很快在南方数省蔓延,导致政府紧急停止集体林地改革政策。这次林地改革造成的后果是一方面森林资源的破坏,另一方面使政府和学者甚至农民自己更多地看到了单个农民家庭在经营决策时"自利"的一面,对"道义"的一面信心减少,社区保护地的保护机制进一步被削弱了。

中国的社区保护地保护功能大面积衰退,开始于80年代初期。与之相对应的是由国家经营管理的自然保护区数量和管理面积不断增加,整个社会对生物多样性保护的关注也日益集中到自然保护区中。

然而,在很多边远和高海拔地区,尤其是许多少数民族聚居区域,村社集体经济依然在日常的生产、生活中起着主导作用。在这些区域,社区保护地的保护机制得到了很好的保持与发挥。从四川、云南、贵州、青海的调查来看,很多社区保护地面积从几平方千米到几十平方千米,相对比较连续完整,大的社区保护地甚至超过2200平方千米(如青海玉树藏族自治州措池村)。

回顾中国社区保护地三个阶段,在社区经营管理能力比较强的时期,社区保护地的保护机制就能够得到比较好的发挥;相反,当社区自身的组织能力、经济实力受到削弱时,社区保护地就不能实现比较好的生物多样性保护成效。

## 二、自然保护小区——政府对社区保护地的认定途径

### 1. 自然保护小区的定义与性质

自然保护小区是我国生物多样性保护相关部门,包括国家环保部和国家林业局等,对于非国家保护力量管理的自然保护地的一种正式称谓。国家的保护力量指如自然保护区、国家公园、风景名胜区等,通常是由政府设立的管理机构。而非国家保护力量,可能是农民、城市居民、企业和社会团体,也应包括国家的企事业甚至行政机构。

简单地理解,保护小区是经过政府批准认定的,由非政府保护力量管理的自然

保护地。

自然保护小区一般面积较小。北京林业大学崔国发等人调查了江西、福建、浙江的 813 个自然保护小区,只有不到 1% 数量的面积超过 500 公顷,不超过 10～100 公顷的数量占到总数的 46% 以上,其中面积最小者仅 0.07 公顷(即 1 亩),最大者则达 3300 公顷。

**2. 自然保护小区发展历史**

中国的第一个自然保护区于 1956 年在广东省肇庆建立(鼎湖山国家级自然保护区),在随后的 30 多年中,国家在生物多样性保护的主要精力都集中于建设自然保护区。直到 1992 年,由原中国科学院学部委员李庆奎、侯光炯、朱祖祥 3 位科学家建议,应该在自然环境破坏严重、人口稠密、交通方便和经济活动频繁的区域建立微型的自然保护区。当年就在江西省婺源县建立了第一个自然保护小区——鱼潭村保护小区。

鱼潭村保护小区在土地权属上属于集体所有,由鱼潭村村委会申请,婺源县人民政府批准建立。该保护小区不同于自然保护区,在管理上由村委会经营,不属于政府编制序列,属于社区保护地范畴。保护小区由于顺应了当地群众保护周边自然环境的要求,很快在婺源县得到推广。到 1993 年底,婺源县共建立了 188 个保护小区。

婺源县人民政府对保护小区采取"自建、自筹、自管、自收益"管理原则,对保护小区的面积大小不限,集体山林权属不变,这几点都区别于自然保护区建立的要求,并因为具有灵活性而更适应于各个社区的实际情况。婺源县政府还要求当地林业部门协助调查规划,建立详尽的保护小区管理档案,并根据功能把保护小区分为六种:即"自然生态型"、"珍稀动物型"、"珍贵植物型"、"自然景观型"、"水源涵养型"、"资源保护型"。在资金来源上,采取"民办公助",以自筹为主,国家给予补助,效益归建设主体。

1995 年,原国家林业部把婺源县建设保护小区的做法誉为"婺源模式",在全国推广。自此,保护小区作为中国特色的社区保护地得到了官方的认可,标志着社区保护地在中国发展到新的阶段。截止到 2004 年底,中国自然保护小区数量为49 109 个,总面积达 10 604 800 公顷(1 公顷 = $10^4$ 平方米),约占国土面积的1.1%[①]。保护小区在我国东部地区,尤其是江西、福建等省区,发展很快,在 2008年左右,估计江西省目前有近 2 万个保护小区,福建省也超过了 1 万个;而在中国

---

① 王云豹,罗菊春,崔国发.我国自然保护小区的现状特征分析——以浙、赣、闽三省部分县为例.江西林业科技,2006,3.

西部,自然保护区数量较多而保护小区数量相对较少,如生物多样性丰富程度位列全国第二的四川省,至今只有不足 400 个保护小区,而且大都在 2002 年左右建立。

### 3. 自然保护小区的建立、撤销和法律地位

广东省人民政府于 1993 年颁布了《广东省社会性、群众性自然保护小区暂行规定》(1993 年 6 月 7 日,粤府〔1993〕84 号),尝试对自然保护小区的建立做了一些规范:"自然保护小区由县级以上人民政府自然保护区主管部门(森林和野生动物类型自然保护区由林业行政部门主管,水生野生动物类型自然保护区由渔政部门主管)会同有关单位进行规划设计,报县以上人民政府批准,并登记造册立档,载入地方志。"(第五条)。

从已经建立的自然保护小区来看,基本都位于农村。在设立过程中大都是行政村村民委员会,少数情况也有合作社以及乡政府申报,在所在县林业部门出具意见后由同级人民政府批准。在申请过程中较自然保护区申报简单,实行备案时,不需要诸如科学考察报告(本底)和总体规划等资料。从管理上看,保护小区都由县级林业部门管理,在实践中很少与市、州以上保护主管部门保持联系,因此,在省、市州主管部门很难获得翔实的资料信息。

从土地权属来看,自然保护小区根据土地所有权人的意愿,把地块使用方式进行界定用于生态环境保护,不涉及土地流转,因此程序比较简便。而成立自然保护区、国家公园等自然保护地,需要国家征用土地并把所有权或使用权流转到保护管理机构。

理论上,需要撤销一个已设立的自然保护小区时,应该报请由建立时批准的同一人民政府批准。但在实践中,由于自然保护小区管理松散,很少见到请示政府撤销自然保护小区的案例。

与建立和撤销相关的是自然保护小区的法律地位问题。在城镇化加速推进的背景下,大量的农村土地被征用、流转并改变土地利用性质。自然保护小区建立的一个重要作用就是当面临外来掠夺性自然资源开发时,建立人能够援引自然保护小区管理的相关条例获得超出一般土地利用类型的支持。然而,从目前的相关法规来看,自然保护小区的法律地位并没有得到体现。如《广东省社会性、群众性自然保护小区暂行规定》仅仅模糊地提及"及时解决自然保护小区建设中存在的问题"。

### 4. 自然保护小区建设管理

《广东省社会性、群众性自然保护小区暂行规定》把自然保护小区按照建立人分为农村自然保护小区、政府自然保护小区、部队自然保护小区和企事业单位自然保护小区等类型,规定经批准建立的自然保护小区由建立的单位负责管理,包括命

名挂牌,确定四至面积,竖立标桩,配备专职或兼职管理人员等管理活动,而各级人民政府则"必须重视自然保护小区的建设,把建设自然保护小区纳入物质文明和精神文明建设的内容,定期组织检查,及时解决自然保护小区建设中存在的问题",并"对建设自然保护小区做出显著成果的单位和个人,由县级以上人民政府或有关主管部门给予表彰奖励"。

崔国发等人调查发现,由于自然保护小区一般都是建设单位自建自管,大多都未做过小区的本底资源清查或具体管理规划,政府主管单位一般未专门对它们单体之间的重要性做过详细评价,而且现在对自然资源的评价体系尚未完善。因此很少对自然保护小区采取包括分级在内的管理措施。

## 三、民营自然保护区

除了国家成立并直接管理的自然保护区和社区自主管理的保护小区,还有一种保护地也值得关注,就是民营的自然保护区。

所谓民营自然保护区,就是由个人、民间公益组织、企业法人等申请成立和经营管理并得到政府自然保护区主管部门批准的自然保护区。民营并获得政府的批准和监督是民营自然保护区的主要特点。

四川省平武县的余家山自然保护区就是一个民营自然保护区。余家山自然保护区面积大约 1 万公顷,1998 年 2 月,一位平武当地刘姓商人从村民中通过流转获得集体林地的经营权,准备采伐木材,但 1998 年 10 月的天然林停伐政策导致采伐计划不得不被放弃。为了抓住随后启动的天然林保护工程等国家对于自然保护区建设的潜在投资,刘姓商人申请在该地块上成立自然保护区并顺利被批准成为县级自然保护区。有了自然保护区这项"帽子",确实也帮助余家山保护区获得了一定的政府补助。

另外一种民营自然保护区是"公益保护区"。所谓"公益保护区",就是由外来的民间资本出于生态保护等公益目的,通过林权流转获得林地使用权而成立的保护地。例如,"四川大自然保护基金会"(由一群中国企业家出资并在美国大自然保护协会推动下成立)也在平武县通过流转国有林场的林地和集体林地的使用权成立摩天岭公益保护区。与余家山自然保护区由当地的商人成立和自己直接管理不同,公益保护区的管理人员往往凭借雄厚的资金实力和人脉关系,聘请专业的科研队伍和保护区管理人才来进行经营管理。

无论是余家山保护区还是摩天岭公益保护区,不管出于何种目的,都是由非当地农民的外来者所建立的保护地。但两者在保护区日常的经营中,都把动员社区参与作为一个重要的问题来对待:余家山保护区直接聘请村民中的老人来看护山林,而摩天岭公益保护区则尝试组织村民进行监测与巡护。

## 四、神山圣湖——基于文化的社区保护地

神山圣湖是当前中国西南地区最有特色、最具有传统的社区保护地。

中国西部很多少数民族聚居区,尤其是在藏区,很多群众都信仰神灵,认为周边自然环境,尤其是一些山脉与湖泊是神灵最主要的载体,称为神山圣湖。由于深厚的信仰附着,神山圣湖不再是单纯的自然山水,而成为有特殊文化内涵的人文景观。

神山圣湖的管理是一种基于生态文化传统的自然资源利用模式。由于认为这些山和湖是神灵所有,山上的森林和野生动物也是神灵的财产,因此人们自然对不同区域和不同种类的物种利用进行了限制。在神山上普遍禁忌打猎、采伐、动土等人为的生产开发活动,圣湖里禁止捕鱼和污染湖水的行为。传统的禁忌限制了对神山圣湖地区的开发和人为活动的干扰,对促进生物多样性保护起到了关键作用。

神山圣湖的保护是一种自下而上的资源管理行为,通过宗教信仰、道德和乡规民约的约束,以社区群众的广泛和普遍参与为特色。以神山圣湖崇拜为主体,扩展到在长期生产实践活动中,积累起来的独特的乡土知识和可持续管理自然资源和利用土地的模式,及其所根植的宗教和传统文化的土壤,构成了民族传统文化中生态内涵的核心,其千百年的实践对各个民族地区生物多样性保护起到了关键作用。

神山圣湖有效地在没有政府资源的情况下进行了生态环境和自然资源的保护,是中国比较活跃的社区保护地。经过多个组织和专家的前期工作,尤其是在北京山水自然保护中心、九三学社和青海省林业厅的努力下,国务院于 2011 年颁布了"决定建立青海三江源国家生态保护综合试验区"的国务院令,提出"创新生态保护体制机制","发挥农牧民生态保护主体作用",可以认为这是政府对神山圣湖保护机制的认可。

# 第二节 国际社区保护地发展简况

## 一、总体情况

对全球社区保护地的数量与总面积并没有一个精确的统计。Ashish Kothari 认为 4.2 亿公顷的森林,约占全球森林总面积的 11% 是由社区拥有或管理的[①]。但 White 认为由于受到全球兴起的分权化政策影响,这个数字可能会增加 1 倍 (White, et al., 2004)。

## 二、北部非洲社区保护地发展状况

北非的特点是不同的民族的居住地如同马赛克一样相互渗透,相互交融。在长期利用自然资源的过程中,这些不同的民族传统文化与知识相互交流,形成了一些很好的基于传统原住民文化的管理机制,以保证自然资源可持续利用和保护生物多样性。

在北非,运用社区保护地的保护方法主要是指对土著人的传统管理制度和土地及自然资源的习惯权属的确认和支持。但面临的问题是当地法律框架很难对集体性质的土地进行确权,给社区保护地工作的推广带来了障碍[②]。

## 三、南部非洲社区保护地发展状况

最近几十年,南部非洲几个国家的政治与法制方面的变化导致了该区域内的社区保护地的地位提高,社区与政府共同建立社区保护地、野生动物管理区,自然保护区社区共管在南部非洲越来越普遍。

---

① Ashish Kothari. 2006. Community Conserved Areas: Towards Ecological and Livelihood Security. Parks, 16(1): 3.

② Macro Bassi. 2006. Community conserved areas in the Horn of Africa. Parks, 16(1): 28.

1. 南非

在南非的奴隶制度时期，大多数人都被排斥从国家的保护地受益，而且必须要承担由于不得不搬迁出保护地外所造成的损失。在 1994 年废除奴隶制度后，为了实现生物多样性保护和社会公平正义的双重目标，南非政府不断地在进行立法等方面的制度建设。

2. 纳米比亚

纳米比亚最近才开始有自主权来对国家的发展路径进行决策。目前，纳米比亚有 44 个注册的社区保护地，保护面积达到了 1050 万公顷。

3. 博兹瓦纳

尽管缺乏对野生动物保护与管理的权利，到 2003 年，博兹瓦纳有 47 个社区大约 44 000 人为管理野生动物和其他自然资源建立了若干个信托基金。这些信托基金每年收入共约 100 万美元。

4. 津巴布韦

1975 年津巴布韦的"公园与野生动物法"明确了私人的土地拥有者对野生动物的权利。1980 年独立之后，该法规定国家环境保护部的部长可以决定是否给予地方政府权利，以把相同的权利授予社区。在 1989 年，"社区乡土资源管理区项目"建立的首批两个示范点被授权来管理野生动物，到 2001 年示范点已经增加到了 37 个。

## 四、北美洲社区保护地发展状况

社区保护地在北美洲具有悠久的历史传统，有专家估计当地印第安人的社区保护地可以追溯到上千年，主要的特点是原住民多样化的文化和一系列丰富多样的土地权属，这些各具特点的权属安排从机制上确保了社区能够参与到与土地利用相关的决策。在北美洲管理社区保护地都是需要跨政党、部门、学科的合作，社区保护地管理最大的特点是基于社区习惯法和传统，但又得到国家土地政策的支持，政府也把社区保护地作为政府管理的自然保护区重要的共管形式。

北美洲社区保护地最重要的基础是对社区保护地的价值的认可，政府与社会公众都认识到社区保护地不仅能保护生物多样性，还对地方自治、经济繁荣和维护传统文化有很明显的作用。

从面积上看，北美洲的社区保护地可以较大规模的方式经营，例如在加拿大，五个社区保护地加起来的面积达到了 730 万公顷①。

## 五、中美洲社区保护地发展状况

中美洲包括萨尔瓦多、洪都拉斯、哥斯达黎加、巴拿马等七个国家和墨西哥南部的五个州,全区域目前大约有 100 多个少数民族族群。在 90 年代,在与国际劳工组织(ILO)签署 169 号协议后,中美洲国家开始承认当地少数民族对土地的所有权和利用自然资源的权利。随着在巴拿马城召开的第二届中美洲保护地大会,一项名为"关于分享中美洲社区保护地管理政策倡议"的政策在中美洲引起了广泛的关注和试点。

总之,在中美洲社区保护地保护建设有如下几个方面的机会:① 已经有关于社区保护地参与式管理的国家性或区域性政策,这些政策有助于当地扶贫和促进社会的公平正义;② 有关对社区保护地提供支持的政策在各国不仅是林业或保护部门,而且包括扶贫、旅游、工业等各部门的政策中都能得到体现;③ 认同社区保护地的意识已经比较广泛地被建立,普遍认为社区保护地是一项启动成本高但可持续强的保护手段②。

## 六、南美洲社区保护地发展状况

原住民与乡土社区在南美洲有悠久的历史,长期在他们的土地上通过限制人类活动实现对土地和水源的保护。很多在南美被称为集体保护地、社区保护区、神山圣地、原住民保护区等的区域都可以被认为是社区保护地。在过去的 20 年中,这些保护性的传统活动又有了新的发展,纷纷与当地的法制与政策变化结合起来。在南美有大量的社区保护地已经被纳入国家的保护地体系。例如,在除圭亚那、乌拉圭和智利以外的其他的南美国家都修改了国家的法律以确认原住民的土地权属,有几个国家的法律还涉及了非原住民的土地权益。例如,在苏里南,当地玛戎社区(主要是从种植园逃脱的非洲奴隶后裔)与美洲的印第安人享有同样的权利。在哥伦比亚与厄瓜多尔,非洲人后裔也与当地的原住民

①　Jessica Brown, Martha West Lyman and Andrea Procter. 2006. Community conserved areas: experience from North America. Parks,16(1): 35.

②　Hugh Govan, Vera Varela. 2006. Community Conservation Areas in Central America: Recognizing them for equity and good governance. Parks,16(1): 21.

获得了同样的权利。

南美洲的社区保护地有多样化的形式：① 传统上属于原住民或农村社区的土地，但从正式的权属看部分地或者全部属于自然保护区，基于自然保护区与社区之间的协议，由社区以社区共管的形式对保护地进行管理；② 社区在自己的土地上建立的社区保护地，得到了政府的认可；③ 神山圣地，完全基于传统习惯，与政府没有关系的社区保护地；④ 社区自己创立的社区保护地，没有得到政府认可也没有被纳入到政府保护地体系；⑤ 社区土地，虽然没有被专门用于生态保护，但由于某项社的制度安排具有保护的成效，如一些生态旅游点就可以被认为属于这种类型；⑥ 原住民保护区和地广人稀的荒野地区。

尽管这些社区保护地各有特色，但南美洲的社区保护地都表现出以下的一些共性：① 长期的保护策略；② 相对而言简便的管理和决策机制；③ 把周边的自然保护区有机联系起来，以减少保护地的"孤岛"问题；④ 为生态系统和景观保护的生态服务功能提供保障；⑤ 低成本管理[①]。

## 七、东南亚社区保护地发展状况

在东南亚国家，社区群众对自然资源的利用有上千年的历史，直到19世纪以前，社区都拥有对土地和资源的支配权。然而，在过去的两百年中，东南亚国家的社会经济发生了很大的变化，也对自然环境造成了很大的影响。例如，从1970年到1990年，该地区损失了3140万公顷的森林。这些森林损失主要的原因有两个：一个是殖民主义者剥夺群众的土地；另一个是工业化和全球贸易造成的影响。直到1980年左右，一些国家的政府开始承认仅仅依靠政府的力量不能做好保护工作，在这个背景下原住民和当地社区被鼓励重新获得利用当地资源的权利，并尝试建立不同类型的社区保护地。

没有一个准确的、可信的数据表明东南亚国家社区保护地的面积与数量。虽然如此，研究人员的一些数据可以说明社区保护地的情况。在泰国，社区管理的森林数以千计，在菲律宾有至少500多座珊瑚礁受到社区的保护，在柬埔寨和印度尼西亚的山地也分别有大量的社区保护森林。虽然不是所有的社区保护地都经营管理状况较好，但在东南亚国家已经有一个很好的交流网络，可以通过学习交流探讨解决问题的途径。

---

① Gonzalo Oviedo. 2006. Community conserved areas in South America. Parks,16(1)：49.

东南亚国家的社区保护地通常有三种类型：① 基于传统和习俗的社区保护地；② 由外部推动建立的社区保护地，推动者包括民间组织、政府机构和国际组织；③ 前两者的混合体。

自从国际社会呼吁政府支持社区建立和管理社区保护地后，在东南亚国家中，柬埔寨率先在 2006 年颁布了有关社区保护地的法案，授予社区在保护区的周边地带建立社区保护地的权利，而其他国家对社区保护地支持性的政策与法律目前才刚刚开始制定①。

## 八、南亚社区保护地发展状况

南亚包括孟加拉、不丹、印度、马尔代夫、尼泊尔、巴基斯坦和斯里兰卡。从现有对于南亚的社区保护地的文献资料来看，社区保护地在南亚是比较多的，各国情况大致如下：

① 孟加拉国。大约有 75%～85% 的农户的生计都依赖于渔业，因此，社区保护地很多是和渔业资源保护相关的。该国的很多社区保护地都或多或少地受到了外部资助者的推动。

② 不丹。森林覆盖率达到了 70%，政府实施了很严格的自然资源管理制度，目前这个制度已经出现了一些松动的迹象，政府的林业部门开始着手把一些森林交给当地社区管理。

③ 印度。国家主导的保护模式在管理上非常粗放。也许正是这个原因，政府从近 20 年开始，在一些退化的森林启动了社区共管性质的项目，这些项目有的成功，有的不成功，后者往往是因为没有真正地与社区分享权利。除了以上的项目，印度可能在南亚的几个国家中具有的社区保护地数量最多，虽然其中很多社区保护地尚未得到国家的认可和支持。在 2003 年，印度在野生动物保护法中新增加了一类保护地类型，即社区保护区。然而，很多社区对把社区保护地纳入国家的保护地体系有疑虑，尤其是担心政府因此加大对社区的控制。另外，因为官僚主义的低效率和缺乏政治上的激励机制，给社区授权的工作进展也缓慢。

④ 尼泊尔。有被认为在南亚最具有建设性的保护政策。1973 年制定的"国家公园和野生动物保护法案"在 1989 年得到了修改，允许多种形式利用保护地资源

---

① Maurizio Farhan Ferrari. 2006. Rediscovering community conserved areas in South-east Asia: peoples' initiative to reverse biodiversity loss. Parks,16(1)：43.

和让非政府组织管理保护地。对特定的保护地由当地学术机构和非政府组织制定具体的保护计划，然后由政府的保护部门支持也是尼泊尔在社区保护地方面的体制性革新。尼泊尔还把大约 40 万公顷的国有林管理权委托给超过 7000 个社区的森林利用者小组。在政府投入很小的资金情况下，社区森林管理能力提高很大，野生动物数量增加非常的明显。为此，在尼泊尔建立了由全国性的森林利用者小组组成的联盟。

⑤ 巴基斯坦。在大的资助者和国际非政府组织的影响下，当地社区在资源利用和利益分享方面逐渐在政府的保护地管理工作中得到了承认。"社区控制的狩猎区"在巴基斯坦的西北边境地区建立起来，把一些狩猎数额分发给社区以开展旅游性的狩猎活动，其中 80% 的收入回馈到社区。另外，巴基斯坦政府最近也启动一项名为"山区保护项目"的项目，以促进新都库什山和西喜马拉雅山地区基于社区的保护。

⑥ 斯里兰卡。尽管历史上社区保护地数量甚至可能超过印度，但殖民者在执政过程中逐渐剥夺了社区对土地和资源的权利，现有的文献记录保留下来的只有维达哈斯。在过去的 10 年里，参与式保护在国外资助者的推动下在斯里兰卡逐渐传播开来，但在国外机构项目撤出后，很多社区保护项目都终止了[①]。

## 九、澳洲社区保护地发展状况

在 20 世纪 90 年代中期，澳大利亚政府颁布了一项鼓励该国原住民自愿地管理他们所生活的土地并建立原住民保护地的项目（到目前为止，澳大利亚已经有 20 个原住民保护地，占全国保护地总面积的 20%）。该项目对原住民的支持包括一系列赋权以使原住民能够具有以下权力：① 合法地获得有关土地的权力；② 制订管理计划并实施该计划[②]的权力。

## 十、南太平洋岛国社区保护地发展状况

南太平洋岛国居民们在上千年的漫长历史中形成的与海洋的关系是该区域丰富多彩的文化的一部分。尽管最近几十年来无论是文化还是生态环境都面临退化的问题，但当地群众的保护能力与知识仍然长期是该区域可持续发展的支柱。

---

① Neema Pathak. 2006. Community conserved areas in South Asia. Parks, 16(1)：56.

② Smyth D. 2006. Indigenous protected areas in Australia. Parks, 16(1)：14.

　　南太平洋岛国成功的社区保护地案例,比如在斐济、瓦努阿鲁等地的社区保护地,不仅仅是基于传统的社区保护机制,还包括社区寻找到把传统的保护实践与时代的热点问题以及新的技术结合的方式。在这些岛国,社区常常要求政府或非政府组织帮助他们将生态系统的知识与技能与现代的科学技术和管理方法结合起来①。

---

　　①　Hugh Govan, Alifereti Tawaka and Kesaia Kesaia. 2006. Community-based marine resource management in the South Pacific. Parks,16(1):63.

# 第三章　社区保护地经济学思考

本章将从区域经济学(第一节和第二节)和产权制度(第三节)的不同角度来分析社区保护地的特点与属性,一方面从经济学角度理解社区保护地作为经济系统的属性,另一方面也把社区保护地与一般的经济系统加以区别。

## 第一节　社区保护地的区域空间分析

### 一、社区保护地的边界

区域作为地域空间,既是一个有确切方位和明确空间的实体,又是一个人们在观念上按某些要素集合而成、往往没有严格边界的空间概念[①]。社区保护地很好地体现出了区域科学对区域概念的表述。

一方面,社区保护地通常具有四至界限,这些界限常常和河流、山脊等自然地理边界重合。例如,四川省甘孜州和青海省玉树藏族自治州神山圣湖,在所调查的近 80 个社区保护地中,60%以上都能运用 GPS 在地形图上把边界范围标示出来,甚至能计算出社区保护地的保护面积。这个观点从寸瑞红对云南省高黎贡山傈僳族[②]和李波、杨方义[③]等人对中国西南社区保护地的研究中也都可以得到印证。

---

① 杜肯堂,戴世根.区域经济管理学.北京:高等教育出版社,2004,1.

② 寸瑞红.高黎贡山傈僳族传统森林资源管理初步研究[J].北京林业大学学报,2002,9.

③ 李波,杨方义.*Review of CCA studies in Southwest China*,2005.

另一方面,很多社区的界线与行政区域的界线相比又是比较模糊的。社区保护地的边界通常具有"非正式"和"动态"两个特点。所谓非正式,是指社区保护地的管理区域从历史角度看也许具有合理性,但不一定都是受到当前法律认可或保护,某些情况下甚至与国家的和周边社区的土地权属冲突。所谓动态的,是指社区保护地的大小和社区的管理能力是相适应的,同一个社区在不同历史时期由于管理能力不同,所管理的社区保护地大小也不同。随着相邻社区之间管理能力的变化,一个社区的保护地与相邻社区的保护地存在此消彼长的情况。

边界是否清晰对于社区保护地保护是至关重要的。社区保护地需要社区成员们的集体行动,根据奥斯特罗姆对于"长期存续的自然资源管理制度设计原则",清晰的边界对于社区生态保护的集体行动是非常关键的,这在第四章中"社区保护地与公共池塘资源"一节将重点讨论。

## 二、社区保护地的区域优势

区域优势是指一个区域客观存在的比较有利的自然、经济、技术和社会条件,以及在这些条件的基础上通过区域经济运行所形成的具有跨区域意义的能力。区域优势具有普遍性、区域性和跨区域性、可变性和相对性[①]。

从第一章社区保护地的定义与起源中所提到的社区保护地几个属性,包括多目标、管理、空间等可以看出,相比于其他的经济区域类型,社区保护地通常表现出如下的一些区域优势:

(1) 社区保护地的自然资源条件好

社区保护地通常都具有相对较高的生物多样性价值。从区位上看,由于气候、降水等自然原因,社区保护地生物多样性丰富度都比较高。与周边其他区域相比,社区保护地要么植被更加的茂盛,要么栖息于森林或草原上的野生动物种类也比较丰富。

(2) 社区保护地能提供更好、更稳定的生态服务功能

社区保护地丰富的生物多样性,往往意味着能够提供更好、更稳定的生态服务功能,包括饮用水、林副产品、风水、景观、生态灾害防治等等。这些生态服务功能,不仅仅服务于当地社区成员,还可以造福于下游或周边更多的人群。

---

① 杜肯堂,戴世根.区域经济管理学.北京:高等教育出版社,2004,163.

（3）社区保护地群众的生态保护意识比较高

俗话说，"存在就有合理性"。社区保护地的自然资源之所以能够经历多次冲击留存下来，都会有一定的保护因素在起作用。

由于群众世世代代的生产生活都依赖于当地的森林与草原，他们与自然环境建立起了很深厚的感情。社区保护地保护是基于当地群众自发或自愿的保护行为，根源于他们悠久的生态观和保护意识。

当前，随着经济高速发展，中国相当多的政府官员和当地群众，都普遍地认同"先发展（污染或环境破坏），后治理"的发展观，一时之间，"生态保护不能阻碍经济发展"的观点成为了中国社会的主流观点。而在中国西部，尽管从国家的统计数据看，这些地区往往较东部发达地区 GDP 和人均收入都有较大的差距，但很多社区保护地的群众，却依然保持了发展不能牺牲环境的生态意识，甚至主动放弃对松茸、虫草等具有较高经济价值的林副产品采集而保护他们的神山圣湖。

（4）社区保护地的群众组织化程度比较高

保护工作具有一定的时间性、突发性和艰苦性，把单个的保护人员组织起来是开展生物多样性保护的一项基本要求。管理较好的自然保护区的一个优势，就是通过招聘等手段聘用能够在野外巡护的员工，加以一定的训练，并实行半军事化管理，能够有效地应对盗猎、采挖等突发事件。

然而在中国家庭分户经营、单个家庭经营规模偏小的背景下，社区组织化程度普遍比较低。相比而言，一些依然有效开展保护的社区保护地，社区内的劳动力按照家族、部落等传统形式依然很好地被组织起来，为开展生物多样性保护提供了组织基础。社区保护地所在的社区与非社区保护地的社区相比，通常都具有组织化程度高的优势。而这些组织优势不仅仅可用于开展生物多样性保护，还有利于集体经济等发展领域的项目。

## 三、从区域经济学看社区保护地起源

从区域经济学的角度看，社区保护地的形成，是历史演进和空间差异的统一。

首先，人类经济活动具有空间依赖性，不同的经济活动对于特定的地域条件具有明显的空间选择性和空间适应性[①]。村民们通过长期的生产与生活实践，认识到了周边自然环境的生物多样性的价值，这种价值可能是基于经济的考虑，如为群

---

① 杜肯堂，戴世根.区域经济管理学.北京：高等教育出版社,2004.

众提供赖以生存所必需的粮食、肉类以及与外界交换的林副产品,也可能是出于安全的考虑,如避免瘟疫、泥石流、洪灾、冰雹等自然灾害。社区群众对生物多样性价值的知识与认识,都是与某个区域特定的自然条件紧密联系的。任何区域之所以成为社区保护地,都是群众根据所在的区域的自然条件所做出的选择,既是对区域特点的适应,也是对区域特点的选择,两者是相辅相成的,但归根结底都依赖于生产生活的小环境。

其次,自然资源的不完全流动性、经济活动的不完全可分性和空间距离,形成了社区保护地存在的物质基础①。社区保护地所具有的一个区域优势之一,就是气候、地势地貌、水、森林、土壤等所综合形成的良好自然禀赋。这些自然禀赋都依附于地表,通常很难流动,具有很强的区域特点。社区保护地在自然禀赋上的优势,使社区保护地与周边其他自然禀赋较差的土地区别开来。我国的很多社区保护地都处于江河的源头,与江河下游和很多城市周边的区域一方面通过河流联系起来,另一方面也通过河流加深了两者间的空间距离感。社区保护地的区域优势,又通过群众在长期生产与生活的实践所形成的保护制度和生态文化进一步得到保护,反过来使自然禀赋的区域优势更加突出。

因此,社区保护地的起源,需要把自然禀赋和群众长期的实践活动两个因素综合起来进行分析。如果只有其中一个因素,社区保护地的生物多样性价值都很难长期得到保持。在我国历史上,不乏生态环境良好而由于不断加大的掠夺性开发,生态环境形成不可逆的恶化的例子。

## 第二节　社区保护地的区域经济系统要素

在经济学,"要素"是一个专有的术语,指相对经济活动的客观基础,是生产活动必须具备的主要因素或在生产中必须投入的或使用的主要手段①。作为一个经济系统,需要了解社区保护地两方面的要素,即构成要素和建设要素。

本节力图运用区域经济学的知识,首先以构成要素把各种类型的社区保护地抽象起来,概括社区保护地的共性和本质特点;其次以建设要素尝试搭建评估社区保护地建设指标体系,从指标体系中提供具体建设社区保护地的思路。

---

① 郝寿义.区域经济学原理.上海:上海人民出版社,2007.

# 一、社区保护地的构成要素

区域经济学认为,经济区域具有三个不可或缺的构成要素,即经济中心、经济腹地和经济网络。但是,分析社区保护地的构成要素不应该简单照搬一般的经济区域构成要素,因为社区保护地是生态系统与经济系统叠合的生态经济区域,不能简单地等同于一般的经济区域。例如,社区保护地作为一个生态系统,其中动植物之间的关系、自然与人的关系等都必须遵从自然规律,远比单纯的经济系统复杂。

根据笔者多年积累的经验,建议从"聚落"、"域面"和"天然联系"三个角度来分析社区保护地的构成要素。

(1) 社区保护地的"聚落"

"聚落"是指社区成员们的聚居区。农民的生产与生活都是以居住地为中心对周边的自然资源进行利用和保护。通过聚居区,社区保护地又与更大范围的区域中心建立起千丝万缕的联系,进行各种商品或劳务的交换,为更大的区域提供各种生态服务功能。社区保护地群众通常居住在多个聚落点,因此"经济中心"的概念并不能准确地描述社区保护地群众在社区保护地的生产生活状况。

(2) 社区保护地的"域面"

"域面"是指紧密包围着群众聚居区的生态系统,包括原始森林、草原、高山流石滩等不同的生境。正是这些生物多样性和自然资源,为社区保护地的群众甚至更大的区域提供了良好的、多种多样的生态服务功能,包括肉类、薪柴、林副产品、水源、建材等生活必需品和墓地、公共文化活动场所,等等。社区保护地的域面更偏重于生态系统,相应地也更加受到生态规律的支配。

(3) 社区保护地的"天然联系"

"天然联系"是指社区群众和生态系统的关系,尤其体现为社区群众如何保护与利用当地的自然资源和生态环境,包括两个方面:

① "域面"给当地的村民们提供了什么样的生态服务功能;

② 村民们对于"域面"的自然资源认知如何,态度如何,采取什么样的举措进行可持续利用。

此外,社区围绕自然资源与社区保护地以外的区域如何进行交换与贸易,往往体现了社区保护地在更大区域范围的区域分工。社区保护地的天然联系,既体现了人与自然的关系,也体现了相互重叠的两个系统,即生态系统与区域经济系统之间的联系。

社区保护地相比于其他区域经济系统,其域面更多地是由森林、草原、野生动物、河流等子系统构成自然生态系统,而非单纯的农耕系统。其各个子系统自身以及子系统之间具有内在的自然规律,相比于很多单纯以人类经济活动如农耕为主的域面,人类对社区保护地域面的认识水平非常有限,人类的支配程度也更加有限,社区保护地的域面的脆弱性也更强。相应地,社区保护地的天然联系也应该尊重自然规律,不能过分强调对自然的索取,否则就会导致域面不可逆向的演替,对整个社区保护地造成毁灭性的破坏。

## 二、社区保护地的建设要素

在经济学,区域经济建设要素反映了区域经济运动的物质构成和物质变换,是支撑、构成区域经济系统并推动区域经济发展的各种自然的、经济的、社会的必要因素[①]。分析区域建设要素最重要的功能在于解释如何通过要素投入,有序地、事半功倍地建设一个区域,实现预设的发展目标。

### (一) 社区保护地建设要素的分类

不同的区域经济学家对区域发展要素的分类是不同的。杜肯堂、龚勤林将其划分为五类,即:① 自然条件与历史基础;② 人口与劳动力;③ 资本;④ 科学技术;⑤ 组织与管理[②]。金相郁则分为可变要素和不可变要素。譬如,资本、劳动是两个可变要素,而技术、知识和制度等要素短期内是不可变要素,长期看为可变要素,但土地通常被认为是不可变要素[③]。

社区保护地是与生态系统重合的区域经济系统。在研究社区保护地这一以生物多样性保护为主旨的特殊区域经济系统时,应该同时兼顾生态系统诸要素的特点,突出考虑要素的非流动性、不可复制性、不可替代性、排他性、动态性。因此,综合比较各位区域经济学家的研究成果,采用高进田教授的要素分类方法,把社区保护地的建设要素分为三大类别[④]:

① 天然要素。天然元素包括自然条件、自然资源等,这些要素存在明显的空间上的固定性和一定程度上的易耗性,这些要素构成了社区保护地自然资源的最

---

① 杜肯堂,戴世根.区域经济管理学.北京:高等教育出版社,2004.
② 杜肯堂,戴世根.区域经济管理学.北京:高等教育出版社,2004.
③ 金相郁.中国区域经济不平衡与协调发展.上海:上海人民出版社,2007.
④ 高进田.区位的经济学分析.上海:上海人民出版社,2007.

原始概念和出发点。

② 人类投入要素。这些要素被固化在社区保护地尤其是域面的特定空间上,形成附着在特定空间上的后天要素,这类要素一般已经与原有的自然条件、自然资源要素有机地融合一体,也具有较强的不可移动性。例如,人类的基础设施投入,如道路;人类对原有自然资源的改善投入,如人工造林;人类已经创造的财富;等等。这两类要素构成的要素禀赋是通常所指的要素禀赋。

③ 人类的社会经济活动在特定空间上形成的非物质化成果要素。例如制度、文化等。这类要素是长期沉淀的成果,往往是要素禀赋的特色所在,不容易被其他区域所模仿。

## (二)社区保护地区建设要素的构建

针对社区保护地的特点,借鉴高进田教授根据要素的移动性的要素分类方法,我们可以把社区保护地的建设要素构建为三个大类九个要素。

### 1. 天然要素

(1) 自然禀赋(要素1)

每一个社区保护地所处的生态区域往往都具有独特的自然条件组合,包括特殊的地理位置,如所处山脉走向。我国山脉大都是东西走向,而位于西南的横断山脉却是南北走向,其动植物种类和其他山脉有很大不同,很多动植物种类甚至是世界独有的物种,如大熊猫、金丝猴等都栖息繁衍于此。同一山脉不同海拔,从低到高呈垂直带谱分布,在山下生长着亚热带常绿阔叶林,而在山上则通过阔叶林、针叶林过渡到高山灌丛和高山流石滩;即使是同一山脉相同海拔,阴坡与阳坡的植被类型也有很大不同;气候因素也造成生态系统的差异性,如位于不同的季风带,降雨总量和季节分布也不同;等等。除了地理与气候因素,组成生态系统的各个物种之间形成的食物链、共生关系不同,造成的生态系统也大相迥异。如一个生态系统内顶级的动物——老虎、豹子的减少甚至灭绝,导致草食性动物增加和草甸退化,与其他有顶级动物生存的生态系统就有很大区别;此外,偶然因素如地震、雷电、火灾等也都会使不同区域生物多样性表现出差异性。上述所有的因素组合在一起,通过漫长历史时期发生不同的演替,也就形成了不同的自然禀赋,进而导致提供的"生态产品"具有独特性和多样性。

从区域经济学角度看,自然禀赋具有非流动性,是最不可流动的要素。通常人类的各种经济活动,都不能改变该要素。即使是在科学技术高度发达的21世纪,人类也很少有在人工条件下成功地营造出与自然演替条件下完全相同的生态系统的例子。如植树造林,在全球包括中国进行了多年,其相关的研究数不胜数,但造出的人工林的生物多样性都差强人意,一来存活率低,二来往往都系单一树种,除了有限的几个树种外,有的树林里甚至连蚊子都没有,更谈不上生物多样性了。纵观人类历史,不乏在自然条件不具备情况下试图营造特定自然生境而失败的例子,即使取得成功(如在干热河谷造林等),也要付出高昂的成本以及面临超出自然演替形成生态系统数倍甚至几十倍的风险(如治理病虫害、火灾等)。

相比于社区保护地的其他建设要素,自然禀赋的流动性最低,通常是最稀缺的要素。在保护实践中,自然禀赋更多地表现为对其他要素投入的刚性约束。就某种特定的社区保护地而言,为了持续地、全面地使它发挥作用,可能还需要限制其他要素的过度投入。如在原始林区过多地投入劳动力、资本进行大规模采伐,必将使该林区的生物多样性迅速而不可逆转地丧失。

**2. 人类投入要素**

生物多样性保护的具体活动通常包括以下一些类型:① 对自然资源进行定期或不定期的监测,了解资源的本底资料和变化情况;② 根据监测结果制定相应的管理规划和计划;③ 开展巡护与执法,防止或减少由于非法、不可持续地利用资源所造成的威胁;④ 对资源进行可持续利用,包括传统的一些利用方式,如采集、旅游和一些新兴的生态服务功能(提供清洁水源、森林碳汇等);⑤ 为了完成管理人员新老交替和应对新的机会与威胁而开展的各种能力建设;⑥ 其他的一些相关活动,如资金筹集、生态环境意识倡导,等等。

要完成上述工作,必须对社区保护地投入相应的人力资源、设施设备和其他物质材料,这些要素因子的特点都是有形的物体,它们构成了社区保护地的保护建设要素中的物质性要素。

(1) 劳动力(要素 2)

劳动力资源是指区域内人口所具有的劳动能力的总和,是存在于人的生命机体的一种经济资源。劳动力数量对社区保护地的作用表现在劳动力投入的增加,可以提高社区保护地的产出水平。劳动力素质指的是劳动者具有的体质、智力、知识和技能的总和。劳动力素质的提高,将提高劳动生产率,从而提高劳动对经济增长的贡献[1]。

劳动力是社区保护地保护建设最基本的条件。首先,要开展生物多样性保

---

[1]　杜肯堂,戴世根.区域经济管理学.北京:高等教育出版社,2004.

护工作,就要在数量和质量上保证人力资源。一方面,需要在生态区域内安排相应数量的劳动力进行日常的工作;另一方面,如果劳动力的素质(包括体质与生物多样性保护的专业知识和技能)达不到要求,需要进行能力建设。除了来自当地的人力资源,还需要短期甚至长期地聘请外部的专家进行集中性咨询和培训等工作。其次,组织化和领导能力对社区保护地也至关重要。生态系统的空间范围与自然地理特点决定了任何个人与家庭的劳动力都无法单独胜任生物多样性保护的要求,从业的人员需要被高效率地组织起来。在很多生物多样性保护较好的社区保护地,当地社区通常具有很强的凝聚力,能够进行良好的自我管理并阻止外来威胁。

社区保护地的劳动力通常都是当地的社区成员,由于不是专业的保护人员,而且很多都是基于安全、文化等因素自发进行,不需要领取固定的工资,因此,人员成本的支出远远低于自然保护区。

在城镇化不断加速的宏观背景下,农村劳动力尤其是青壮年持续外流,在社区中仅仅剩余老弱病等人员,无论是劳动力的质量与数量下降都很严重。由于劳动力建设要素的缺失,对于传统的社区保护地的冲击是非常明显的。

在建设社区保护地的实践中,劳动力是一个重要的因素。2011 年,国务院正式批复同意实施《青海三江源国家生态保护综合试验区总体方案》,在新闻公报中专门提及设立面向农牧民的生态岗位,就是在保护地建设中优先考虑劳动力要素的例证。

(2)设施设备(要素 3)

社区保护地所需要的设施设备主要包括两个方面:一是直接从事生物多样性保护所需要的设施、设备,如望远镜、罗盘、GPS、电脑、监测仪器、车辆等;二是为劳动力资源更好发挥作用的工作环境和条件,如帐篷、睡袋、雨衣以及解决衣食住行的站点设施等。

设施、设备要素俗称为"硬件",从自然保护区建设的多个案例看,硬件投入往往是非常受保护人员欢迎的,也经常是争取外部支持的首选。然而这个要素的投入,应该是以劳动力要素的数量和质量为前提的,如果在社区保护地内没有相应的人员,或者有人员但素质无法达到要求,就不应该过多地投入设施、设备。而不同的人员,对此要素的需求也是不同的。例如,社区群众在从事生物多样性管理时,对设施设备的要求通常比自然保护区的要低,主要原因有两个:一是社区成员由于长期居住在家中,在衣食住行方面几乎没有额外的成本需求;二是很多社区对自然资源的经营管理活动,尤其是巡护活动,都与社区成员日常的生产生活活动紧密结合,也几乎不需要专门添置设施设备,这也是社区保护地运作成本低于自然保护区的重要原因。

(3) 物质材料(要素4)

社区保护地保护建设除了日常的监测巡护外,很多时候要对生态植被进行修复与改造,需要一些专门的物料,比如植树造林需要树苗、兴修灌溉水渠需要水泥等物质。做个通俗的比喻,如果把"劳动力"和"设施设备"称为"养兵"性要素,那么"物质材料"就可以被认为是"打仗"性要素。有些物质材料可以用就地取材的办法来满足,如开展监测巡护所用的食物和独木桥等;有些物质材料则不得不从外界购买,如巡护用的汽油等。因此,在一些情况下提供社区保护地无法获得的物质材料,可以迅速地促进该社区保护地自然资源状况的改善与恢复。

**3. 非物质化成果要素**

区域经济学认为,要素不仅仅包括具体的、有形的要素,如土地、劳动力、机器、厂房等,也应包括人类长期的社会经济活动在特定空间上形成的非物质化成果,如对生态系统的相关知识、生态文化、土地与资源权属、制度安排和激励机制,它们分别构成了社区保护地的另外五个建设要素。这些要素,可以被理解为"正能量"、"软实力",是社区保护地与其他形式的保护地相比最具有特色的要素。

(1) 土地与资源权属(要素5)

经济区域是赋予了相当权益的经济共同体。相对的自主权和区内各经济主体的共同利益是经济区域存在和发展的根本动因。清晰而稳定的土地以及附着其上的资源权属是社区保护地持续发展的前提条件,也是其他要素资源能够被连续投入到生物多样性保护并最终产生保护成效的有力保证。中国尤其是西部的很多社区保护地所面临的最大问题就是权属不清,或在权属清晰的状况下国家没有给社区保护地提供相应的法律保障。

社区保护地的土地与资源权属建设要素投入,首先应该明确社区保护地的边界。这里所指的边界既包括四至界限等物理边界,还包括谁有什么样的权力来利用或管理社区保护地。土地边界和权力不清楚,是很多社区保护地流于形式的首要原因。

奥斯特曼姆(Astorm,1986)把公共土地与自然资源权属划分为五种权力,即所有权、使用权、收益权、排斥权和流转权。相比于第一章所列的很多国家,我国尤其是西部社区保护地的土地权属从所有权到流转权都存在不清晰,或表面清晰但权力拥有者缺乏稳定感的情况,不仅限制了来自社区和其他社会各界对社区保护地保护建设的投入,甚至使很多政府的大型生态工程项目的成效也受到影响。

对土地与资源权属的投入,不仅包括使社区保护地混乱的土地权属明确和使权利拥有人有稳定感,在实践中,尤其重要的是把相关的权利授予给资源管理者或实际从事生物多样性保护的社区的农牧民,使他们有积极性去投入其他的建设要素。

(2) 生态系统相关知识(要素 6)

社区的乡土知识是指社区保护地的群众在长期的生产、生活中对所处的生态系统积累的知识,如自然资源的地域和季节分布、动植物的种类、中药材的种类等。但这些知识的存在方式往往是通过亲身体验或口头传授,因为缺少记录而难以与外界进行交流。由于知识积累要靠亲身实践和长时间的验证,群众的生态知识对生态系统新的变化,如伴随全球气候变化引起的自然地理变化等很难迅速地形成比较清晰的结论和应对措施。

社区的乡土知识与现代科学知识属于同一范畴,都是人类对于自然界的认识。现代科学知识往往是通过小范围的实验或调查然后在更大的尺度范围推演,而乡土知识则更多是在小的地理区域内由当地社区通过多年的积累形成。现代科学知识主要通过著作、文章和报告等形式存在,乡土知识却储存于社区农牧民们的头脑中,甚至在不同社区成员之间的个体差异都很大。

在保护实践中,常常发生现代科学知识与乡土知识相互冲突的问题。乡土知识往往与当地的文化甚至宗教相结合,所以有时候被现代科学简单地以封建迷信批驳。现代科学知识认为自然界大都是可以认知的,而乡土知识中则对于不可知的部分给予了充分的存在空间。

中国西部的山区与高原区的森林生态系统和高原生态系统富集生物多样性,物种之间的关系复杂,无论是现代科学知识还是乡土知识都远远不能清楚揭示其中的规律。因此,生态系统的相关知识作为一个社区保护地的建设要素,指导其他要素的投入,是非常关键的。

究其本质,现代科学知识与社区乡土知识并不是必然排斥的,两者甚至可以相互补充。以现代科学知识为框架,对于乡土知识给予尊重和包容,共同探索与具体地块自然条件相适应的保护行动,并评估行动成效是社区保护地建设的重要内容。

(3) 乡规民约(要素 7)

乡规民约是社区保护地的管理制度的主要表现形式。区域经济学认为,制度影响区域经济发展,区域经济政策的目的就是要提高整个资源的利用效率,促使要素流入、增加要素供给,提高要素利用效率<sup>①</sup>。

社区保护地的农牧民们通过长期利用自然资源,在所积累的生物多样性传统知识的基础上逐渐形成了一些对自然资源利用和保护的管理制度,乡规民约就是这些制度主要的表现形式。乡规民约规定了社区成员应该做什么,不应该做什么,主要目的在于把分散的小农组织起来形成集体行动。关于社区成员集体行动对于社区保护地的意义,后文将专门分析。

乡规民约是社区内部制定的,在社区群众内部有较强的约束力,但归根结底没有国家的法律法规的强制力。但随着市场经济的发展,尤其是来自外部威胁日益加大,仅仅依靠乡规民约是不够的,需要来自具有法律效力的刚性约束。随着国家对生物多样性保护的重视,在国家层面逐渐出台了很多法律法规和规划,同时,地方也相应地制定了相关实施办法。

在乡规民约要素投入中,如果能够充分考虑与国家法律的衔接和呼应,一个从上到下,另一个从下到上,则可以为社区保护地的其他保护建设要素投入到社区保护地提供更稳固的机制性保障,从而促进社区保护地建设要素全面增长,社区保护地也得到持续发展。

(4) 道义(要素 8)

道义是指道德义理和正义,出自《易经》的《易·系辞上》:"成性存存,道义之门。"社区保护地建设要素的道义是指农牧民在决定参加或支持社区保护地建设时的一些非经济性考虑因素,包括生存伦理、互惠原则、生态文化、宗教信仰等。

很多经济学家认为社区保护地的农牧民都是自利的理性经济人,但在实践中,农牧民确实基于很多非经济的因素参与社区保护地建设,这些因素中有一些,如生存伦理、互惠原则等被斯科特、波普金等社会学家进行了深入的分析。

很多社区保护地的农牧民在长期的生产、生活中逐渐把对自然资源合理利用所积累的知识与管理制度上升到生态文化,这种生态文化表现为被社区保护地群众普遍遵守和维护的道德或宗教。例如,在中国西部地区的藏族、彝族等少数民族普遍都有神山崇拜,在固定的时间和区域不杀生等习俗,都是生态文化的很好体现。正是由于道德或宗教的调控,使生物多样性保护能够低成本高效率地得到执行。

杜肯堂等区域经济学家认为历史形成的社会文化环境,如科学教育水准、历史文化遗存以及人们的思维方式、价值观念、经营理念、耕作传统、生活习俗等,表现

---

① 杜肯堂,戴世根.区域经济管理学.北京:高等教育出版社,2004.

出很强的延展性,都将对区域经济发展、特色经济的形成产生重要影响①。正是在历史基础上,把生态文化看做社区保护地的一个保护建设要素。可以认为,"历史基础"具有一般普遍性,而"生态文化"是特殊性,是"历史基础"在社区保护地这一特殊的区域经济系统的具体体现。

文化的精髓在于沉淀和共鸣。生态文化把乡土知识与村规民约等抽象提炼,再以诸如风俗习惯的方式融入到农牧民的生产生活中,使社区大多数成员能够自觉遵守践行,为社区保护地的运行提供深厚的群众基础。

中国共产党"十八大"倡导的生态文明建设。从一个国家的宏观范围来看,生态文明正是由一个个社区的生态文化组成的。生态文化作为社区保护地建设要素,其投入与增长不仅有利于社区保护地的发展,还能贡献于建设生态文明的国家战略。换个角度,生态文明建设为生态文化要素的投入带来了契机,使社区保护地建设与外部的资金和政策得以紧密地联系起来。

(5) 激励机制(要素9)

激励机制也是社区保护地的一个建设要素。对农牧民开展社区保护地建设的激励大体可以分为直接性激励和间接性激励两种。

直接性激励指社区直接从生态保护所取得的保护成效收益中获得激励,包括宗教与道德方面的成就感,与生态安全有关的自然灾害的控制,因为生态系统内部相互关系引起种养殖或采集等经济活动收入的变化,以及保持生活条件如饮水、局部气候等条件的稳定或改善。

间接性激励指社区因为生态保护成效而从其他群体,如政府和社会各界获得的激励,包括经济补偿、表彰、奖励、补贴等。目前在很多保护项目都力图给社区在生计上帮助,尤其发展与环境协调的产业,比如生态旅游,都可以看成是激励机制要素的投入。

相比于社区保护地的其他建设要素,激励机制具有灵活性大、指向性强的特点,有利于提高社区群众积极参与生物多样性保护,是目前在实践中应用最普遍的社区保护地保护建设手段。

到底是直接性还是间接性激励社区成员保护自然资源需要外来的干预者小心而灵活地处理。通常直接性激励更多促使社区自发、主动地建设社区保护地,但激励取得成效的时间周期比较长,而且很容易流于形式。使用间接性激励容易在短期见成效,但最大的问题是可能削弱长期的激励机制。例如,因为宗教信仰而保护神山圣湖可以被认为是直接性激励,但如果给当地信教农牧民钱来做神山圣湖的保护可能会破坏当地的生态文化,从长期来看反而削弱了神山圣湖保护机制。

上述三个类别九个要素的有机组合便构成了社区保护地的保护建设要素体系（如图 3-1）。

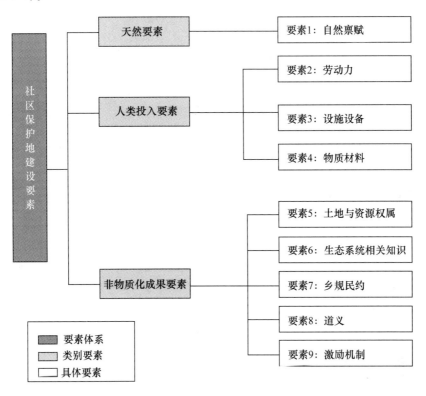

**图 3-1　社区保护地建设要素**

### (三) 社区保护地建设要素之间的关系

虽然社区保护地建设要素体系中的每一个要素都相互独立,有着各自的特点,但它们之间却并不是彼此孤立的。相反,要素之间有着密切的关系,即制约关系和替代关系。

(1) 要素的制约关系

社区保护地的建设要素之间的制约关系主要表现在两个方面:自然禀赋(要素 1)对其他要素的刚性约束和短板要素。

① 自然禀赋。这一要素对其他要素的投入有刚性约束作用,这也是社区保护地与其他区域经济系统之间最显著的不同。因为每个社区保护地都有独特的地形、地貌、水文、土壤、生物多样性等自然条件,并且不可移动。自然禀赋及其遵循

的生态规律决定了在一个社区保护地如何投入建设要素,包括哪些要素该投,哪些要素不能投,投入多少比较合适,等等。例如,在陡坡地带,本身的水土涵养功能差,缺水少肥导致这里的植被生长也非常缓慢,原有植被一旦遭到破坏,恢复就相当困难。因此,在位于陡坡的社区保护地应该限制劳动力过多地投入到大规模森林采伐中,以避免该区域生物多样性的丧失和生境的破碎化。又如,在连接两片大熊猫栖息地的关键走廊地带,其走廊带的保护对于促进两片大熊猫种群基因交流具有重要作用。所以,这一地区特殊的自然条件,决定了哪些活动能够开展,哪些活动应该限制开展。在能开展的活动里(如监测巡护),又因该地区的面积、山势、海拔、森林的郁闭度等决定了开展监测巡护工作的人力资源、设施设备、其他物质材料等要素的投入量。

　　② 要素间的短板关系。短板要素是从"木桶理论"演化而来的。经济学中著名的"木桶理论"告诉我们要用系统的观点看待和解决问题,具体到社区保护地保护建设,就是要搞清楚社区保护地的建设要素的具体情况及相互关系,尤其是找到9 个要素中的短板要素。由于有短板要素的存在,对非短板的要素即使投入再多,也不能有效地促进整个区域的生物多样性保护成效的提高,甚至可能适得其反。只有找到影响社区保护地保护成效的真正的短板要素,给予适度的投入,才能有的放矢,事半功倍地改善生物多样性状况,使社区保护地保护建设获得明显的成效。当然,一个社区保护地中有可能不止一个短板要素,如图 3-2 显示,劳动力是这个社区保护地的短板要素。

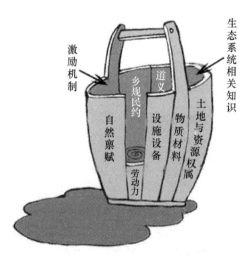

图 3-2　社区保护地保护建设的短板要素

（2）要素的替代关系

社区保护地的建设要素比较多,其中除了自然条件要素不可替代外,很多要素之间都存在一定的替代关系。在一定情况下,部分要素之间可以相互替代。例如,在四川省的甘孜州有大约1/3的地方被群众认为是不同级别的"神山圣湖",长期受到了当地社区的保护。这里的群众自古以来对于他们赖以生存的自然环境和资源就具有强烈的保护意识,环境保护已经是他们生活伦理的一部分。当地社区对"神山圣湖"具有明确的管理,包括资源利用与管护上的功能分区、巡护制度、奖惩制度、边界标示等,与现代的自然保护区管理思路与方法都有很多的共同点。"神山圣湖"等社区保护地,由于生态文化要素的积淀,不需要用发补贴和物质奖励的方式来进行资源管护,相应地,在人力资源要素上的投入就比其他的保护区少,但保护成效却可以与周边很多著名的自然保护区相媲美。

## 三、社区保护地的区域经济系统外部要素

社区保护地与其他经济区域系统一样,是国民经济乃至全球经济的一个子系统。从社区保护地的外部考察,一方面,社区保护地既受宏观经济环境的制约,又反过来影响宏观经济环境;另一方面,社区保护地必然与其他的经济区域系统发生各种系统置换,即存在广泛的区际联系[①]。

（1）社区保护地与宏观经济环境关系日趋紧密

在前面提到,社区保护地的九个建设要素很多都具有二重性,与外界的一些要素相互对应。例如,一个是社区群众在长期的生产与生活实践中所形成的乡土知识、乡规民约、土地与资源权属;另一个则是来自社区保护地外部,很多是国家在社区保护地推广或推行的现代科学知识、法律法规等。前者从下到上,后者从上到下,都围绕着社区保护地保护建设,彼此相互影响,有时又相互配合,有时甚至相互冲突。

一些社区保护地的建设要素,会根据国家乃至全球范围的宏观环境变化而变化。例如,劳动力是社区保护地重要的建设要素,随着我国经济中劳动力密集型加工业高速发展,社区中的劳动力,尤其是具有知识的青壮年劳动力,都纷纷外出打工,甚至永久性转移,导致我国社区保护地普遍地存在劳动力不足的问题。政府在一些生态关键区域实施生态移民,反而削弱了社区保护地的劳动力要素,导致外来

---

[①]　杜肯堂,戴世根. 区域经济管理学. 北京:高等教育出版社,2004.

的盗猎没有村民们的制约。

(2) 社区保护地的区际联系

社区保护地作为一个特殊的区域经济系统,并不是孤立的。虽然社区保护地是基于当地社区群众自发的保护行为,但社区保护地提供的生态服务功能并不仅仅使当地的群众受益。

随着中国城市化进程加快,大城市规模不断扩大,中小城市不断涌现,对安全的饮用水、清新的空气要求日益增加。自从 1998 年长江全流域发生洪灾后,中国政府和社会各界深刻认识到生态保护不能仅仅局限于自然保护区,社区保护地的保护成效也与下游的大中城市紧密联系。而全球温室气体问题日益严重,把社区保护地森林植被状况与全球的生态安全又联系了起来。应该说,当前社区保护地保护建设面临的重大机遇,就是社区保护地与外部的区际联系不断加强,社区保护地提供的生态服务功能日益被更大范围的区域甚至其他国家所认可和重视。

社区保护地具有若干典型的特征:

① 社区保护地保护建设的主体是社区群众,社区群众是执行着保护与建设任务的、现实存在的主体。

② 社区保护地既具有生态保护功能,又发挥着满足社区群众生产、生活需要的经济功能。社区保护地是生态系统与经济社会系统叠合的区域。

③ 社区保护地的地域空间由"聚落"、"地域"、"天然联系"构成,既不同于自然保护区,也区别于一般的经济区。

④ 社区保护地的区内、区际联系具有人与自然之间和人与人之间的"天然联系"的特征,区内依存于自然环境,利用自然资源,区际互相交换物质化的要素,提供水源、空气、景观等生态服务。

⑤ 社区保护地是社区群众的精神家园和生态文化载体,反映出社区群众对自然神奇景观的景仰和对自然威力的敬畏。

# 第三节　社区保护地的土地权属

土地权属也被称为土地产权制度,是指不同的人群对于特定的土地地块拥有的各项权利总和。

## 一、土地权属对于社区保护地建设的意义

### 1. 明确而清晰的土地权属是社区保护地建设的重要保障

土地权属是影响人们对于一块特定土地的态度和行为的根本性因素。只有在土地权属清晰且稳定的情况下,人们对于在土地上投入各种资源或要素能够获得的权益才能建立稳定预期,从而有意愿对于土地采取长期的经营行为,反之则可能会采取短期、掠夺性的经营行为,破坏土地上的自然资源与生态系统。

从社区保护地的历史起源看,其大部分并未得到国家的认可,而是农牧民根据自己历史习惯,出于社区自身的社会经济目标需要而开展的保护活动。如果没有获得相应的权力和权益保障,社区成员很难被凝聚在一起开展社区保护地建设。

(2) 土地权属是各种自然资源冲突的主要原因

中国尤其是位于西部山区和高原区的很多社区保护地,都面临土地权属不明晰的问题,表现为:土地边界模糊,土地权属重叠,社区不能正常行使各项土地权力,等等。正是这些权属问题,引起了社区与外界、社区与社区以及社区内部成员之间围绕自然资源利用的利益冲突,有的甚至变为群体性事件。权属问题一方面引发社区保护地建设中不得不面临的诸多矛盾,但另一方面也凸显了社区保护地建设不仅是生态建设,也是社会稳定的重要因素。

(3) 明确土地权属是社区保护地建设的重要手段

权属问题是社区保护地建设面临的一个关键问题,同时又是一个普遍的问题。因此,以调查土地权属入手,并在此基础上尝试解决土地权属的问题是社区保护地建设项目的一个有效的切入点。

从区域经济学角度看,土地权属是社区保护地建设要素之一,而且在很多的社区保护地都是短板要素。如果土地权属问题不解决,不给社区明晰而稳定的预期,投入其他社区保护地建设要素都可能会遭遇事倍功半的效果。

## 二、社区保护地的土地权属分析框架

研究制度经济学的学者常常认为土地权属是一系列权力组成的权力束[①],包

---

① 王金红.大陆农地产权制度的核心问题与改革目标.//徐勇,赵永茂.土地流转与乡村治理.北京:社会科学文献出版社,2010.

括所有权、使用权、收益权和处置权等各项权力。奥斯特罗姆等根据公共自然资源的特点,提出从所有权、使用权、收益权、排斥权和处置权五个方面来界定土地权属。鉴于社区保护地大都属于公共自然资源,因此本文采用该框架作为分析社区保护地土地权属状况的基本框架。

### 1. 所有权

所有权是土地权属的权力束中最根本、最重要也最完全的一项权力,其他的几项权力都派生于所有权。一个特定土地地块的所有权,保证了该权益的拥有人对于土地的绝对性、排他性和永续性[①]。绝对性是指对权利的行使不需要任何其他人的协助,通过自己的行为,即可直接实现对其财产的占有、使用、收益与处分;排他性指所有权可以依法排斥他人的非法干涉,不允许其他任何人加以妨碍或者侵害;永续性则指所有权因土地的存在而永久存在,不能预定其存续期间。

根据《中华人民共和国土地管理法》(2004年修正版,下同),"中国实行土地的社会主义公有制,即全民所有制和劳动群众集体所有制","农村和城市郊区的土地,除由法律规定属于国家所有的以外,属于农民集体所有;宅基地和自留地、自留山,属于农民集体所有。"

因此,土地所有权只有两种,即国家所有和集体所有,都需要由县级人民政府登记造册。经过造册登记后的土地所有权,就具有了法律地位,被称为正式权属。

然而,在西部的山区和高原区,大量的国有土地,尤其是长期以来被农牧民传统利用的土地,登记造册工作并没有很好地公示并被群众知晓。农牧民们依然依据传统的土地利用历史来决定土地权属,即所谓的习惯权属。例如,在四川省凉山州的彝族地区,村民都信奉"一言九鼎"的古训,即土地的所有权人,无论他是否在社区居住,其他人都不能质疑或夺取其土地所有权。

很多社区保护地老百姓都依据习惯权属开展社区保护地的建设与管理活动,当在面临来自政府主导的自然资源开发项目时,其权益由于不具有正式权属而难以获得法律的支持和保障。

### 2. 使用权

使用权是指在一定的时期内、不改变所有权而依法对于土地加以利用的权力。使用权与所有权分离,是因为使用权可以由所有人行使,但也可以以法律、政策或所有权人的意愿而转移给其他人行使。

《中华人民共和国土地管理法》规定,"国有土地和农民集体所有的土地,可以

---

① 百度文库。

依法确定给单位或者个人使用"，"使用土地的单位和个人，有保护、管理和合理利用土地的义务。"

虽然农牧民家庭不能拥有土地所有权，但开始于20世纪70年代末的中国第二轮土地制度改革，将原来由集体(包括乡镇、行政村和村民小组三个层级的集体组织)所有的耕地和草地的使用权通过承包的形式以家庭为单位授予农牧民①。在南方数省试点的基础上，2008年全面推开的集体林权制度改革，又把集体所有的林地承包给了农牧民。

然而，社区保护地建设需要社区成员的集体行动，单家单户的小农是无法保护并利用好社区保护地的自然资源的。承包制缩小了自然资源的经营规模，有利于调动以家庭为单位的小农经营积极性，但同时也削弱了社区保护地的管理能力。

农牧民拥有并行使土地使用权的目的，根本还是在于满足经济与文化等发展目标。仅拥有土地使用权，没有收益权、排斥权和流转权等权力，农牧民是不会建立通过可持续利用自然资源获取长期利益的预期的。正如后文案例所反映出来的，虽然农牧民拥有了土地的使用权，但由于缺乏其他的权力支撑，不能形成社区保护地的有效保护机制。

在很多山区与高原地区的国有土地上，不同的政府部门可能都具有使用权，甚至之间相互矛盾。如一个特定的土地地块，在林业部门看是林地，而畜牧部门同时也纳入了牧草地规划与管理，国土(工矿用地)、农业(水域)等部门也可能产生影响。社区在不同的政府部门使用权冲突背景下无所适从，难以建设社区保护地。

此外，狭义地理解土地使用权也是比较常见的：一些地方政府部门在GDP驱动下，认为只有与经济发展相关的土地利用方式才是真正的行使土地使用权，而农牧民自发开展的生态环境保护活动不算是行使使用权，在产生土地利用纠纷时不支持保护性的土地使用权诉求。

### 3. 收益权

收益权是指获取基于土地所有权或使用权而产生的经济利益的可能性，是人们因获取特定土地地块上自然资源所派生出的利益而产生的权利义务关系。

大多数的农牧民是理性的经济人，行使所有权和使用权的考虑很大程度(但也不是完全)是基于能否确保自身对于自然资源利用或保护所产生的收益多少。收益权是确保其能够对未来收益具有稳定预期，从而可持续地利用资源的重要因素。

然而，拥有使用权甚至所有权并不能自然地意味着拥有收益权。农牧民的收

---

① 吴象. 中国农村改革实录. 杭州：浙江人民出版社,2001.

益权被部分甚至全部剥夺的情况屡屡发生。例如,天然林保护工程项目,在工程实施区禁止采伐林木,包括农民拥有所有权和使用权的集体林地上的林木。尽管从全国的角度具有重要的生态意义,是事关国家生态安全的重大战略举措,但也限制了农牧民的收益权。类似的例子还包括设定各种复杂的程序或手续来制约社区的收益权。如果有关收益权的政策频繁变化,缺乏连续性,不能够带给农牧民未来的预期,则很难使得农牧民具有长期利用自然资源的意愿和行为。在 80 年中期南方数省试点的集体林权制度改革之所以失败,很大程度在于村民对于收益权相关政策的持续性产生怀疑,纷纷破坏性地采伐林木。

对于国家所有的土地尤其是土地上的林副产品,很多社区有较长的利用传统,其历史可以追溯到新中国成立前很长的时间。很多基层的政府管理部门"默许"社区进入国有土地利用自然资源。例如,尽管按照自然保护区管理条例,任何人都不能随意进入自然保护区,但大部分自然保护区的管理机构都允许周边社区进入自然保护区采集蘑菇、药材等林副产品,这就是社区对于国有土地非正式的收益权。社区对国有林地的非正式收益权是老百姓参与国有林保护的重要原因,但这项权力却常常在国有林地所有权或使用权流转中被忽略。而新进入的所有者或经营者,例如,从事旅游开发的公司,可能会不准老百姓进入采集林副产品,把周边社区从保护者逼为资源破坏者。

### 4. 排斥权

排斥权是指在拥有收益权以及使用权或所有权中的一种的情况下,对于其他人未经许可在特定土地地块行使使用权和受益权加以阻止的权力。

排斥权这个概念在中国官方的土地权属概念中是比较回避的。例如,在《中华人民共和国土地管理法》等相关的土地类法律法规都未有触及。在资源类的法律法规中,例如,《中华人民共和国森林法》,则含糊地提及护林员等"对造成森林资源破坏的,护林员有权要求当地有关部门处理"。与其他国家的相关法律相比,中国更多地倾向于把排斥权作为公权力收归政府,而不是作为私权力交给包括农牧民在内的民众。

很多社区保护地都处于偏远的山区,当发生外来的自然资源利用侵害社区利益时,由于受交通和通信等条件的限制,"有关部门"即使能够被社区找到且不推诿,也很难采取有效的行动。社区保护地建设面临的两个最大问题,一个是难以动员社区形成保护自然资源的集体行动;另一个则是一旦形成社区集体行动来阻止破坏自然资源的行为时,却面临法律不支持的窘境。

给予社区一定的授权来行使排斥权,尤其是阻止社区内外对自然资源不可持续的利用是社区保护地建设的关键,后文的一些案例涉及这个问题的重要性和复杂性,并分享已经积累的一些经验与教训。

### 5.处置权

处置权是指对土地在事实上或法律上最终处置的权力,尤其是把所有权、使用权和收益权流转给他人的权力。处置权行使的方式包括出售、租赁、转包特定土地地块的收益权、使用权甚至所有权等多种形式。

土地不是一般的生产资料,国家对于土地资源的流转的管制是非常严格的。例如,集体林权制度改革,尽管给予了农户更明确的使用权和收益权,但对于林地流转仍然设置了较多的审批程序和严格的条件。

自然资源可持续管理的一个理念是管理要可持续但不一定管理者可持续。出于自身的原因,一个社区不是所有的成员都愿意而且有能力长期参与社区保护地建设的,让这些成员能够把他们的使用权、收益权部分或者全部地流转,更加有利于提高社区保护地管理的效率。

社会公益力量支持社区保护地建设意愿不断增加的背景下,社区通过行使处置权使潜在的外来支持者,包括企业与个人,获得部分的使用权甚至收益权,将有利于激发外来的支持者的拥有感和主动性,从而给予社区保护地更大的支持。但如何使外部支持者能够获得国有或集体所有的土地的权力,目前尚没有一个透明清晰的程序。

## 第四节　社区保护地的外部性

### 一、外部性原理

外部性是指那些生产或消费对其他团体强征了不可补偿的成本或给予了无需补偿的收益的情形[1]。

经济学家庇古提出了"私人净边际产品"和"社会净边际产品"两个概念[2]。"私人净边际产品"是指某个企业在生产中追加一个单位的生产要素所获得的收益

---

①　萨缪尔森.经济学.北京:商务印书馆,1979.
②　庇古.福利经济学.北京:商务印书馆,2010.

增量,而"社会净边际产品"则以整个社会来代替前者的"某个企业"。

外部性原理揭示了单个企业与其他企业和消费者构成的社会之间的关系。庇古认为,如果在私人净边际产品之外,其他人还得到利益,那么,社会净边际产品就大于私人净边际产品,就是外部经济;反之,如果其他人受到损失,那么,社会净边际产品就小于私人净边际产品,就是外部不经济。生产者的某种生产活动带给社会的有利影响,叫做"边际社会收益";生产者的某种生产活动带给社会的不利影响,叫做"边际社会成本"。

在不受到包括法律和道德的约束时,为了追求最大的利益,提高自己的私人净边际产品而损害社会净边际产品是一个经济人的所谓理性选择,即把私人利益的增加建立在边际社会成本增加的基础上。这种现象也被称为私人净边际产品与社会净边际产品的背离。

## 二、社区保护地的外部性表现

社区保护地的外部性主要表现在两个方面:

首先,社区保护地所在的社区就是一个小的社会,而社区的成员则是社会中的"某个企业"或"理性经济人"。社区保护地所带来的保护成效是整个社区的社会净边际产品,但社区中单个的家庭或个人更多地考虑其私人净边际产品:社区成员一方面不愿意把家庭的资源投入生产社区保护地的社会净边际产品,而是更倾向于投入到生产私人净边际产品;另一方面为了提高家庭经济收入而不惜加大对于自然资源的利用强度,造成总体的社会净边际产品减少。其效果是造成以社区为整体的外部不经济。

其次,社区保护地的保护成效体现为清洁的空气,干净的河水,持续生存的野生动物,从中受益的却不仅仅是社区,而是更大范围的群体。如果从物种保护而言,更是整个人类受益。也就是说,社区保护地的保护成效带来边际社会收益,但由于限制了社区的自然资源利用,其实质是牺牲私人净边际产品,增加社会净边际产品。其效果是社区更大范围的社会外部经济,但由于社区是由理性的经济人组成的,如果需要社区成员长远的牺牲,保护成效本身就不是可持续的。

总之,外部经济与外部不经济,都不是社区保护地的最佳状态。实现私人净边际产品与社会净边际产品为零,才是真正实现社区保护地可持续发展的道路。

### 三、从新制度经济角度建设社区保护地

解决外部性的问题,庇古提出的思路是使私人净边际产品与社会净边际产品不背离,也是就边际社会收益与边际社会成本都等于零。

然而作为理性的经济人,是不会主动减少自己的私人净边际产品的,也就是说,依靠自由竞争是不可能达到社会福利最大的。新制度经济学家提出政府应该干预外部性问题:对私人净边际产品大于社会净边际产品的行业实施征税,即存在外部不经济时,向其中的个体征税;对私人边际净产品小于社会净边际产品的部门实行奖励和津贴,即存在外部经济效应时,给其中的个体以补贴。庇古认为,通过这种征税和补贴,就可以实现外部效应的内部化。这种政策建议后来被称为"庇古税"。

沿着庇古的思路,社区保护地建设在处理两个关系时,即社区内部成员与社区之间的关系、社区内部与外部之间的关系,可以从私人净边际产品与社会净边际产品的角度分析,根据不同情况以经济激励或处罚的手段来为社区保护地建设构建良性制度。这也是社区保护地建设要素的中"乡规民约"的要点。

# 第四章 社区保护地的社会学思考

经济学分析是个体的理性,把社区作为一个整体来研究社区保护地建设的效率问题。然而,社区保护地建设的主体是社区,也是由众多小农家庭组成的,他们对于社区保护地建设的态度也是权变的,即根据其他成员的行为进行调整,他们的决策和行动是由非市场的因素决定的,超出了经济学的假设。

社区保护地建设还需要考虑社区成员群体的理性。本章从社会学角度来审视社区保护地,把社区保护地作为一个公共池塘资源,并研究社区保护地建设与社区公共性的关系。

## 第一节 社区保护地与公共池塘资源

### 一、公地的悲剧

古希腊哲学家亚里士多德所言:"那由最多人数所共享的事物,却只得到最少的照顾。"[①]也许这是世界上较早的对公共物品进行研究的论述。

在此基础上,哈丁(Garrett Hardin)1968 年在《科学》发表了《公地的悲剧》[②]。所谓公地是所有权、使用权都没有明晰到家庭的土地,中国现有的集体土地和国有

---

① Benjamin Jowett. The Politics of Aristotle: Translated into English with Introduction, Marginal Analysis, Essays, Notes and Indices. Oxford: Clarendon Press,1885.

② Garrett Hardin. The Tragedy of Commons. Science,1968.

土地粗略地看都属于公地的范畴。哈丁最主要的观点在于,有限的自然资源必然会因自由进入和不受限的欲望要求而被过度利用。这样的情况之所以会发生源自于每一个个体都希望扩大自身可使用的资源,然而资源耗损的代价却转嫁到所有可使用资源的人身上。

哈丁举出了著名的例子,即牧羊人与牧场资源的动态变化来阐释"公地的悲剧"的论点:

- 一块既定的牧场,多个牧羊人自行放牧。
- 一个牧羊人增加羊的数量,获得增加的羊只的所有利润。
- 牧场的承载力因为额外增加的羊只而降低,导致每只羊的利润降低,该损失由所有的牧羊人承担。
- 所有的牧羊人都效仿增加自己的羊只的数量,因为个人如果不增加羊只数量,就只能被动地承担损失。
- 牧场严重退化。

只要有一个牧羊人选择理性的行为,都会导致其他牧羊人的效仿。因此,公共的牧场很难不被掠夺性、竞争性地利用,必然面临哈丁所说的"悲剧"。

可以看出,社区保护地如果满足哈丁所提到的两个假设条件,即对于自然资源利用不加限制地随意进入和自然资源利用者欲望不断增加,其前途就必然是"悲剧"。不幸的是,这两个条件在很多的社区都非常普遍,社区保护地面临的挑战是非常严重的。

## 二、集体行动

### 1. 什么是集体行动

社区保护地建设需要摆脱公地的悲剧,需要来自社区成员共同的努力,采取一致的行为,这就引发一个重要的概念:集体行动。

赵鼎新教授[①]提出,集体行动就是有许多个体参加的、具有很大自发性的制度外的政治行为。

与集体行动相关联的两个词是社会运动和革命。这三个词之所以关联,是因为都是制度外的集体性政治行为。制度内的集体性政治行为的例子如选举。但集体行动区别于社会运动和革命在于两点:前者的参加人数有许多;具有很大的自发性,这是最关键的一点。"许多"或许是几十到几千人的规模,更多的人数就可能

---

① 赵鼎新.社会与政治运动讲义.北京:社会科学文献出版社,2006.

变成运动或革命了。

集体行动最大的特点是参与者都有很大的自发性,即没有高度的组织化。所谓高度组织化,如军事性或半军事性的组织。政府间的上下级关系、一个企业通过雇佣关系建立起的组织形式、一个自然保护区的管理方式,组织化程度都比较高,因此都不属于自发性的范畴。

集体行动是一种政治行为,因为其有一定的目的性,力图解决一些"社会困境"的问题。社会困境的问题类似于第三章提到的"外部性"问题,是在一个由许多的理性经济人构成的集体中,由于每个人追求利益最大化而导致集体利益的损害,最终影响到每个人的利益。公地的悲剧就是一种社会困境问题。

有很多的场景,虽然也是集体行为,但由于无目的、非政治性,都不是集体行动,例如,体育比赛开始前大家都向着同一目标——看台前进;清晨大家都涌进工厂大门;等等。

**2. 小农的道义、理性和搭便车**

(1) 小农

社区保护地建设实践中,常常面临一个困惑:一方面确实有不少社区能够很好地把农牧民组织起来开展自然资源管理活动,如第二章提及的神山圣湖的例子;但另一方面有很多社区保护地确实面临大部分社区成员消极对待的问题。很多保护人士在刚接触社区时感觉农牧民特别朴实、有奉献精神,但随后的项目实施中却常常为一些项目对象的自私自利行为而生气、苦恼。

农牧民在决定是否参与社区保护地的集体行动时考虑的因素有哪些,是如何进行决策的? 相信这些问题不仅是社区保护地建设,也是从事扶贫、卫生、教育、科技推广等等与农民打交道的人士都非常感兴趣的话题。

中国的农牧民所经营的土地规模都比较小,即使是在高原的牧区,相比于行政村或自然村面积巨大的牧场,单个家庭拥有的土地份额还是很小的。因此,中国的农牧民基本都可以被称为小农。

很多学者对于不同历史时期中国农村的构成主体——小农的特点进行了多角度分析,如费孝通[①]认为中国农村的差序格局是以小农为基础的熟人社会、以父系血缘为核心的人际关系和以伦理为差等的礼治秩序。黄宗智[②]认为,小农家庭农场具有大公司、大农场无法比拟的韧性和竞争力。

其实,不仅是中国,全世界的小农在土地上从事自然资源利用的过程中,都形

---

① 费孝通.乡土中国.南京:江苏文艺出版社,2007.
② 黄宗智.中国新时代的小农经济导言.开放时代,2012.

成了一些共同的特点。这些特点或多或少地,在每一个以小农为主要构成的社区中,都能够得到体现。在有关自然资源利用的集体行动中,道义与自利是小农常常考虑的两个因素。

(2) 小农的道义

斯科特[①]通过研究缅甸和越南的小农的社会安排和政治行为,认为小农社会有一种特有的伦理规范,被称为小农的道义,概括起来,包括两个方面:生存权利和互惠原则。生存权利和互惠原则是小农最基本的道义,可以说是得到普遍地、自发地遵从。

生存权利是指小农根据他人(包括官员、商人和社区其他成员等等)如何使其维持在生存危机水平之上的生计水平变得复杂或简单这一标准来评估是否采取抵抗甚至反抗的行为。也就是说,为了抵御任何把自己的生计降低到生存危机水平之下的影响,小农都可能爆发并参加集体行动。但只要能够维持生计在生存危机水平之上,小农就倾向于忍受外界的盘剥。

互惠原则指小农为了应对短期困难而开展各种形式的相互帮助,如换工、人情送礼等等。这是因为小农认为自己不久的将来也可能会处于类似的环境之中,如果不做贡献通常都会被大家知道,结果将来在需要帮助时不能得到帮助。

在长期的生产、生活中,很多社区基于当地的自然条件和人文特点不断总结提炼,形成了各自的风俗习惯、生态文化和禁忌,这些都可以划归为第三章提到的一项社区保护地建设要素——生态文化。生态文化作为小农的第三种道义,比生存权利和互惠原则更加丰富和生动,但其中仍然具有后两者的功能和雏形。

小农超出生态文化的第四种道义来自于宗教文化。对于很多社区而言,宗教是外来的,但在长期的宗教实践中也与本地的生态文化融合,并巧妙地顾及了小农的生存权利和互惠原则,从而具有深厚的群众基础。宗教具有了一定的强制性,通过职业或半职业的宗教人士的督促,社区其他成员的监督,使道义变为具有强制性的监督。例如,第二章有关神山圣湖的案例就是基于宗教信仰的道义而开展的社区保护。

从自然资源可持续利用角度看,尤其是在生态脆弱地区,小农的四种道义形式相互关联、互相支撑,构成了道义金字塔。在金字塔的顶端是最复杂精巧的信仰(如宗教),中间是生态文化,而基础是生存权利和互惠原则。

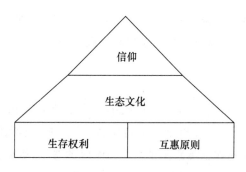

**图 4-1  小农的道义金字塔**

小农的道义在当今不断地受到冲击。生存权利与互惠原则是基于熟人社会的,但在生计模式不断变化、人口不断迁移、农村人口持续永久性外流的背景下,人们对于困难时获得邻居帮助的预期不断减弱,多大程度能够坚守最基本的道义是需要审慎对待的。

中间环节的生态文化、禁忌等是消失最快的小农的道义。社区的结构、精英人员流失、人与自然关系的变化,甚至包括现代科学知识的负面影响,使社区的生态文化受到了前所未有的削弱。所幸的是,中国共产党"十八大"提出建设生态文明,挖掘社会的正能量,正是从宏观层面表明了对生态文化重要意义的肯定。但是,如何才能建设生态文明,弘扬生态文化,却是不清晰的,有待于理论与实践两个方面的探索的,而社区保护地建设则是一项有益的尝试。

信仰是在对生态文化的提升、固化和传承。例如,在很多区域由于佛教的信仰使不杀生的行为能够广泛地被农牧民信奉和自觉遵守,并传承给下一代。

(3) 小农的自利与搭便车

波普金①也在越南研究了自 19 世纪中期以来越南农村的政治安排、土地使用及耕作方式、税收系统,其主要论述是对于斯科特提出的小农道义进行了全面的批判。

波普金认为小农出于家庭福利而不是集体利益或道义所驱使,是使其个人福利或家庭福利最大化的理性人。他们的决策是根据对可能结果进行概率的主观估计,然后做出自认为能够最大化其预期效用的选择。

集体行动问题对于小农的生产生活极其重要。波普金论断传统农村明显不能保证集体行动为共同利益而进行,甚至当农牧民们认识到真正的共同利益时,由于

---

① S. Popkin. The Rational Peasant. University of California Press,1979.

"搭便车"和相互怀疑等问题,也无法开展相应的行动。搭便车由奥尔森[①]最先提出,指在群体中人们倾向于不付出或付出少量的成本而享受利益,犹如在旅行中搭乘别人提供的顺风车。

如果农牧民是自利的、短视的,其策略总是"以最小的成本来寻求最大的收益"的话,人们很自然会怀疑虽然社区是由有共同利益的农牧民组成的团体,且保护自然环境有利于社区所有成员的共同利益,但具有共同利益的社区并不必然产生真正的集体行动。很多社区保护地建设的项目,最后都演变为社区成员之间"搭便车"的竞赛和配合外部干预者上演的"道义游戏"。

### 3．小农对集体行动的选择

斯科特与波普金对于小农描绘了完全不同的两个特征,即道义与自利,构成了小农的复杂性。当复杂的农牧民面对自然资源管理的问题时,他们关于集体行动的决策是否仍然具有一定的规律?

曼塞尔·奥尔森为社区保护地建设提供了如下的思路:

(1) 对于集体的认识

如果集体中的所有人在实现了集体制定的目标后都能获利,由此也不能必然推出他们会采取集体行动以实现这一目标。换句话说,集体的全体成员对获得这一公共利益有着共同的兴趣,但他们对承担为获得这一集体利益而要付出的成本却没有共同兴趣。这是因为"搭便车"的理性思考促使成员们不愿意付出而更愿意坐享其成。

在社区项目中,虽然我们依靠了原有的农牧民集体组织,甚至建立了如合作社这样的新组织,但不能因为这些组织事实上甚至在文件上存在,就认为农牧民会为这些组织的公共利益付出个人的努力而形成集体行动。

(2) 包容性还是排斥性的集体

包容性是指一个集体愿意接纳新的成员或者积极寻求新的合作伙伴,并愿意分享集体带来的公共利益;而排斥性则是指一个集体的成员都希望这个集体的成员数量越少越好,以获得更多的公共利益。一个集体是排斥性的还是包容性的,不仅仅基于成员的诸如文化、历史、组织方式等特质,也很大程度取决于集体寻求的目标的本质。社区保护地建设的目标是使自然资源可持续地利用,但自然资源差异性大,可持续利用的模式也多种多样,使得资源利用的主体产生不同的性质。例如,同一片森林的使用者,如果从木材利用的角度看是排斥性的,但从新鲜的空气

---

① 曼塞尔·奥尔森.集体行动的逻辑.上海:格致出版社,2011.

的角度看则是包容性的。

在实践中,很多时候外来干预者主观地认为各个民族在团体精神和集体行动上有天生的区别,很多组织依照这些经验倾向于把公益项目放在一些偏远的、少数民族的聚居区。其实如本书案例中提到的,即使在这些有"良好潜力"的项目区,形成集体行动的困难并不亚于汉族聚居、城市周边的地区。关键还是要看需要保护的自然资源特征和保护目标是什么。

(3) 选择性的激励

集体行动实现的是公共利益,与"搭便车"问题对应的是应该对于集体中的成员个体的行为进行激励。集体行动的实现必须选择性地面对集体中的个体进行激励,从而在公共利益之外对于个体造成更直接的影响,规范个体去努力实现集体的公共利益。

集体中的理性个体采取有利于集体的行动,可以是积极的,也可以是消极的,既可以用惩罚来强制,也可以通过奖励来诱导。选择性的激励可以是经济上的,也可以是社会地位和社会承认等精神方面的。精神激励对于集体中的成员而言是个人的私人物品。

没有激励机制的社区保护地是缺乏管理而难以长期存续的,激励机制也是在第三章提到的社区保护地建设要素之一。很多时候,经济角度与社会角度建设社区保护地都有很多殊途同归的要素。

然而,激励对于个体成员而言是私人物品,但运行激励机制却是公共物品。尤其是当需要处罚时,大家包括集体的领导人都不愿意得罪人,而领导人也很容易被批评为利用激励机制来实现个人在集体中的政治目的。

(4) 不平等性

如果取得的公共利益在成员的分配"规模"不等或对公共利益的兴趣不等的集体中,公共物品最有可能被提供。如果对比两个集体,一个实现的公共管理利益是在所有成员中平均分配的,另外一个则是根据一些标准如家庭人口、出资额等进行分配,后者的分配结果可能在不同成员间具有规模的差异。奥尔森认为后者更可能形成集体行动。这是因为只要在个人付出的努力能够得到正回报的前提下,集体中有人愿意多付出从而为其他人提供"搭便车"的机会,这样的集体行动是很容易形成的。所以说,集体行动并不是要追求绝对的平均主义。

有些案例中,某个成员对公共利益的兴趣越大,预期能从公共利益获得收益的份额就越大,即使他不得不承担全部的集体行动的成本,他也付出努力。这就是奥尔森指出的"少数剥削多数的令人惊讶的现象",即一个集体中多数但仅仅具有小份额的成员,享受少数的具有大份额成员的"搭便车"服务。前者乐享其成,后者可能有抱怨,但也不会停止提供"便车"的服务。

社区保护地带给社区成员的利益可能也不是均等的,可能其中的一些成员由于居住的位置、自身的经验等原因更能享受到社区保护地的保护成效,这些成员因此也有可能比其他的成员更加积极地参加保护地建设。如果在社区保护地项目中一味追求平均主义,有可能打破原有的格局,影响到原来积极参与的保护人群,反而对于社区保护地建设造成破坏。

(5) 规模

规模问题是理性的个人积极参加集体行动的关键。这是因为:

① 集体越大,增进公共利益的人获得的集体总收益的份额就越小,有利于集体的行动得到的报酬就越少,这样即使集体能够获得一定量的公共利益,其数量也是远远低于最优水平。

② 集体成员的数量越大,组织成本、交流成本就越高,这样在获得任何公共利益前需要克服的问题就越多,甚至形成对于公共利益是什么的共识可能性都很小。

③ 在一个大集体中,每个成员都微不足道,他认为自己的行为微不足道,正面影响或负面影响对于集体行动都不是重要的,因此更容易从自利的角度来考虑问题来"搭便车"。这就比如开会:会议的"最终决定"是公共利益,每个人都希望会议尽快结束,并达成一项最终的决定。但如果参会人数很多,参会者会意识到他个人的努力可能不会对会议最终决定产生多大的影响,而且不管他对讨论投入的努力有多少,会议决定对他的影响都是大同小异。当参会人数越多时,每个参会者的贡献就越小。

因此,奥尔森[1]认为,在任何情况下,规模是决定对个体利益自发、理性的追求是否会导致有利于集体行动的决定性因素。他也引用约翰·詹姆斯的发现,即采取行动的小组平均成员人数是6～7人,而不采取行动的小组平均成员数是14。

实际上,选择性激励、不平等性等因素促使理性的个人来选择参加小规模群体的集体行动而不是一个人数众多的大型组织的集体行动。在一个小的组织中,选择性激励可能更加有针对性,从而更加富有效率;拥有更多份额的成员对于其他成员"搭便车"的行为抱怨也可能更少。

社区保护地建设的规模在实践中表现为高度一致:管理比较具有持续性的社区保护地往往发生在不到500人的社区,通常是一个自然村的规模。但外来干预

---

[1]　曼塞尔·奥尔森.集体行动的逻辑.上海:格致出版社,2011.

性的社区保护地建设项目,无论是政府的还是民间公益力量的,通常都是以行政村为单位,其人口涉及 1000～3000 人,甚至更多。这两个"通常"的差距导致的结果就是外部努力使社区组织起来,但社区成员更多地表现为搭便车。

从草海的案例(第八章第一节)看,应该把"项目规模"和"技术规模"区分开来。项目规模可能是出于项目管理的角度而设定的,行政村就是通常的项目规模。但项目规模不应该等同于技术规模。技术规模是指项目主要运用的保护或发展模式的开展规模,如草海项目主要采用了小额信贷作为主要的技术手段,适合小额信贷的规模就是技术规模,其人数和地域范围远远小于一个行政村。一个项目规模可以拥有若干个技术规模。

## 三、公共池塘资源

### 1. 什么是公共池塘资源

公共池塘资源是一个自然的或人造的资源系统,这个系统之大,使得排斥因使用资源而获益的潜在受益者的成本很高[①]。奥斯特罗姆认为,"公共池塘资源是一种人们共同使用整个资源系统但分别享用资源单位的公共资源。在这种资源环境中,理性的个人可能导致资源使用拥挤或者资源退化的问题。"

对公共池塘资源可以从几个方面进行理解:

(1) 具不可分割性和稀缺性的可再生资源

公共池塘资源的一个显著特点是不可分割性。虽然可以通过确定边界等一系列厘清权属的方式把公共池塘资源分割给以家庭或企业为单位的经营体,但由于自然规律的作用,资源仍然是连在一起并相互作用的。例如,地下水资源,人们可以在地面上把抽取地下水的权益进行分配,但由于地下水在地下是高度关联的,一口水井采集多了会影响其他水井的水资源量。但如果拥有水井的人不提高采集量而其他人却不断扩大采集量,则同样面临资源枯竭的问题。因此,简单地把公共池塘资源产权私有化可能会导致资源枯竭的问题。

公共池塘资源具有稀缺性与可再生性的特点。稀缺性是指该资源不是数量巨大到可以无限地满足各种需求,在一定的技术条件下,人们已经能够充分地认识到资源是短缺的。可再生性是指该自然资源在利用的情况下能够不断地自然再生产,只要资源的平均利用量不超过生长量,就可以长期地被利用。

---

① 埃莉诺·奥斯特罗姆. 公共事务的治理之道. 上海:上海译文出版社,2012.

（2）资源系统和资源单位

公共池塘资源是一个自然资源系统,这个系统可以是多个或者一个自然资源,在有利的条件下能使流量最大化而又不损害储存量或资源系统本身,诸如渔场、地下水流域、牧区、灌溉渠道等均属此类;而资源单位是个人从资源系统占用和使用的单位量,它通常包括从渔场捕获的鱼的吨数,从地下水流域或灌溉渠道抽取的英亩、英尺或立方米水量,牲畜在牧场消耗掉的饲料的吨数等。

公共池塘资源语境下的资源系统与资源单位是整体与局部的关系。一个资源系统可以由多于一个人或企业联合提供或生产,占用公共池塘资源单位的实际过程可以由多个占用者同时进行或依次进行,然而,每一个资源单位却不能共同使用或占用。因此,资源系统是可以共同享用的,但资源单位却不能共同享用。

资源系统与资源单位的关系使公共池塘资源与公益物品、私益物品区分开来:公益物品是不能区分资源单位的,不可排他只能共同享用。例如微博的信息,所有人都能看见,一个人的浏览并不影响其他的人浏览;而私益物品虽然与公共池塘资源具有一定的相似性,但不是面对所有人开放的,具有排他性,而且资源最终能归属到个人或者家庭这样很小的单位。

（3）占用者、生产者和提供者

从公共池塘资源中提取资源单位的过程,被称为"占用",相应地,奥斯特罗姆把提取资源的人称为"占用者"。公共池塘资源的可再生过程主要依靠天然更新,但也需要人们加以一定建设性的行动以确保资源系统本身长期存续,这些人被奥斯特罗姆称为"生产者"。而对公共池塘资源进行计划和安排的人则被称为"提供者"。

占用者不一定就来自于正式拥有公共池塘资源所有权或使用权的集体或单位。如第三章分析,占用公共池塘资源的资源单位,可能仅仅拥有收益权,甚至是非正式的收益权。

通常情况下生产者就是占用者,但不是所有的占用者都是生产者,这就是从经济学角度所说的外部性问题。但公共池塘资源的生产者都是小规模的,每一家的规模都没有大到能绝对地影响其他的生产者。为了资源的可持续利用,需要生产者们的集体行动,更需要尽可能地把所有的占用者都变为生产者。

很多时候政府是公共池塘资源唯一的提供者,甚至在有的情况下公共池塘资源没有提供者。社区保护地面临的问题是:一方面,占用者越来越多,已经不仅仅是社区成员,还有很多外来的商业开发者;另一方面,生产者却越来越少,社区的提供者更少。政府作为提供者与社区的生产者不能有机地结合,实现良性互动。

**2. 长期存续的公共池塘资源的共同点**

对于公共池塘资源管理,非保护的专业人士认为很简单,认为制定好严格的制度或者给予足够的激励就可以管理好;而专业的人士可能比较悲观,质疑是否真的具有长期存续的、仅仅依靠社区自己的力量而没有一个强权的外力(通常是政府)就可以管理好的公共池塘资源案例,而且政府的干预往往使问题变得更糟。

奥斯特罗姆在全球范围内搜寻了长期存续的公共池塘资源的案例,确实找到了一些,且至今仍然在有效地运转。例如,瑞士托拜尔社区管理高山草场和森林可以追寻到公元 1224 年建立的管理制度;日本在德川时期(1600—1867)有 1200 万公顷森林和未开垦的山区草地被数千个村庄占用和管理,今天仍有约 300 万公顷是这样管理的;西班牙巴伦西亚市 84 位灌溉者在 1435 年 5 月 29 日起草并签署了在半干旱地区水源管理的规则;还有菲律宾桑赫拉的灌溉社区;等等。

这些社区保护地尽管社区特征、管理的自然资源特征都有很多不同,甚至相差甚远,但奥斯特罗姆通过仔细的研究,总结出了八点共性,值得社区保护地建设者认真学习和思考。

(1) 清晰界定边界

公共池塘资源本身的边界必须予以明确规定,有权从公共池塘资源中提取一定资源单位的个人或家庭必须予以明确规定。

首先,社区保护地建设应该界定清楚保护地地块的四至界限。如果连四至界限都无法清晰地确定,保护方式一定是比较粗放的,除非在地广人稀自然资源富集的地区,否则很难应付各种自然资源利用的冲突;其次,应该了解清楚地块的自然资源利用现状,可以利用第三章提出的公共资源土地权属分析框架,从所有权、使用权、收益权、排斥权和流转权五个方面来进行分析和描述。

(2) 使占用和供应规则与当地条件保持一致

规定占用的时间、地点、技术和资源单位数量的占用规则,要与当地条件及所需劳动、物资和资金的供应规则相一致。

因地制宜也许是对这一规则的最直接理解。社区保护地通常都是保护与利用兼顾的,不管是对自然资源的利用还是保护,都应该有相应的制度来促进、规范社区成员们的集体行动,而这些制度本身和其制定方式,依据我们的经验,都应该与当地的自然资源特点、自然地理、基础设施、人力资源等一系列因素契合。

(3) 集体选择的安排

绝大多数受操作规则影响的个人应该能够参与对操作规则的修改。

社区保护地最重要的长效机制就是使与保护地自然资源利用相关的人群,即所有的占用者,不管是正式还是非正式的,都能够参与到制度的制定,并不断地随着社区外部和内部情况变化对制度进行修订。

可以尝试从社区建设的三个主体,即行政力量(村社干部的管理)、文化网络和宗族力量(以血缘为纽带的)来对社区保护地的"集体选择的安排"进行评估。如果外来的干预能够通过行政、文化网络和宗族力量使资源占用者都能够参与到制度制定中,就有可能使资源得到可持续的利用。

(4) 监督

需要积极检查公共池塘资源状况和占用者行为的监督者,或是对占用者负有责任的人,或者占用者本身。

如果没有严格的监督,任何精巧的制度设计和庄严的承诺都很可能流于形式或夭折。然而,正如奥斯特罗姆所说的,监督也是一项公共产品,人们都知道监督的意义,但因为要"得罪"人,理性的选择是"搭便车",即希望有其他人监督而不是自己。

(5) 分级制裁

违反占用规则的占用者很有可能要受到其他占用者、有关官员或他们两者的分级制裁。

伴随着监督的应该是对于违反制度行为的制裁,如果没有后者,监督也就失去了意义,从而没有人再愿意认真地履行监督责任。奥斯特罗姆发现,长期存续的公共池塘资源的制裁是根据处罚严厉程度分级的,而且多数处罚的案例都是选择了其中比较轻微的方式。

在社区保护地调查中发现,凡是社区自己制定而且执行得比较好的管理制度,其处罚都是分级的,而外来者"帮助"制定的管理制度,则往往因比较严厉而不能得到很好的执行。

(6) 冲突解决机制

占用者和他们的官员能够迅速通过成本低廉的地方公共论坛来解决占用者之间或占用者与官员之间的冲突。

社区保护地常常面临不同资源利用方式的矛盾和(或)资源利用与保护之间的矛盾,如果能够把冲突尽量在距离发生的时间越短、地点越近、层级越低地解决,越有利于建立起社区保护地的长效管理机制。

社区的一些节日庆典或者男人们、妇女们聚集的机会,可能都蕴含了解决自然资源冲突的功能,可惜外来者可能没有观察到。

(7) 对组织权最低限度的认可

占用者设计自己制度的权力不受外部政府权威的挑战。

针对社区围绕保护地的组织权,有影响力的不认可主要来自政府,可能基于如下的两个主要原因。

社区保护地长期的保护需要村民们被有效地组织起来,或者基于传统文化、宗教,或者基于血缘,或者基于现实中突出的问题。然而,当社区被组织起来后,即使是发端于保护,也不会仅仅局限于保护。一方面,政府有可能对组织性强的社区出于乡村治理的原因产生疑虑、不支持甚至有意削弱,另一方面,社区的自组织力量确实也有可能被外部的各种力量所利用,以达到某种政治或经济目的。

一个社区的保护地有可能与其他社区的边界或利益发生冲突,建设社区保护地过程中也可能引发社区间的纠纷,这也可能是政府对于社区保护地持审慎态度的原因。

外来社区保护地建设项目如果不涉及社区乡村治理而仅仅"专注"于做事,其结果往往治标不治本;但如果深度涉入社区乡村组织建设,则可能被政府"干预"。

此外,很多外来的社区保护地建设项目,不管是出于何种目的,往往是部门性的,例如林业、农业、畜牧等。单一部门的项目,尤其是涉及类似公共池塘资源等长期性问题时,需要了解地方政府以及政府其他职能部门的态度,以获取最低限度的支持,即不反对。

(8) 多层级嵌套

在一个嵌套式的分权制企业中,对占用、供应、监督、强制执行、冲突解决和治理活动加以组织。

可以把"嵌套式"肤浅地理解为"多层级"。如果社区保护地管理制度融于行政村、村民小组两个乡村治理层级,以及当地的农民合作经济组织、宗教文化架构、家族管理中,就更加具有持久性。

以上提到的八点既相对独立,又密切关联。不同的组合方式会导致完全不同的绩效结果。而"多层级嵌套"强调的是以上八点在适应当地社区自然、社会、经济条件下的有机组合,将涉及占用、供应、监督、制裁、冲突解决的相关治理活动放在最适宜的层级。层次的组织和设计受着多种因素的影响,即社区中人员的能力和素质、工作内容和特性、工作基础和条件、社区组织环境和组织状况等。通过层级的组织和设计形成的对资源管理的权力特性,对社区成员具有很强的约束力和合法的权威性,并由此形成使管理得以顺利进行的权威——服从关系。

3. 公共池塘资源管理面临的问题

组织占用者就公共池塘资源问题采取集体行动往往是一个不确定的、复杂的事情。了解可持续管理的公共池塘资源的八点共性是必要的,但并不是足够的。因为在社区保护地建设的实践中还常常面临如下的一些问题。这些问题的解决并没有标准的答案,而是需要在实践中不断地进行探索、总结和交流。第八章的几个案例力图呈现有关这些问题的经验与教训。

(1) 长期缺乏帮助决策的科学知识

尽管现代科学知识对于自然规律的认识越来越深刻,但并不能完全地认清和解释公共池塘资源的消长规律。很多在一些区域被奉为定律的理论,当面临复杂而迥异的社区保护地时,要么难以兼顾全部,要么过于抽象而缺乏具体指导性。例如,高原草场退化的原因到底是因为人的因素(过度放牧)还是自然的因素(气候变化),或者两种因素到底谁是主导目前还没有定论,但在很多草原类型的保护地建设中,都把人的因素默认为主导的因素,尽管投入大量的资金与人力,但取得的效果却并不明显。

不管是有意还是无意,直接还是间接,任何社区保护地建设的项目,都是受到科学知识指导的。但当科学知识不足以提供指导时,公共池塘资源如何保护,如何系统地寻找到解决办法,首先需要承认人类认识的不足。

(2) 占用者行为对资源系统的影响

公共池塘资源管理中需要规范占用者对于资源占用的行为,但资源占用者行为对于资源系统的影响到底如何,是很难掌握并令人信服地被占用者接受的。供给者往往基于有限的科学知识、经验甚至假设来调控占用者的行为。

例如,在森林中采集砍伐林木,商业性的皆伐会造成森林消失,但社区老百姓小量的择伐如何影响森林,很难有客观的标准来定量评价其影响效果。为了管理森林,有的保护地制定出不能上山砍柴或者只能砍 1500 千克柴这样的制度,由于制度是在不清楚占用者行为对资源系统有何影响的状况下制定的,其制度本身会因缺乏操作性和群众基础而难以持续。

(3) 新制度供给问题

所谓新制度供给就是制定新的或修改现有的管理制度如社区保护地建设要素——乡规民约。社区保护地建设是一个动态的过程,也就是说乡规民约需要连续性的投入。然而,尽管新的制度可能会使所有占用者的利益都增加,但制定制度本身也是一个公共利益,在制定过程中大多数人都不愿意冒风险甚至得罪人,而更愿意"搭便车"。

很多社区保护地的乡规民约都是 10 多年甚至 60 多年前制定的,虽然社区成员认识到其中的问题需要修改,但都不愿意出头来承担这样的工作。

（4）可信的承诺问题

没有人愿意被欺骗，遵守其他人都不遵守的承诺。只有在互信的情况下，公共池塘资源占用者和生产者才会真正去遵守自己的承诺。

信任是社区保护地建设中常常遇到的问题。在很多案例中，一方面当事人指天发誓没有违背制度；另一方面其他社区成员却根本不相信当事人的誓言。大多数社区成员甚至首先假设大家都不愿意遵守承诺。

（5）相互监督问题

很多集体行动的研究者发现人们不会监督规则的执行，即使这些规则是他们自己制定的，这是因为监督与制定新的制度一样，都是公共产品，大家都愿意搭便车。对于监督和处罚执行者而言，发现并惩处违反规则的占用者的成本是很高的，而且往往都需要个体来承担。

如果社区内部不能有人来承担监督和处罚的职责，社区保护地建设就可能流于形式。事实上缺乏相互监督也是很多社区保护地流于形式的原因。如果社区内部成员不能监督，只能依靠外部人员进行监督，由于其时间、经济成本高，甚至不了解社区情况，必然是低效的。

（6）不断试错的过程

由于前面5个方面的问题，因此公共池塘资源管理是一个不断试错并总结改进的过程，这个过程可能需要较长的时间，甚至数十年的时间来解决。社区保护地建设应该为这些问题的解决打下一个基础而不是在短期内取得所谓的成效。

但是，很多社区保护地建设项目迫于各种压力，都试图并营造出已经在两年左右的项目期取得了成效，而且是在机制上的突破。但实践中的教训表明，其实很多项目连社区保护地面临的问题是什么都没有真正了解清楚。

**4. 对中国集体林地和草地问题的两点思考**

（1）是私有化、政府强力介入，还是集体自主治理的选择？

① 是否应该把集体所有的公共池塘资源私有化？把集体所有的林地或草地通过使用权承包给个人、确保收益权和处置权的方式并不完全适合所有区域。在中国西部的山区，集体林面积比较大，当地劳动力外出务工也比较多，简单地把集体林承包到户来经营，一方面很多家庭都只有留守老人，劳动力的数量与质量都不足以应对林木盗伐，公共池塘资源的"生产者"功能难以承担；另一方面林地与草地从自然角度看是紧密联系的，例如，森林火灾蔓延是不考虑地界的。在承包后片段式的经营状况下，如果其中有一个经营者过度砍伐林木，可能引起周边其他地块遭

遇滑坡或泥石流,其余的经营者只能选择把树木砍光。

因此,简单地、一刀切地把集体所有的公共池塘资源私有化并不能必然导致自然资源可持续经营,反而由于忽视了自然资源的不可分割性而导致新的资源破坏。

在大力推进集体林地和草地制度改革的大潮下,中国很多公共池塘资源也面临新的挑战,如何把产权明细后的资源系统又重新整合,是需要大力研究的,也凸显了社区保护地建设的迫切性和重要性。

② 政府强力介入建立自然保护区。随着政府财力的增加和各界对于生态环境保护的迫切性加强,在建设“美丽中国”、城镇化的宏观背景下,政府可能加大保护地建设力度,通过林地征用、赎买的办法把一些在现有自然保护区内或周边的集体林地转变为政府直接管理的自然保护区,强力切断农牧民与资源系统的联系。

同样的,改变土地权属在现阶段可能是简单的(也许随着农牧民对于自然资源价值和市场意识、维权意识的提高会越来越不简单),但真正切断农牧民与资源系统的联系的困难通常都会被低估,这可能是多种原因造成的,如不了解以及无法认定习惯权属和非正式权属、生态系统内自然资源不可分割等等。政府有力量能够强力介入公共池塘资源管理,但是否有能力独自解决公共池塘资源的问题是非常令人怀疑的。

③ 集体自主治理。集体自主治理是指社区为主体,把占用者、生产者和提供者有机整合共同开展有关资源系统的集体行动。奥斯特罗姆称之为多中心治理,即“自筹资金的合约实施博弈”,是“没有彻底的私有化,没有完全的政府权力的控制,公共池塘资源的占用者可以通过自筹资金来制定并实施有效使用公共池塘资源的合约”,实质是在私有化和国有化之外的一种治理模式。

集体自主治理是否必然面临“三个和尚没水吃”的困境?从奥斯特罗姆的案例看是否定的,从中国仍然有众多的社区保护地且有效地得到管理来看是否定的(第二章),从中共十八大强调完善基层民主制度看是否定的。

(2) 集体自主治理的几个变量

从 20 世纪 80 年末开始,以社区为主导的自然资源管理项目就开始在中国试点,并不断地扩大与推广,政府也日益强调社区(人民)为主体。但时至今日,真正可以长期经得住检验的项目并不多。究其原因,对于如下的几个变量探索不足、总结也不深刻:

① 自然资源特征。

② 资源占用者、生产者和提供者的群体特征。

③ 管理资源的制度细节。

④ 外部状况：如市场、政府和技术。

从这几个变量看，社区保护地建设需要把生态学、社会学、经济学和政治学多学科的知识有机地融合，但一个好的研究或实践项目可能把不同学科的专家聘请到一起，但真正在实施中实现多学科的有机融合还有很长的路要走。

# 第二节　社区公共性

## 一、公共性

### 1. 公共性

"公"与"共"在中国汉语中是分开的，分别指"被厶为公（即私的反面）"和"同"[1]，两个字连在一起成为一个词起源于北宋年间，在薛居正所编撰的《旧五代史》[2]中两次提及："诏曰：皇图革故，庶政惟新，宜设规程，以谐公共。"；"伏以悬科取士，有国常规，沿革之道虽殊，公共之情难失。"

公共性是一个哲学术语，很多学者都有相近而不同的解释。例如，战国时期韩非子[3]提出，"明主之道，必明于公私之分"，意指一个有作为的君王，即明君，应该把公与私很好地区分开来。阿伦特认为公共性是指两个紧密联系但又不完全相同的现象，凡是出现于公共场合的东西都能为每个人所看见和听见，具有最广泛的公共性。

公共性首先应该有明确的主体，这个主体可能包括一定数量的成员，如一个社区或一个家族。只有在具有主体并一定程度明确的情况下，才能谈得上公共性。当两个或两个以上的具体个人（或主体）都处于共同的环境中，它们彼此之间存在特定的自然联系和社会联系就是公共性[4]。

广义地来看，公共性包括国家、民族甚至全球整体范围有关的事务，如公共权力、公共行政；也可以是某个集体相关的日常事务，如公共管理；还包括能够为人们所认知的不同意识和意志的相同部分，如公共意志；有时还指政府所处理的社会事

---

① 许慎(汉).说文解字.北京：九州出版社,2001.

② 许慎(汉).说文解字.北京：九州出版社,2001.

③ 韩非(汉).韩非子.北京：北京电子出版物出版中心,2001.

④ 高鹏程.公共性：概念、模式与特征.中国行政管理,2009,3.

务,如公共事务。

高鹏程④对公共性做了如下的梳理:

① "公共性是指在特定空间地域内诸多主体之间的联系。首先,特定空间区域既包括乡村、集镇、城市、社区、国家和大陆这样的地理空间,也包括教育、文艺和互联网等和交往内容、手段有关的人文空间。其次,公共性所指的主体之间的联系在特定范围之内具有普遍性。这个特定范围既可能是绝对意义上的,如气候对全人类的影响,也可能是相对意义上的,如某个乡村、学校或医院中影响大多数人的联系。同时,在此特定范围内,这种联系具有一定的广度。随着该特定范围的变化,某个特定范围内的公共性,在更广或更小的范围内可能并不具有公共性。因此,所谓公共性总是就特定范围内的普遍性而言。再次,随着所涉及范围的扩大,具体个人对较大范围内社会公共生活的参与能力将会下降,这样就会产生利益代表的问题,进而促使公共领域产生组织化和分工现象。"

② "公共性具有特定范围内主体社会行为结果发展的不确定性。公共性的内容在不同的历史时代是不同的,在朝向未来的发展过程中,公共性具有发展的不确定性。对于特定范围内的主体来说,他们所牵涉的公共对象是不确定的,这些公共对象随着社会的进步而发展。对于特定公共对象来说,特定范围的具体个人都可能与该公共对象发生特定的社会关系。对于特定的社会主体和特定的公共对象之间的关系来说,这些主体可能采取不确定的行为。这意味着,公共性的不确定性会多方面地表现出可塑性、可进入性和开放性的特点。因此,人们在微观层面上的不确定性,又在宏观层面汇聚成具有不确定性的公共领域。"

③ "公共性具有在特定范围内主体之间的意识交互性。公共性的社会关系也必然伴随着人们意识方面的交互性。人们在情感、认知、信息和语言方面的交流和沟通构成公共性的重要特征。首先,人们在特定公共空间内以特定形式表达其感受、看法、观点、意见和建议并形成公共舆论,这些公共舆论具有不同的层次和质量,既可能是随意的情绪性表达,也可能是翔实事实基础上的理性认识。其次,人们在公共生活中就共同的行为规范形成广泛一致的认识,这些道德行为规范是人们在长期实践中养成的,通过风俗、习惯、家庭教育和社会教育等方式被社会中的具体个人所继承和发展,从而形成特定的社会公共伦理和道德秩序。再者,人们通过对社会公共生活中特定观念的分析、评论、研究、辩驳和证明,逐渐在集体意识中形成由公理、原则和推论等构成的逻辑性理论观念,进而形成特定社会中的公共理性。最后,人们会就不断变化着的社会焦点问题,从人们具有千差万别的观点中寻找重叠共识,进而在这些焦点问题上达成一致性的决策,并准备为此采取集体行

动,进而形成公共意志"。

总之,公共性可以简单理解为共同性,是促成生活在社会的分离的个人联系起来的产物,也就是公共领域①,体现了"和而不同"中的"和"。

此外,公共性还应该体现超越性,即呈现的社会和自然关系能超越每一个个体狭隘的生活和个体生命的局限性而获得更持续性的意义。

社区保护地能够运行,就是基于所在社区的公共性,使保护能够在社区成员自觉的前提下得以低成本地进行。社区保护地建设的成效,也应该是促进社区的公共性的。

### 2. 公共资源

公共资源是社区所有成员或绝大多数成员都能够受益的资源。所谓"受益",从土地权属的角度看,包括共同所有、共同使用、共同受益等多种形式。值得注意的是,实践中存在部分成员有所有权,其他成员有使用权,甚至另外一些人有收益权等。例如,山上的社区拥有一片集体林,附近的其他社区可以在林中放牧,但山下的社区获得饮用水等收益。

所以,公共资源的受益群体是复杂的,需要认真、全面地调查,才能识别出受益群体,并调动他们参与社区保护地建设的积极性。建设社区保护地,本来是出于保护好公共资源、提升社区公共性的良好目的,但一些社区成员可能担心自己的利益受损,如上面提到的在林中放牧的群体,虽然从保护措施可能不会禁牧,但如果没有针对性的解释和措施,放牧人可能会担心不能在林中放牧而成为反对者。反之,如果能充分利用放牧人在林中时间比较多的特点,允许他们放牧同时肩负一些保护责任,就把他们变为保护人。

公共资源的类型是多样的,可以分为公共自然资源、公共经济资源和公共社会资源。应该说,这三种类型的资源是相辅相成、相互呼应的。三者共同构成了社区的公共性,以三者任何一者为目标的项目如果不考虑其他两者的因素都不能取得真正意义的、可持续的项目成效。也就是说,社区公共性是一个整体,不能把公共自然资源、公共经济资源和公共社会资源分割开来。

社区保护地保护的直接目标是保护和改善社区公共自然资源,为了实现这个目标,可以把发展社区公共经济资源作为手段,如建立合作经济组织,又如发展生态产业,等。同时,公共社会资源包括前面提到的生存伦理和互惠等小农的道义,也包括规范、规则、组织等乡规民约的资源,是保护公共自然资源和可持续开发公共社区的基础,也是社区保护地有别于自然保护区和经济开发区的最重要的特征。

---

① 汉娜·阿伦特.公共领域与私人领域.北京:三联出版社,1998.

### 3. 从公共性看社区

社会学意义的社区与行政意义的社区有很大的差别,深刻理解"社区"的含义对于社区保护地建设是非常关键的。很多社区保护地建设项目简单地把行政村作为一个社区单元,由于不具有公共性,因此很难把农牧民们整合起来。

费孝通[①]认为,中国乡村社会的基层结构是一种"差序格局"、是一个个私人联系构成的网络。正是差序主义所蕴含的自我性质,使差序格局中的远近亲疏可以随成员或群体对利益关系情势的认定而具有伸缩性。自私性和功利性可以从大到天下、国家,小到村落、族群大家、个人小家甚至完全缩减到个人的范围变化。但村社家族为常态,以个人和天下为两种极端。

因此,社区是一个具有弹性的区域概念,其关键是具有公共性。黄平[②]把社区的公共性提炼为认同感、安全感和凝聚力。

① 社区的认同感。是指"人们互相之间有基本的了解和信任,彼此都把对方作为'我们中的一员'看待。"也就是说,社区成员对于社区这个整体的概念和社区中每一个成员都认为社区是自己的,具有拥有感。

② 社区的安全感。是指"人们在社区里就是进入了一个基本的安全系统里,这一系统是由社区组织自己提供的。社区虽然没有政府的行政乃至治安的安全系统,但是它有另外一种安全系统,比如说有互助的系统、亲情的系统。"社区成员的安全感很大程度与认同感是相关的,正因为认为社区是自己的,熟悉了解各种情况以及可能的意外,能够建立高度的预期,所以具有安全感。

③ 社区的凝聚力。是指"在社区里人们之间有凝聚力,大家在遇到任何形式的灾害、挑战或风险的时候,互相之间都有照应和协作,哪怕平时似乎互不往来或往来不多。"凝聚力来自于大家对于目标的高度认同,对于过程的了解,对于信息交流方式的默契。

社区利益是复杂而多变的,把公共经济资源作为明确社区边界的标准在实践中是难以操作的。从公共社会资源的角度,把认同感、安全感和凝聚力作为考核一个社区范围大小的主要标准则更接近于对社区公共性内涵的准确把握。

## 二、社会-社区二元结构

### 1. 社区-社会二元结构

现代社会的兴起是社区向社会转型的过程,即若干个小型的社区逐渐发展扩

---

① 费孝通.乡土中国、生育制度.北京:北京大学出版社,2007.
② 黄平.公共性的重建——社区建设的实践与思考.北京:社会科学文献出版社,2011.

大成为城镇,伴随着更多的社区的衰落,经济越来越打破自给自足而与外界充分地交换,视野和交往也越来越广阔,发展成为一个社会。

然而,有些社会学家认为社区是传统落后的,而社会则是现代进步的。两者的关系是线性、阶梯式的。社区是低级的,社会是高级的,二者是非此即彼的关系。社区发展为社会,必然就伴随着社区的乡土知识、价值、伦理、乡规民约等瓦解或消失,是人类走向契约和市场化的必然代价。受到社区-社会二元结构论的影响,很多理论与实践者都把社区消失,城市与城镇扩张设定为发展的唯一路径。

英国是较早地从理念上和在实践中打破社区-社会二元结构的国家。"20世纪20年代,出于维护殖民地稳定的需要,英国政府试图通过在贫困地区实施经济、卫生和教育发展计划,促进地方政治,缓和贫富分化的矛盾,以维持有效的统治。自此,社区发展的基本理念、社区参与和社区自立就此奠定下来[①]。"

尽管从全球范围看,社区-社会二元结构纷纷解构,但在中国社区-社会二元结构依然比较严重。例如,在青海,尽管三江源国家生态实验区已经建立,但如何真正发挥农牧民的主体地位,发挥传统社区的优势,依然任重而道远。

2. 社区保护地向"社会保护地"发展

沿循打破社区-社会二元结构的思路,社区保护地建设应该:

(1) 传承社区的生态知识,弘扬生态文化和伦理,提高社区的公共性

建设社区保护地,首先应该破除社会,尤其是城市社区比农村社区先进的优越感,以平等的观念来处理乡土知识和现代科学知识、正式权属和非正式权属、乡规民约和国家法律法规的关系;其次,要注重社区公共性的建设,尤其是挖掘和培育社区公共社会资源。

(2) 加强社区与外界的合作,把社区保护地建设成社会保护地

打破社区-社会二元结构意味着不能孤立地开展社区保护地建设,把社区保护地建设的目标定位为简单地恢复社区保护地到若干年前甚至100年前的状况。社区保护地保护的生态系统不仅能满足社区的生态需求,还为社区外部提供生态服务功能,这为社区打破社区-社会二元结构提供了可行性。从某种意义而言,当今建设社区保护地已经不是仅仅着眼于社区,而是应该拓展思路,放眼于社区之外更大的范围,把狭隘的社区保护地建设转变为以社区为主体的社会保护地建设。

---

① 黄平. 公共性的重建——社区建设的实践与思考. 北京:社会科学文献出版社,2011.

# 第五章　社区保护地建设的主体与客体

主体与客体是相对应而存在的。社区保护地建设的主体,是指建设社区保护地的人,而客体则是人们建设社区保护地过程中所选定的对象以及针对所选择对象采取怎样的行动来实现目标。

## 第一节　社区保护地建设的主体

在第一章提及,所谓社区保护地是"当地社区和原住民通过传统习俗或其他有效方式自发保护的生态系统"。理所当然,社区保护地建设的主体应该是由农牧民组成的社区。

然而,社区"应该"是主体和社区"真正"是主体是有很大的差距的,尤其是在一个强势政府对农村影响力不断下沉和社区不断分化与解构的宏观环境下。社区真正成为社区保护地建设的主体,与宏观政策和村庄治理具有很大的关联性。

农村社区是由小农、社区组织和社区精英三个层级组成的,同时也受到基层政府的调控影响。因此,下面围绕提升社区在社区保护地建设主体地位的角度分别对四者进行分析。

### 一、小农

小农是组成社区最基本的单元。这里所说的小农,是指小农家庭,而非单个的小农,其原因为:

社区保护地建设与外来干预

① 在中国农村,家庭是从事种植业和养殖业的基本单元,无论是耕地、林地和牧草地等土地资源都是承包到户经营的;

② 相比于城市,在农村单身人士从事农业生产的情况非常少,即使尚未结婚的农牧民通常都是与自己的父母共同生产生活的,从而也是归属于一个个家庭中的;

③ 暂时忽略家庭内部的集体行动困境,而假设每一个小农家庭都是统一而理性的"经济人"。

在第四章已经论述了小农不会因为一个名义上的"主人翁地位"而认真地参与集体行动。小农是复杂的,决定是否参加集体行动时有两个可能的倾向,一是道义,另一是自利。当面对集体行动需要在道义和自利之间进行选择时,规模是一个重要的考虑因素,规模越小,选择道义参加集体行动的可能性越大。

小农对于道义的选择与差序格局是紧密相关的。所谓差序格局,由费孝通[①]提出,即"以己为中心,像石子一般投入水中,和别人所联系成的社会关系不像团体中的分子一般大家立在一个平面上的,而是像水的波纹一样,一圈圈推出去,愈推愈远,也愈推愈薄",每个人都有一个以自己为中心的圈子,也在别人的圈子中。

差序格局对于小农的集体行动具有深远的影响:当集体行动产生时,如果集体行动对于更接近于小农差序格局中的核心圈层产生影响时,如影响更亲的血缘关系或更近的邻里关系时,小农就可能更加积极、认真地参与集体行动。或者说,差序格局可能是导致很多大规模集体行动失败的重要原因。

小农通常不会高调地反对集体行动,尤其是集体行动为强势的政府或有村干部支持的外来干预者发动时。但小农也不会轻易地服从,通常会运用被斯科特称为"弱者的武器"[②]来反抗,即偷懒、装糊涂、假装顺从、偷盗、诽谤、纵火等行为。于建嵘[③]把"弱者的武器"定义为"日常抵抗形式",即主要以个人为行动单位,不需要计划或相互协调,利用的是隐蔽的策略。小农之间对于"弱者的武器"或"日常抵抗形式"具有高度一致的默契:一个小农会假设其他的小农在集体行动中可能会自动运用"弱者的武器",进而对集体行动更加疑虑。作为策略,如果其他人用"弱者的武器",自己也必须使用,最后成为大家共同的武器,导致公地的悲剧。

随着 70 后以及 80 后的年轻人在家庭中的影响力越来越强,小农的自我意识

---

① 费孝通. 乡土中国. 北京:人民出版社,2008.

② J. C. Scott. Weapons of the Weak: Everyday forms of Peasant Resistance. Yale University Press. ,1985.

③ 于建嵘. 当前农民维权活动的一个解释框架. 社会学研究,2004,2.

也不断增强。张建通过对陕西关中地区村庄进行调查发现,在回答"您的生产生活谁支配"问题时,100%小农受访者选择"自己",但有8.54%在选"自己"的同时选择"村民小组",0%选择行政村①。

## 二、社区组织

社区组织的功能主要集中在两个方面,一个是对外界的,即与包括政府在内的各种外来的机构打交道;另一个是对内的,调解社区内成员间的矛盾、维护治安、促进社区未来的健康发展。如果不被组织起来,小农不仅不可能形成集体行动,甚至与社区外的政府和其他机构打交道等都无法顺利实现。

因此,社区组织是必须也必然会存在的。但小农以何种形式被组织起来则在不同的历史时期和不同区域都有不同。冯兴元②把当前中国的村庄组织分为三种,即:村级组织、正式组织和非正式组织。沿着这个思路,本文把社区组织分为三个类型,即:村级党政性组织、社区正式组织和社区非正式组织。

第四章提出了把项目规模和技术规模区分开来。一个好的社区保护地建设项目在设计阶段,应该尽可能地考虑村中已经具有的社区公共社会资源,尤其注意一方面约束技术规模在一个小的范围以激发小农的道义,且把技术规模尽量与社区中已经形成的正式或非正式组织结合;另一方面维护一个比技术规模更大的项目规模,如行政村,调动项目规模中没有参加到技术规模或直接参加项目的社区力量来开展监督和约束。

### 1. 村级党政性组织

在一个村庄,村级组织数量不少、多种多样,如民兵组织、妇女组织等等,冯兴元等对中国37个村庄调查发现共有712个村级组织,平均每个村19个①。

从社区保护地建设研究的角度看,可以对村级组织进行一定的简化:把其中最重要的两个组织即中国共产党的村支部委员会(简称村党支部)和村民委员会归为村级党政组织,而把其他功能性组织划分到"正式组织"或"非正式组织"中。

所谓村级,是指"行政村"这个级别,区分"行政村"和"自然村"是非常重要的。行政村是指政府为了便于管理,在乡镇政府以下建立的中国最基层的农村行政单元,它由若干个自然村组成。而自然村则是老百姓根据自然地理条件、历史居住习惯和血缘等社会关系自发地聚居形成的。

---

① 张建.中国社会历史变迁中的乡村治理研究.北京:中国农业出版社,2012.
② 冯兴元,柯睿思,李人庆.中国的村级组织与村庄管理.北京:中国社会科学出版社,2009.

在每个行政村,都有两个村级行政性组织:村党支部和村民委员会。

(1) 村党支部

村党支部是中国共产党在农村的基层组织,由行政村内党员选举产生,由党支部书记具体领导,并接受乡镇党委的领导。

(2) 村民委员会

根据《中华人民共和国村民委员会组织法》(2010 年修订版),"村民委员会根据村民居住状况、人口多少,按照便于群众自治,有利于经济发展和社会管理的原则设立","村民委员会的设立、撤销、范围调整,由乡、民族乡、镇的人民政府提出,经村民会议讨论同意,报县级人民政府批准",是"村民自我管理、自我教育、自我服务的基层群众性自治组织,实行民主选举、民主决策、民主管理、民主监督"。

"三自我"(自我管理、自我教育、自我服务)和"四民主"(民主选举、民主决策、民主管理、民主监督)规定了村民委员会的性质,除了在设立的过程由乡镇政府提出和县级政府批准外,村民委员会(简称为村委会)是一个自治组织,其工作也是在行政村范围的自治。

村党支部和村委会是两个具有不同权威来源的组织,前者是中国共产党在最基层的组织单元,而后者是由全体村民选举而来。两者在一起,共同构成了行政村的领导架构,俗称为"村两委"。

村两委之间的关系到底是平行关系还是领导关系并没有清晰的表述,在实践中则表现为"相互争权,矛盾重重,冲突不断①"。特别是在二者监督都缺位的情况下,更变成是村支部书记和村委会主任之间个人的权力斗争。

从多个社区保护地案例看,村两委之间对于生态环境和自然资源保护并没有确切的职能划分,哪个出面来配合外部建设社区保护地具有很大的偶然性,即取决于两个组织领导个人的偏好、意愿或者与外界的关系。

在社区保护地建设中,外来的干预者包括政府和社会公益组织,如果需要与社区签订合同,不管是协议保护的保护性合同,还是有关的经济合同,村委会都比村党支部更加适合。

2. 社区正式组织

所谓正式组织,是指政府认可甚至有的还予以扶持的行政村内的组织,如村民会议、村民代表会议、共青团、妇代会、民兵连、老人协会等。下面将对社区保护地建设相关性比较大的几个组织进行分析。一些没有分析到的组织,在某些情况下,

① 冯兴元,柯睿思,李人庆.中国的村级组织与村庄管理.北京:中国社会科学出版社,2009.

也有可能成为社区保护地建设的主力,如以民兵连为依托组织社区巡护队等。

（1）村民小组

村民小组也被称为"自然村",是老百姓根据自然地理条件、历史居住习惯和血缘等社会关系自发地聚居形成的群体。村民小组是介于小农和行政村之间的综合性管理单元。

强调村民小组的综合性,一是因为这是村民小组与其他正式或非正式组织区分的主要因素,同时也表明村民小组作为村级以下的正式组织中,相比于其他正式组织,先天具有把自然资源保护、自然资源开发利用、制定乡规民约等自然保护地建设诸项工作结合起来的优势。

村民小组内农牧民要么具有血缘关系或邻里关系,要么共同利用一片小的自然资源,较一个行政村的村民更加具有"同质性"。在每个村民的"差序格局"中,同一个村民小组的村民较其他同一行政村的村民相互间也可能位于更核心的圈层,从而更容易、更可能引起共鸣、激发道义,产生集体行动。

在第四章提到奥尔森认为越小的规模越具有产生集体行动的可能性。村民小组通常有100～300人,而行政村的规模通常是1000～3000人,一个行政村内往往约有10个村民小组。相比于行政村,村民小组更有可能产生集体行动。

村民小组与村两委的关系是比较模糊的。在《中华人民共和国村民委员会组织法》,仅提及"村民委员会可以根据村民居住状况、集体土地所有权关系等分设若干村民小组",但二者的关系却并没有加以明确。

在乡村治理实践中,村干部往往选择性地决定是直接插手村民小组的具体管理,即村干部直接管理到农户,还是通过村民小组组长来进行管理。

（2）村合作经济组织

村合作经济组织指农牧民围绕某一种或几种农产品自愿联合、民主管理的互助性经济组织。近年来,鉴于以家庭为单位的农户经营规模过小,无论是从资源利用还是市场营销的角度都处于弱势,鼓励甚至"强力"扶持农民专业合作经济组织,无论是在政府宏观政策还是与之配套的政府农村发展项目上,都是支持的重点。

合作经济组织成立是可以跨村民小组甚至行政村边界的,但大多数是以行政村为单位的。

合作经济组织与社区保护地建设也是具有一定相关性的:在山区或高原地区,合作经济组织开发利用的农产品很可能是当时的特色自然资源,或者与当地生态系统具有密切的内在联系。如一个养蜂合作社可能会养殖更多的蜜蜂,促进植物生长繁殖,从而有益于整个生态系统的稳定性。

从理论上讲,合作经济组织有可能出于经济目的而掠夺性利用自然资源,也有可能出于持续利用的目的而保护自然资源。

生态补偿日益成为外来干预者建设社区保护地的重要手段。生态补偿是基于市场机制的,要求在社区内由具有法人资格的组织与外界合作,由于村民委员会属于党政性组织,所以选择合作经济组织是比较合适的。

总之,从社区保护地建设的角度,村合作经济组织"亦友亦敌",相比于其他正式组织应该得到外来干预者更大的关注。

(3) 村民会议与村民代表会议

村民会议的特点是"双过半",即一半以上的村民参加和表决时一半以上的参加者同意,其决定才具有法律效力。但若有 10% 的村民同意就可以召开村民会议。村民会议是对行政村重大事项的决策机制。

若人数较多或者居住分散的行政村,可以设立村民代表会议来部分地代替村民会议。村民代表由村民按每五户至十五户推选一人,或者由各村民小组推选若干人。村民代表的任期与村民委员会的任期相同。村民代表可以连选连任。

《中华人民共和国村民委员会组织法》规定了 9 条涉及村民利益的事项,必须由村民会议或村民代表会议讨论决定,其中可能与社区保护地建设关联的是:

① "本村公益事业的兴办和筹资筹劳方案及建设承包方案"(第三条)。被村民们利用的公共池塘资源、具有生态效益的自然资源都可以与"公益事业"联系起来。

② "村集体经济项目的立项、承包方案"(第五条)。很多自然资源利用都与集体经济项目有关联。

③ "村民会议认为应当由村民会议讨论决定的涉及村民利益的其他事项(第九条)"。

虽然法律上对于村民会议与村民代表会议有明确规定,而且这是制约村两委干部垄断权力的最好机制。但在实践中,还没有发挥很好的作用。

"十八大"提出"完善基层民主制度",主要的思路就是根据农村社区不同自然与社会经济条件,尝试多种措施克服各种困难,通过"做实"村民会议和村民代表会议使村民们的意见能够自由表达并形成决议,以加强对村干部的监督。

中共成都市委从 2006 年开始试点"村民议事会",从制度、资金、能力等多方面强化村民会议和村民代表会议的作用,并逐渐地在全市 3000 余个行政村中半数以上的行政村推行。在成都一些偏远的行政村,村民议事会讨论的内容,已经包括了集体林管护等涉及社区保护地建设的内容。

一旦村民会议或村民代表会议能够履行功能,社区保护地建设的很多事务都可以以村民会议或村民代表会议为平台来讨论,实施中的问题和成效监测也是讨论的议题。村民会议或村民代表会议可能会成为集体行动的载体。

北京山水自然保护中心在青海正在开展的"村民资源环境中心",从本质而言,就是试图根据青海三江源区自然与社会经济条件摸索适合当地的村民代表会议,并以此实现三江源生态实验区部署的创新生态保护体制的目标,推进社区保护地建设。

### 3. 社区非正式组织

村庄中的非正式组织,是指虽然未受到政府支持或扶持,但也未被政府反对而合法存在的组织。需要区分非正式组织与非法组织区分,后者不在本文的研究范畴。

农村社区中非正式组织种类多种多样,涉及生产与生活的各个环节,如民间借贷、宗教信仰、业余文化生活、治安保卫,红白喜事、健身强体等等。

宗教组织是和社区保护地建设非常相关的社区非正式组织。宗教组织在很多社区都有。由于大部分宗教组织都倡导自然与人和谐相处,强调村民之间坦诚友善,有利于社区的生态文化建设和提升凝聚力。

佛教是中国西部农村具有很大影响力的宗教,在很多村都有佛教寺庙。寺庙在一些非常偏远的山区,其影响超过村中的正式组织甚至村级党政组织。第二章提及的神山圣湖类型的社区保护地,主要就是依靠村中的寺庙来进行保护。这神山圣湖的管制机制中,寺庙要么直接管理神山圣湖,要么支持、帮助村委会或正式组织管理。

除了佛教,也有其他的宗教组织,如道教、基督教、天主教主动建设或支持社区保护地的案例。

冯兴元[①]等提出了村庄组织是竞争性组织的观点,认为村级组织和个人在提供村民所需要产品与服务方面存在竞争或合作,各种组织为了自身的目的可以存在竞争,这种竞争的乡村随着植入现代性因素后越发明显。

从组织策略上考虑,如果生态保护能够顺应农牧民要求,吸引农牧民参与并获得外部尤其是政府的支持,任何处于上升或扩张状态的村庄非正式组织都很乐意参加甚至主导社区保护地建设,例如第八章提到的扎嘎社区保护地中的扎嘎寺。当外来干预者准备进入一个村庄开展社区保护地建设时,应该详细了解村中的非正式组织,分析合作建设社区保护地的可行性。

---

① 冯兴元,柯睿思,李人庆.中国的村级组织与村庄管理.北京:中国社会科学出版社,2009.

## 三、社区精英

研究乡村治理的学者对于中国历史上"皇权不下县"和乡村的"精英治理"的论断具有高度的共识。在中国农村,社区精英们是政府与农牧民们之间必需的纽带:一方面帮助弱势的农牧民应对外来的"横征暴敛",另一方面帮助政府维护治安、调解纠纷,既把很多社会矛盾及时化解在最低层,同时也避免政府政策一刀切的问题。没有社区精英就没有乡村治理,社区不能没有精英,在历朝历代都如此。社区保护地也只有依靠社区精英,才能把村民们组织起来形成集体行动。

社区精英们传统上看更多地是帮助小农应对外部,即造福乡里。有些学者如杜赞奇[①]认为在 20 世纪初很多乡村的精英已经蜕变为仅帮助外部横征暴敛,并借此机会捞取个人钱财的"外部经纪人"。

50 年代席卷全国农村的集体化运动后,传统的农村社区精英基本已经消失。大队(现行政村)和小队(自然村)的干部成为社区唯一的精英力量,这种格局一直延续到 80 年代初的家庭联产承包责任制后,至今在很多农村社区,村中能够称得上精英的人,仅仅局限于村支书和村主任两人,甚至其中的某一个人。

**1. 村支部书记(村支书)和村委会主任(村主任)**

(1) 村支书与村主任的权威与冲突

无论村支书还是村主任,主要的职责是领导行政村的全体村民自治。在管理上根据《中华人民共和国村民委员会组织法》规定,实行"四民主"原则,即"民主选举、民主决策、民主管理、民主监督"。但政府在民主选举这个环节着力较多,而其余三个环节,即"民主决策、民主管理、民主监督"几乎没有干预,导致村支书和村主任监督缺位。

村支书的权威来自于行政村全体党员的选举,村主任则来自于全体村民的选举,理论上说村支书可能与乡镇的党委保持了更密切的关系。但从实际来看,两人中谁与上级政府更亲密,从而在外部更能够代表全村的利益,主要还是取决于村支书和村主任个人的阅历、社会关系和协调能力,从职位而言并没有必然的分级。这也是在社区保护地建设项目中,外来干预者在县政府的指引下,或者找到村支书,或者找到村主任的原因。

村支书与村主任的关系是非常不清晰的。两者没有绝对的隶属关系。例如在

---

① 杜赞奇,王福明.文化权力与国家:1900—1942 的华北农村.南京:江苏人民出版社,2008.

第八章关坝村案例中,唐虹出面与山水自然保护中心合作开展熊猫蜂蜜项目,书记就几乎不再参与了。

选举是村支书或者村主任必须高度重视的,要赢得选举需要建立权威和支持者圈层;同时为了完成上级政府安排的任务,也需要建立权威和支持者。而外部的各种项目,包括社区保护地建设项目和其他项目,不管是政府还是民间公益组织所带来的资源,在村支书和村主任的理性中都要服从于建立他们自己权威和支持者队伍的政治目标。

(2) 公共事务管理中的简约治理

虽然村支书和村主任之间的地位、影响力存在消长的关系,并因此而发生或明或暗的冲突,但在对待公共事务上,却具有很多惊人的相似,其表现为高度相同的理性。因此,在后文的分析中凡提到村干部处多指村支书和村主任。

① 公共事务管理中的双重角色。村干部最重要的工作是充当农牧民与外界的联系人。作为联系人,需要有一个基本立场,即到底是站在村民这边为村民争取利益,还是帮助外界来实现治理意图,尤其是收取税负和各种摊派。

如前文提及,在古代地方精英常常是站在村民这边,帮助村民们减少外界的侵害;从 20 世纪初开始,地方精英们的立场逐渐地变为帮助外界的"外部经济人"。

村干部们常常把自己所处的境遇描述为吃力不讨好。实际上,自从 2006 年全国范围废止农业税后,政府对于农村从"汲取型"转变为"服务型"[1],不仅停止从农村"抽血",每年还通过大量的农村产业、基础设施和基础服务等大量的项目为农村"输血"。村干部也不再必须帮助政府向自己的亲戚与邻居们"催粮催款"。应该说,当今的村干部们相比于 20 世纪 90 年代的同辈,担任外部经济人的困难已经小了很多。更多地表现为如何争取国家的资源以及如何把国家"一刀切"的政策和资源管理制度与村中具体情况有机结合,能够起到润滑剂的作用。

村干部也是村民,在管理公共事务中也存在自利与道义。但与一般村民相比,他们的自利多了维持自己的权威和支持者群体的考虑,也需要进一步扩大并强化差序格局。

② 简约治理与"摆平"。简约治理由黄宗智[2]最早提出,指"中国地方行政实践广泛地使用了半正式的行政方法,依赖由社区自身提名的准官员来进行县级以下的治理,与正式部门的官僚不同,这些准官员任职不带薪酬,在工作中也极少产生

①　周飞舟.从汲取型政权到"悬浮型"政权.社会科学研究,2006,3.

②　黄宗智.集权的简约治理:中国以准官员和纠纷解决为主的半正式基层行政//中国乡村研究(第五辑).福州:福建教育出版社,2007.

正式文书。一旦被县令批准任命,他们在很大程度上自行其是;县衙门只在发生控诉或纠纷的时候才会介入"。

在行政村公共事务管理中,简约治理最关键点在于"有了控诉才介入[①]"。也就是说,不要去管长期的、深层次的问题,而是短暂地解决纠纷,息事宁人就好。与简约治理相关联,张逸君[①]提出村干部在治理中采用了"摆平"的策略。

外来的项目需要村干部在村里组织农牧民实施,每个外来的项目也都有长远目标、短期目标和具体活动。村干部虽然很清楚外来项目设计的活动与目标的关系,但出于简约治理的思维,只要把具体活动完成就可以摆平,而忽略项目成效,不管长远目标甚至短期目标是否完成。

很多外来的项目会派出评估人员考核项目活动是否完成、项目目标是否实现、社区群众是否满意。村干部们的摆平也体现在帮助外来的项目人员一起来应付"更外部"的评估。这在很多社区保护地建设项目是比较常见的。

社区保护地建设需要多数农牧民的集体行动,建立如奥斯特罗姆总结的集体行动的八项原则,会涉及乡村治理的深层次问题,很多集体行动不能一蹴而就,甚至有些集体行动可能涉及部分村民们的利益,导致短期的纠纷。村干部们很清楚地知道集体行动有助于解决长期的问题,但可能与简约治理的策略不一致,可能更倾向于满足外来者对于活动形式的要求,如组织热闹的社区巡护队成立仪式等,同时避免因项目实施在村民中引起的纠纷。

2. 村民小组组长

根据《中华人民共和国村民委员会组织法》,村民小组组长"由村民小组会议推选。村民小组组长任期与村民委员会的任期相同,可以连选连任。"应该说,村民小组组长是具有法律地位的社区精英。

但是在实践中,很多村民小组组长并不是由小组的全体村民选举,要么是由村干部指定,要么则采用"抓阄"的方式"选出"。

很多村民小组组长的职责被"阉割",完全沦为村干部通过"简约治理"模式来管理公共事务的"管道"。张逸君[②]通过研究发现,村干部与村民小组组长之间存在着"庇护关系"。

---

① 张逸君.村庄治理中的村社两级治理——一个西部山村的个案研究.北京:北京师范大学硕士论文,2012.

② 张逸君.村庄治理中的村社两级治理——一个西部山村的个案研究.北京:北京师范大学硕士论文,2012.

庇护关系是一种特殊的双边联系,张立鹏[1]根据一些经典的论述总结为"一种角色间的交换关系,可以定义为包含了工具性友谊的特殊双边联系,拥有较高政治、经济地位的个人庇护者利用自己的影响和资源为地位较低的被庇护者提供保护及恩惠,而被保护者则回报以一般性支持和服侍。"

上行下效,村民小组组长也可能采用简约治理的办法,不立足于解决矛盾,而把自己放在帮助村干部传达信息的角色。

并非所有村民小组组长都是"管道"而不愿有作为。贺雪峰[2]发现村民没有积极性当组长,于是常常采用抓阄的方式,但令人意外的是抓阄选出来的小组长都尽职尽责。这种情况极可能发生在一些村干部不愿意或不屑于"管理"的领域,究其原因,或许是由于所担负的职责能够对差序格局中更核心的人直接影响,所以一旦当选,就努力去做好。也有可能是前文提及在小规模范围如村民小组,小农更可能放弃自利而选择道义,尽心尽力地去履行自己的责任。村干部的放权,可能会使村民小组组长的行为产生大的变化,从"被庇护"到积极治理,甚至突破"简约治理"的负面因素。

### 3. 其他社区精英

社区其他的精英比较广泛,如家族长老、宗教人士、经商人士、村小学教师、外出务工的返乡人员,这些人员的共同特点是与普通的农牧民仅仅关注于自己的农业生产和农村生活不同,他们是半脱离农村,具有相对广阔视野和一定的利益诉求,对于社区的公共事务有自己的抱负,对于村干部的权力垄断和简约治理以及摆平持有一定程度的批判性看法。

持有批判性看法并不表示这些社区精英就会反对村干部,而是如果给他们一个机会,如外来干预性的社区保护地建设项目,他们就可能会抓住这个契机,实现对于自己的乡村治理的抱负。但也可能导致与村干部等"当权"的社区精英们的冲突。

当前值得重视的一个现象是,随着很多外出务工的"年轻人"(通常 30～40 岁)返回村中重新从事农业生产,他们中间的一部分对于担任村干部产生了兴趣,在学习《中华人民共和国村民委员会组织法》后,纷纷向"老"的村干部们发起了挑战:或者竞选村主任,或者在当选村主任后又向村支书发起挑战。由于有了竞争,"老"的村干部和潜在的竞争者都需要开展涉及社区公共事务的活动以提高各自在村中的影响力,社区保护地建设则可能成为双方利用的工具。

---

①　张立鹏.海外中国研究中的庇护关系模式.齐鲁学刊,2005,4.

②　贺雪峰.村治模式.济南:山东人民出版社,2009.

## 四、乡镇党委政府

虽然社区保护地建设的主体是村干部、村民小组组长、其他社区精英和他们影响的农牧民大众。但这些主体,尤其是村干部,受到乡镇党委政府的影响也是很深的。很多外来干预性的社区保护地建设者在县级林业部门或自然保护区的引荐下直接进到行政村开展工作,在这个过程中完全忽视了乡镇政府的参与,为项目的实施和成效持续性造成了隐忧。

村委会虽然不是乡镇党委和政府的附属机构,但乡镇的许多工作都要通过村委会在行政村里贯彻实施,乡镇政府对于村委会仍有一定的控制权。但这种控制与过去人民公社对大队的控制有很大的不同。不能依靠简单的行政命令,而是更多运用手中的资源来调动村委会完成上级下达任务的积极性。

张建[①]研究发现,《中华人民共和国村民委员会组织法》放权于行政村的指导思想,与现实中乡镇党委政府加强控制行政村的目标形成了内在紧张关系,直接强化这种紧张关系的即村民自治的行政化。当前,按月发放并提高村干部待遇,把补贴变为工资;派遣大学生村官进村和村财务乡政府代管等等,都是具体体现。

乡镇一级政府的财权太小与事权和责任不匹配是当前三农问题主要症结之一。"乡镇政府自身经济利益越来越突出,逐步成为一个独立的'经济实体',称之为'谋利型政权经营者'。[②]"社区保护地建设项目的资金非常有限,如有可能就把乡镇政府包容进项目中,若要绕过乡镇政府直接进入行政村。则应注意与乡镇政府的沟通,这也是需要外来干预者在社区保护地建设项目中加以重视的。

## 五、乡村治理与社区保护地建设

### 1. 社区保护地建设不能回避社区主体建设

无论是政府开展的国家大型生态工程项目,还是民间公益组织推进的社区保护地建设项目,为了"最有效率"地利用项目资金,都把资金用于诸如购买监测设施、开展培训、发放巡护补贴等社区保护地建设的客体活动,对于社区主体建设很

---

①　张建. 中国社会历史变迁中的乡村治理研究. 北京:中国农业出版社,2012.

②　陈华栋,顾建光,蒋颖. 建国以来我国乡镇政府机构严格及角色演变研究. 社会科学战线,2007.

少涉及,在项目实施中简单地把项目交给村干部来管理。

任何社区保护地建设都可能因为村干部的简约治理和摆平策略而大打折扣,变成村干部们扩大自己权威和垄断村级治理的工具。事实上,只有同时兼顾社区主体建设,焕发村民们的集体行动,才能真正取得长期的保护成效。否则项目只能牺牲长期成效,仅停留在活动开展的形式上。

2. 规模问题:以行政村还是村民小组

几乎所有由外部推动的社区保护地项目,都是以行政村作为单位来开展的。例如,保护整个行政村的集体林、组织全村的巡护队、制定针对上千人的乡规民约等等。

前面分析,规模小更可能产生集体行动、差序格局使村民小组的公共事务更容易得到农牧民响应。冯兴元[①]等发现,在20世纪80年代的农村改革后,"村民不得不将对生产小队的认同转变成与村民委员会的联系时,村民仍在村民小组内部生产协作,村民的人际交往仍在村民小组内部发生。这就意味着,村民之间很难在村民委员会的范围内建立普遍的联系。这也就大大降低了村民之间自发组织起来推动村民自治的动力。"而"由于距离遥远和地形阻隔,村民自治实质上主要是在自然村层面上进行的。村民自治的二级甚至多级代理体制,也就造就了一批村庄参政议政的权力精英。"

把社区保护地建设的规模从行政村缩小到村民小组,由于规模小、差序格局等因素的作用,无论是农牧民还是村民小组长对于集体行动的道义选择可能会发生"魔术"般的变化。这个道理是从2012年以来才逐渐地被总结出来的,但回顾从90年代开始福特基金会资助的社区保护地建设项目,以及长期存续的社区自发的社区保护地项目,能够坚持10年以上社区自主管理的社区保护地案例,大都是在村民小组这层面而不是行政村层面发生的。

但为什么目前大多数社区保护地项目仍然在行政村层面开展? 可能的原因包括:

① 外来干预者通过县级部门,首先找到行政村的村干部。如前文分析村干部的理性是把外来项目当作巩固和强化自己权威和支持者的资源,而把项目的规模缩小到村民小组,则可能削弱村干部的影响力,因此,村干部会找出各种理由来反对,诸如村民小组组织能力不足、非项目的村民小组会有矛盾等等。从2012年以来山水自然保护中心的经验来看,说服村干部打消疑虑,同意以村民小组为单位开

---

① 冯兴元,柯睿思,李人庆.中国的村级组织与村庄治理.北京:中国社会科学出版社,2009.

展社区保护地建设是非常困难的。

②很多外来干预性的社区保护地建设项目需要与社区签订赠款合同,也就需要有合同的乙方。根据《中华人民共和国村民委员会组织法》第八条规定,"村民委员会依照法律规定,管理本村属于村农民集体所有的土地和其他财产,引导村民合理利用自然资源,保护和改善生态环境。"村委会可以具有法人资格来签订赠款协议,但村民小组是否具有资格,需要在实践中进一步探索和明确。

**3. 充分认识村干部的"简约治理"和"摆平"**

村干部在管理实施社区保护地建设项目中,出于"简约治理"的原则:

①不愿意深入地组织村民们的集体行动,因为麻烦而且短期内难以见效;

②担心从严管理村民的自然资源利用后可能会引起村民间的纠纷,不易于维护自己的权威和支持者;

③建立乡规民约可能反过来会约束自己的权威和"人治";

④在某些情况下村干部自身就是自然资源不可持续利用的原因,深入开展社区保护地建设可能会损害自身利益。

但是,整体而言,村干部还是乐意实施外来项目的,包括社区保护地建设项目。因为:

①能够从外部引入项目,是村干部的"政绩";

②项目实施过程涉及补贴、设施设备、外出培训,甚至接待外来项目人员等,都是村干部手中的资源,如何在自己家庭和村民中分配,体现了自己的权威和影响力,有利于巩固和维护权威和支持者;

③利用项目资源做大蛋糕,平衡村内各种势力,或为以前在其他项目中给某些村民造成的损失加以补偿,或者为其他即将实施的项目打下基础;

④通过项目实施接触外界,拓展视野,建立更广的人脉圈。

也就是说,社区保护地项目在村干部看来不纯粹是一个生态项目,还是实现自己政治意图的工具。在每一个具体项目中揣测村干部的真实意图是困难的,有可能村干部本身就是多目标的。但是,外来干预者应该具备能力,从简约治理的角度出发,看到村干部参与社区保护地建设项目的多重利益诉求。

强调行政村的人际关系的复杂性以获取社区保护地项目资源分配权力是村干部在与外来干预性项目讨价还价的常见策略。作为回报,他们很乐意帮助外来干预者做一些场面上的事情。

有些社区保护地在建设中越过村干部直接与社区精英开展项目,或者没能满足村干部分配项目资源的诉求,导致了与村干部的冲突,并引起了乡镇政府的介入。

总之,村干部是外来干预性社区保护地建设项目的伙伴。根据现有的法律体系和农村治理结构,必须有他们的积极参与。但如何处理他们与村干部的关系,使其积极参与到项目中而不起反作用,是值得外来干预者不断总结并广泛交流的议题。

### 4. 信息公开

建议把重大信息向所有村民公开是与复杂而琢磨不定的村干部合作的一个底线。村干部的权威和自利,很大程度来自于对信息的垄断。与其不断主观地琢磨村干部的意图,不如把信息公开,并把项目资源运用于解决各种信息公开的困难,如村民大会的准备和协调、提供所需的设施设备、给予充足的时间,以及排除各种可能来自村干部的干扰。

一个有力的支持来自《中华人民共和国村民委员会组织法》第三十条,规定"村民委员会实行村务公开制度",应该公开的内容包括:① "政府拨付和接受社会捐赠的救灾救助补贴补助等资金、物资的管理使用情况";② "村民委员会协助人民政府开展工作的情况";③ "涉及本村村民利益,村民普遍关心的其他事项"。

该法还专门规定,"前款规定事项中,一般事项至少每季度公布一次;集体财务往来较多的,财务收支情况应当每月公布一次;涉及村民利益的重大事项应当随时公布。"

社区保护地建设的外来干预者可以理直气壮地援引《中华人民共和国村民委员会组织法》,要求村干部对项目信息展开信息公示,使村民们真正了解到项目信息。

当然,农牧民从初识到真正了解项目需要一个较为漫长的过程,可能需要持续2～3年,因为各种学习和理解项目包含的各种术语、了解项目背后的逻辑和科学知识等都需要时间。

可惜的是,很多社区保护地项目力图在短期内取得成效,项目期也就2～3年,往往是村民刚开始理解项目,项目就结束了。能够取得真正成效的社区保护地建设项目,往往开展5～6年甚至更长时间。如果一个外来干预性的社区保护地项目,项目时间短却宣传自己取得了多少保护成效,令人不得不怀疑其成效的持续性,甚至推测是否有在村干部配合下的"摆平"游戏。

### 5. 公共自然资源、公共财政资源和公共社会资源的联系

社区保护地建设的直接目标是保护社区公共自然资源。但从乡村治理和社区主体建设的角度看,公共自然资源、公共财政资源和公共社会资源是紧密联系的。要可持续地保护与利用公共自然资源,没有公共财政资源和公共社会资源的支撑

是不可能的;而公共自然资源可持续利用,应该促进公共财政资源和公共社会资源的壮大。总之,只有三者都协调发展,才能实现社区保护地可持续保护。

在社区保护地建设中处理三者关系时,需要注意两点:

首先,外来干预性项目应该致力于促进社区公共财政资源和社区公共社会资源的壮大,而要避免项目成效仅仅导致村干部等社区精英的个人社会资源甚至家庭资源的壮大。虽然项目促进积极帮助实施项目的社区精英的私人受益可以在短期内激发他们参与项目的积极性,但从长远看可能会加重社区内的矛盾,损害社区的公共性。

其次,每一个外来干预性社区保护地建设项目在选择和确定保护社区公共自然资源的集体目标和方法等都需要建立在详细地调查和一段时间补充、修改和完善的基础上。在目标和方法确定前可以考虑有一个探索期,把公共财政资源的管理作为一块试金石:通过为社区全体成员提供一个小额赠款,检验社区管理公共财政资源的能力,考察村干部、村民小组和其他社区精英的管理能力与利益诉求,摸索在社区进行信息公开的可行性,还能使更多的村民了解未来的社区保护地项目。当社区能够管理好小额赠款,再来开展投资数量较大的社区保护地建设项目。

## 6. 以行政村为单位的多中心治理

建设社区保护地,不能抛开村干部,但最关键的是不能成为村干部或少数几个社区精英的项目,需要发动更多的村民参与。

外来干预者不可能直接与每个村民打交道,也不建议不顾行政村已经建立起来的治理结构重新建立一套新的管理结构。一些外来组织在项目实施中尝试建立专门的项目管理小组,但这些小组势必又面临与村委会等已经存在的社区组织的矛盾。

最好的策略或许是充分挖掘行政村的各种已有力量,如包括村干部在内的各种社区精英、各种正式或非正式的组织,共同来开展社区保护地项目,实质上就是村级的多中心治理。

多中心治理需要一个平台,这个平台就是《中华人民共和国村民委员会组织法》给予了法律地位的村民会议或村民小组会议,在这个会议上围绕社区保护地建设进行信息公示、能力建设,充分讨论并作出决定。

在大部分行政村,村民会议或村民代表会议都是空缺的。外来干预性社区保护地建设项目如果能够搭建这个平台,努力把"四民主"中的弱化的民主决策、民主管理、民主监督加强,不仅有利于突破现有乡村治理的瓶颈,还因为符合十八大"完善基层民主制度"的号召而可能得到更多政府资源的支持。

　　搭建村民会议或村民代表会议的平台并使之有效运转需要时间,但直接以项目要求的形式把项目实施单元从行政村缩小到村民小组,即区分开项目规模和技术规模,并邀请村干部、社区精英和村中正式、非正式组织参与一些诸如在行政村中选择村民小组和监测评估等项目活动,或许是向着村级多中心治理能够迈出的可行一步。

# 第二节　社区保护地建设的客体

　　社区保护地建设的客体是指通过投入社区保护地建设要素(第三章),开展各种形式的自然资源保护与可持续利用活动。由于社区保护地建设要素有九种,每一种要素又有很多种类,社区保护地建设的客体与主体相比,可谓丰富多彩。

　　社区保护地建设的客体可以归纳为四种类型:第一类是生态系统,这是社区保护地的基本对象;还有两种客体类型分别是生态系统的保护活动和自然资源利用活动,而后者的变化与种类是最多的;最后一类客体是针对农牧民的能力建设和环境意识类活动,这是把社区保护地建设的主体与客体联系起来的纽带,也是很多外来干预性社区保护地建设项目乐于开展的原因。

## 一、生态系统

　　无论是针对一个物种,如大熊猫,还是关键物种的生存环境如大熊猫栖息地以及整个区域,社区保护地建设都是在生态系统中开展的。生态系统是社区保护地建设最基础的客体。

　　1. 生态系统的定义与组成

　　英国生态学家坦斯利爵士[①]在 1935 年,明确提出生态系统的概念:"生态系统是一个'系统的'整体。这个系统不仅包括有机复合体,而且包括形成环境的整个物理因子复合体……这种系统是地球表面上自然界的基本单位,它们有各种大小和种类"。生态系统指由生物群落与无机环境构成的统一整体,组成成分包括:

　　① 非生物的物质和能量。其中包含阳光以及其他所有构成生态系统的基础

---

　　① Arthur George Tansley. The early history of modern plant ecology in Britain. Journal of Ecology, 1947。

物质,如水、无机盐、空气、有机质、岩石等。

② 生产者。主要是各种植物和自养生物。

③ 消费者。指依靠摄取其他生物为生的异养生物。消费者的范围非常广,包括了几乎所有动物和部分微生物(主要有真细菌),它们通过捕食和寄生关系在生态系统中传递能量。

④ 分解者。以各种细菌和真菌为主,也包含屎壳郎、蚯蚓等腐生动物。

在四者中,生产者为生态系统的主要成分。

根据生态系统的组成不同,人们将其划分为不同的类型:森林生态系统、草原生态系统、海洋生态系统、淡水生态系统(又分为湖泊生态系统、池塘生态系统、河流生态系统)、农田生态系统、冻原生态系统、湿地生态系统、城市生态系统等。根据生态系统的不同起源,还可以划分出人工生态系统和自然生态系统。

**2. 生态规律**

生态规律也被称为生态学规律,是指生态研究领域中的事物和现象的本质联系。它的作用范围不仅是动植物本身或者生态系统本身,还涉及生物与环境相互作用的整体,包括各类型的生态系统,以至"社会-经济-自然"复合生态系统。

生态系统的一些主要规律包括:

① 生物适应环境的规律。适应的实质是调节和制约,环境变化的选择压力作为制约因素,迫使生物体自身作出调节以适应环境变化。

② 生态系统各种因素相互作用协调发展的规律。它不仅表现在各种物种之间,而且表现在生物与环境的各种因素之间的作用与反作用。

③ 生态系统物质循环、转化和再生规律。它使生命系统的保持和进化成为可能。

④ 生态系统发育进化规律。

上述生态系规律的作用使生态系统成为适应的系统、反馈的系统和循环再生的系统。因而生态系统不仅具有稳态机制,形成它的动态平衡发展,而且导致生态系统的发育和进化,使它成为演变着的系统。

人们对于生态规律的认识不断经历从具体(例如单个物种,小的生态区域)到抽象(如整个生态系统,大的生态区域)、抽象指导具体、具体完善抽象的过程,并把所发现的生态规律不断地用于指导自然资源利用和保护的实践。应该说,对于生态规律的认识,从人类诞生甚至以前就已经开始,时至今日尚不能称已经完全掌握。科学家和农牧民各自从自己的范围都在认识和传承生态规律,但分别具有优势和局限性,需要互补性地把各自的优势贡献到社区保护地建设中。

### 3. 生态系统建设中常见问题

社区保护地建设是以生态系统为主要对象(即客体)开展人为的建设活动,是个人与自然深度互动的过程,其常见问题包括:

(1) 人为的边界与自然生态系统连续性的冲突

社区保护地是具有一定边界的区域,既是自然的生态系统,又是人为的社会经济系统。作为一个社会经济系统,人为边界限定了社区保护地的建设范围,但作为一个自然的生态系统,其必然与周边更大范围的生态系统按照生态规律紧密联系,不会被人为的边界或人为意志中断。

通常局部小范围的社区保护地建设性活动不能抵御外部更大范围的自然或人为影响的风险。如开展草原植被恢复项目,虽然社区可能投入了大量的劳动力进行种植和管护,可能因为气候变化造成的旱灾导致项目与非项目的植被同样枯死。

由于生态系统是连续性的,小范围的社区保护地建设可能对超出保护地边界的区域都产生影响,正面影响如下游的水土涵养、生态灾害防治,负面影响如在社区保护地边界建立围栏可能影响野生动物迁徙等等。能够从大尺度看到社区保护地所提供的生态服务功能,有利于为社区保护地建设争取更多的外部支持。

(2) 建设社区保护地是目标还是手段

社区保护地建设的主体是人,尤其是社区成员,而建设的客体往往被具体到一片森林、几处湖泊或一种野生动物。当为了保护客体而需要牺牲一部分甚至全部主体成员的利益时,社区保护地建设常常被人们质疑到底是为什么要开展保护?

也就是说,不同的人对于社区保护地建设的看法也迥异:有的认为建设的目标是为了人类的福祉,所以不应该因社区保护地建设的需要而牺牲人类的利益;有的认为社区保护地生态系统中的物种,尤其是野生动物都与人类是平等的,都是生态系统中的一员。作为强势的物种,人类理应为弱势物种提供平等生存的机会。

对客体是目标抑或手段认识的不同,常常在社区保护地建设中导致主体成员间的分歧和矛盾,也影响着社区保护地项目的成效和持续性。

(3) 指导主体实践的生态规律是否真正具有科学性

社区成员主要依靠自身掌握的传统知识来从事自然资源利用与保护,政府和民间公益力量则凭借现代科学知识来对保护地进行干预。总之,社区保护地建设的不同力量都基于自身对于生态规律的认识来开展保护地建设客体性的活动。

但人们对生态规律的认识是否真正具有绝对的科学性是值得怀疑的。建设社区保护地一个首要的问题就是对于生态规律的态度。如果认为人类对于自然资源已经全部知晓并以此来指导社区保护地建设是非常危险的,因为其结果往往是短期解决一个生态问题但同时又造成了新的生态问题,长期来看是对自然的"保护性破坏"。但如果过分强调人类的无知,甚至完全放弃社区保护地建设就又走入了另一个极端。

强调社区是社区保护地建设的主体,首先就应该尊重社区的乡土的生态知识,而不是要求社区必须接受并严格按照现代科学的要求来建设社区保护地。

## 二、自然资源保护相关活动

基于特定的生态系统,每个社区保护地在建设中都会开展一定的活动。尽管各个社区保护地自然资源特征、所面临的威胁和人们对于生态服务功能的需求的情况迥异,但保护活动大致可以分为如下类型:

### 1. 勘定边界

勘定边界是社区保护地建设首先需要开展的活动,如果边界不明确,其他的活动都失去了意义,而且在保护中可能造成与周边社区的冲突。

社区保护地的边界大都根据山脊、河流等天然形成的自然地理界限而设定的,以方便日常的管理。但发生如下情形时就需要重新的勘定:① 山脉因为地震、泥石流等因素发生崩塌;② 河流或湖泊不断变化甚至改道。

边界勘定还需要在一些重要的处所建立标桩标示,以提醒社区外成员注意,并为社区成员的自然资源管理活动提供合法性依据。重要的处所包括道路的入口、垭口等人类活动频繁的地方,也包括在一定区域对于人类活动的提示性标示。

社区保护地常常面临各种权属冲突,因此边界勘定不仅仅是考虑自然边界,更重要的是在有政府、周边社区参与的情况下共同明确社区拥有的土地所有权、使用权、收益权、排斥权和处置权的四至范围。勘定边界的过程应该伴随有向社区内和周边社区农牧民展示勘界信息并收集反馈信息的过程。

### 2. 巡护自然资源

为了确保社区保护地的自然资源不受到来自社区内外超出相关规定之外的利用,需要组织社区成员定期或不定期地对社区保护地的自然资源进行巡逻守护。

巡护的直接目的在于发现人为活动对于社区保护地自然资源的干扰,判断出干扰的来源以惩处肇事者。巡护的间接目的还有警示社区内外潜在的干扰者,使他们意识到面临的风险以放弃对于自然资源的干扰。

　　巡护是社区保护地最容易开展的保护性活动,特别适合于社区成员开展。只要明确巡护人员,确定巡护的方式和路线就可以了。很多外来干预性社区保护地项目的宣传资料都着重介绍组织农牧民开展巡护的情况。

　　但是,巡护工作启动很容易,困难在于持续地运行。首先,巡护需要一定经费支持,如服装、装备,还需要给巡护人员提供食品和一定的补助。巡护是一件具有一定风险的工作,还需要购买保险。虽然相比于政府负责的自然保护区,社区保护地在这方面的成本比较低,但长期维持巡护队伍成本也是需要社区公共经济资源保障的;其次,如何长期保持巡护人员的责任感和使命感,甘愿认真完成机械重复的巡护任务也是很不容易的,这往往需要社区保护地的领导人具有较强的领导力。

　　社区在挑选巡护人员时具有各种选择。有的社区如四川省康定县贡嘎山村就选择所有的成员轮流担任巡护人员,而有的社区如甘肃省文县李子坝村和青海省曲玛莱县措池村则从村民中挑选一些人员来从事巡护。前者往往社区人口较少且居住比较集中;而后者则人口较多,巡护的面积也比较大。

　　一些社区巧妙地把巡护工作与社区内部分人员的自然资源利用活动结合,取得了很好的成效。例如,在四川省渠县的梨树六组,在选择护林员时优先把村中放牧人确定为护林员。由于放牧人长期在森林中活动,巡护工作与放牧行为结合比较紧密,因此能够事(巡护补助)半功倍地开展好巡护工作。

　　农牧民在社区保护地巡护中,往往面临没有执法权力的问题。在第三章分析社区保护地土地权属时提及,社区往往是不具有排斥权的。当巡护中发现资源破坏行为,尤其是现场抓获偷猎者时,由于巡护队员不具有执法权,所有对于偷猎者的处罚、扣押都是非法的。不能处置干扰者会使巡护队员的积极性大打折扣。

　　一些社区保护地从当地野生动物保护部门或自然保护区获得了"巡山证",表明获得了一定程度的政府授权,在实践的一些案例中也具有一定的威慑力,但从根本上而言仍然不具有法律效力。巡山的执法权属于公权力性质,必须是特定的公务人员如警察才能行使。不授权给社区,可能打击社区的巡护积极性;授权给社区,也面临权力滥用的风险。

　　**3. 生态监测**

　　生态监测是对社区保护地生态资源状态进行定期的测定,分析所收集的数据得出资源变化的信息并应用于社区保护地日常管理的活动过程。

　　相比于巡护,监测对于社区而言开展起来是比较困难的。首先监测对监测人员生态知识、收集信息的质量控制等要求都比较高,在社区中找到愿意吃苦、能够爬山、能够按照技术规程进行信息记录和收集、还具有一定持续性的人员通常是很不容易的。

生态监测工作通常会在社区保护地一定的区域选择好样线和样方,首先进行本底调查,然后在外部专家的帮助下按照设计在规定的时间、采用规定的方法收集规定的数据。收集的数据在分析时一般会交给外部的专家进行分析。

农牧民开展生态监测的动机是一个常常面临争议的议题。从理论上说,监测是为了帮助农牧民更好地了解他们自身的资源状况,满足他们的求知欲望。但怀疑者却认为农牧民是自利的,一是因为对于公共资源,没有足够的理由让他们花费个人的精力用于学习监测的知识技术并严格执行监测规程;二是因为农牧民虽然想了解自然资源变化情况,但不需要上升到按照科学家的方式收集信息。因此,怀疑者认为所谓的社区监测最多是社区成员在帮助科学家收集科研信息,而且应该付给公平的报酬。

一些环保公益组织如北京山水自然保护中心长期开展社区生态监测探索,从监测信息服务于社区入手,尝试培养社区监测骨干,监测信息既为超出社区的大尺度生态决策服务,也为社区围绕自然资源利用和补偿与外界磋商谈判时提供依据。

### 4. 植被恢复

植被恢复是指在森林生态系统或草原生态系统上,以干预现有生物多样性现状、增加森林植被或草原植被为目的进行的人为活动。

植被恢复又可以分为人工植被恢复或天然植被恢复,前者是通过人工种植的方式来恢复植被,而后者则主要采用封育的手段减少人为干扰、实现天然植被更新。

人工植被恢复的成本比较高,而且面临的自然风险和人为风险都比较大。自然风险主要是暴雨、干旱等气候因素会导致植被死亡,而人为风险则包括种植非本地植物导致外来物种入侵以及种植季节、技术不合适等等。

如果给社区自己选择,社区通常会更倾向于选择天然植被恢复,这样做的好处是成本低、风险小。但如果有外界强力干预,提供资金支持,例如,为了全球范围的节能减排、落实清洁发展机制而营造碳汇林,则社区可能会参与人工植被恢复,但不应简单地认为在社区造林有益于社区,因此会得到社区所有成员的赞同和支持。

### 5. 野生动物种群管理

野生动物种群管理是指基于某种目的人为地对某个或几个野生动物的物种的数量和栖息地进行干预。比较典型的例子是引入食物链顶级的猫科动物来抑制偶蹄类食草动物的数量。野生动物种群管理对于科技水平、装备和设施等都具有很高的要求,当今中国的自然保护区都很少能够开展。

在山区和高原区,人兽冲突的问题日趋严重。所谓人兽冲突,主要是野生动物破坏农牧民的庄稼、捕猎家畜甚至在遭遇中伤及人类生命。至于农牧民对于野生动物的影响,基本没有被考虑。人兽冲突的原因是复杂的,可能包括:① 野生动物数量增加而进入人类领地;② 人类通过开荒等形式进入野生动物栖息地;③ 某种原因导致野生动物分布、食物链发生变化。

为了应对野生动物的侵害,农牧民往往会采用一些措施,包括捕杀、声音惊扰、放狗驱逐等,一定程度而言也是社区自发进行的野生动物种群管理。

在社区保护地建设中,如果无视农牧民解决野生动物侵害的诉求,仅仅开展诸如巡护、生态监测等活动,是很难得到社区认同的。相反,如果能够与社区一起来讨论、应对人兽冲突,可能因为触及农牧民们关心的问题、激发社区的公共性而获得良好的群众基础,不仅解决社区猎杀野生动物的问题,还可以因此把小农组织起来开展领域更广阔的社区保护地建设。

## 三、自然资源开发利用相关活动

### 1. 对于传统自然资源利用方式的约束

很多自然资源虽然长期被农牧民利用,但仅仅是为了满足社区的自给自足,其利用量是非常有限的,如野生中药材,并没有资源枯竭问题。但随着这些自然资源商业价值的提升,市场对于自然(野生)状态下的资源需求量不断加大,村民采集已经不仅仅是为了满足自用,而是为了在市场中出售获取更多的现金收入,无序的过度采集会导致资源枯竭。

为了避免自然资源长期被过度利用现象的发生,很多社区把某种自然资源作为保护的客体进行保护,采取的措施包括限制采集量、使用替代品等。

例如,松茸是一种生长在横断山区尤其是四川、云南和西藏三省区交界处的珍稀菌类。当地老百姓有食用的传统,但数量并不大。从 20 世纪 80 年代开始,由于日本市场的需求量大增,松茸鲜品价格暴涨到了数百甚至上千元。巨额的利润导致每年的雨季在川滇藏区域的村民们纷纷上山采集松茸。

经过 10 年左右的采集,松茸资源开始明显下降,很多村民切身感受到了由此而导致的收入减少,有些社区开始采取措施不准社区外的村民进入社区采集,甚至引起各种纠纷与冲突。一些生物多样性保护组织也开始介入,采用参与式方法来帮助社区制定自我约束性的资源管理制度,限制采集松茸的时间、区域和数量。

薪柴也是比较普遍地被作为社区自我约束对象的自然资源。然而,从多个薪柴管理的案例来看,很多社区都是在外部干预和推动下才开始对自然资源进行管理的。"薪柴采集过量→导致生态系统退化→家庭生计困难"很多是外界的逻辑假设而并非社区的自我认识,社区通常并不认为薪柴采集是一个生态问题。

很多约束社区利用自然资源的项目面临两个选择,一是完全地禁止利用,但受到社区的压力和执行的难度都是很大的;另外一个是适度利用,但这个度是很难通过公式来计算的,所谓承载量也是理论多于实际,很难在实践中得到很好的遵守。

因此,约束社区利用资源最关键的是让社区自我认识到问题的严重性,一些面向社区的环境交易就是基于这方面考虑的。如果不能使社区自我约束,任何外来的干预都是徒劳而短暂的。

### 2. 挖掘、提升生态产品价值

另外有一类社区保护地建设项目力图挖掘社区的农产品、手工艺品的文化与生态价值,通过向消费者传递这些附着于产品的额外价值,切入高端或具有社会责任理念的消费人群,获取高于市场水平的销售价格,并把一部分利润反哺于社区保护地建设。

"熊猫蜂蜜"就是一个典型的案例。大熊猫栖息地的蜂蜜一般的价格能够卖到每斤(500克)30~40元。北京山水自然保护中心通过影响潜在的愿意支持社区保护大熊猫的高端人群,以"熊猫蜂蜜"品牌开展营销,使每斤价格提高到300元左右。扣除加工与营销成本后的利润返还给社区开展巡护、生态监测等社区保护地建设工作。

世界自然基金会与家乐福尝试在超市中直销来自开展大熊猫栖息地社区保护项目农户的花椒。由于减少了中间环节,农民可以得到高于商贩的收购价格,从而获取较高的经济利益,反过来更加支持大熊猫保护。而家乐福则由于支持了大熊猫保护而获得了社会效益和宣传效果。

这两个案例的共同点是:外来干预者帮助社区获取较高的市场价格;农户在获得经济激励后表现出一定积极性来开展社区保护地建设。

然而这类项目也常常会面临如下挑战:

首先,社区的生态产品进入高端的市场需要在品质上得到提升且保持品质的长期稳定,而这仅仅凭社区的能力是无法实现的。从北京山水自然保护中心和世界自然基金会的经验看,即使在商业公司的帮助下,公益性组织提升社区的产品品质也显得比较吃力。

其次,从高端市场获取的利润,是在直接从事该产业生产的农户之间分配,还是用于全社区参与的社区保护地建设,这是一个关于公平与效率的棘手的问题。社区中参与生态产品开发的农户和进行巡护和生态监测的农户往往是不同的群体,善于生态产品开发的农户具有从事农牧业的经验技术,但可能不善于爬山。社区的公共自然资源属于全体村民,但产品开发效率高的农牧民与生态保护效率高的农牧民是不同的。在同一社区两个不同群体之间围绕公平效率进行平衡,无论对于村干部等社区精英还是外来的干预者都是巨大的挑战。

相比而言,藏区很多虫草管理的案例却表现出社区一旦被充分地调动起来管理自然资源,具有令人惊叹的高效管理能力,也展现了在社区保护地建设方面惊人的潜力。

玉树藏族自治州具有整个藏区品质最好的虫草,因此当地农牧民每户每年能够通过虫草采集获得数万元的现金收入。然而,虫草资源却具有很大的不确定性:每年的产量不确定,分布区域也不确定。不确定性给自然管理带来了巨大的挑战。由于虫草收入的重要性,因此不应仅仅开放给资源所在地社区成员,还应该允许社区外的农牧民通过支付一定的资源费进入社区采集。然而,虫草的高价值使社区外农牧民不支付资源费进入社区采集的获利远远大于其承担的风险,为了保护社区利益,需要社区不断派出人员进行巡护。而这些管理工作需要在开阔的高原草原完成。从玉树州云塔村管理虫草资源的经验看,社区是具有进行精巧的安排、胜任复杂的自然资源开发利用管理能力的,其前提是社区真正在乎自然资源并愿意形成集体行动。

**3. 拓展性生态产品**

社区保护地建设在自然资源利用方面不仅仅局限于约束社区成员的过度采集和提升生态产品价值两个思路,还可以拓展和开发新的生态产品。

应对气候变化是一个全球性的热点环境问题,为此通过营造可以吸收二氧化碳的碳汇森林来实现节能减排成为一个新的市场需求。在保护国际、美国大自然保护协会等机构的支持下,四川省川西北六县的农牧民开始尝试碳汇造林,他们既能由此享受造林获得的生态效益,又能获得一定的资金用于社区公共事务管理。

甘肃省文县李子坝村地处四川省青川县城上游 6 千米,是整个青川县城的水源地。李子坝村的村民提出,如青川县政府每年给予一定的补偿费用,村民则放弃使用化肥和农药等不利于水源地保护的农业生产方式。通过兰州大学对青川县城居民的支付意愿调查,整个青川县城对于补偿李子坝村民放弃使用化肥的支付意愿高于李子坝村村民的要求。

上述两例都是围绕着生态补偿机制所开发出的产品,它们不同于蜂蜜、虫草等实体性生态产品,而是在"空气"、"水"等一些非传统、非实体性生态产品上做文章。

然而,新颖的生态产品概念虽新,往往在市场上曲高和寡,而且新的生态产品开发中,外界支持主要都给予科研部门和具有研发能力的中间环节。除了敢于吃螃蟹的社区能够获得少量的资金,很少有社区能够从中真正直接受益。

## 四、能力建设与环境意识类项目

针对社区的能力建设和环境意识类项目是连接社区保护地建设主体与客体的纽带,是在客体与主体之间跨界的社区保护地建设活动。开展这种类型的项目,可以同时兼顾到主体和客体两方面,从而获得综合性的项目成效。因此,很多政府和民间公益组织的社区保护地建设项目都大量投资于能力建设和环境意识类领域。

### 1. 能力建设

能力建设项目的特点是开展成本相对低廉,形式灵活多样,而且较少引起社区内外的纠纷,能力虽然不一定是"短板要素",但永远是不足的,从项目管理的角度来看,风险比较小。

对于一般的农牧民而言,参与培训可能是很枯燥乏味而且耽误农活的"惩罚";但对于村干部等社区精英而言,也许并不特别看重学习的内容,但能够借此机会充分与外来的干预者交流,开阔眼界,丰富自己的游历经验,拓展社会关系还是很值得珍惜的机会,因此,他们会踊跃地参加。

由于受到项目方和社区精英两边的欢迎,因此,能力建设项目几乎是每个社区保护地建设项目的必选项。有关社区保护地的能力建设内容是多种多样的,随每个组织和社区的特点的不同而不同,但大致都可以划分到前面三个客体活动类型中。培训手册、操作手册等总结性成果相应地也是非常多的。

农民学习的特点是每次培训的时间不宜长、培训的内容不宜多、理论部分不宜太重,但应该多次连续性地学习,其间隔不宜超过 7～10 天。但现有的很多农牧民能力建设项目,往往就是在项目期间组织 1～2 次集中学习,每次在 3 天左右的时间里大量灌输各种现代科学和项目管理知识,其效果大多还不够理想。

把针对一般农牧民的培训和针对社区精英的培训区分开来是很重要的:首先,大多数外部推动的社区保护地建设项目的能力建设活动无论从内容设计、时间安排等方面看,都适合于社区精英而非一般农牧民;其次,即使社区精英们很好地接受了项目方提供给他们的信息,但不能保证他们会 100% 地传递给一般的农牧民,通常信息流通的环节越多,由于传播者的删减或增添而失真的比例就越大;再次,给社区精英们培训不能等同于给整个社区都进行培训,而且,还应该看到离整个社区都了解培训内容还相差甚远。

外来干预性的社区保护地建设项目不应该满足于仅仅给社区精英提供项目知

识,因为这无助于改变他们的简约治理和垄断地位。相反,应该继续深入地探寻如何把接受了能力建设的社区精英们变为教员,在村民会议、村民代表会议等社区的平台上向更多的村民们进行再培训。

很可惜的是,很多项目的能力建设活动就停留于社区精英。在一些项目村,社区精英们接受过多次培训,成为"培训专业户",由于获得了大量的信息,他们与普通村民的距离是越来越大。

### 2. 环境意识

根据"行为-态度-知识"模型,小农的保护行为最终取决于他们是否能够理解并自觉地运用的知识,包括生态知识、社会知识以及"囚徒困境"等与其他小农博弈的知识。

面向农牧民的环境意识类型项目与社区保护地建设要素中的"生态系统相关知识"(要素六)、"道义"(要素八)密切相关,是从"行为-态度-知识"模型的最根本端入手进行社区保护地建设,是从长期而非急功近利地培育社区保护"正能量"。

对于环境意识类的项目成效是有争议的。有的人认为由于环境意识类项目是立足远期的,但其长期的成效却很难衡量。虽然农牧民可能接受了环境教育的知识,但他们未来的行为却受到太多的因素影响,如宏观政策环境的影响、村干部治理行为的影响、自然资源价格的影响,以及根据他们邻居的行为采取"一报还一报"的权变策略等,存在很大的变数。因此,与其投入环境意识教育的项目,不如支持社区开展更多的巡护,种植更多的林木等当前能看到"效益"的项目活动。但有些人(包括一些资助者)却认为农牧民观念的改变是最重要的,对农村孩子们的环境教育过程是感人且有趣的,愿意不断地支持。尤其值得重视的一点是,环境教育类型的项目为以自然为对象的社区保护地建设项目嵌入了更多的"人脸",面对一个个鲜活的教育对象,资助方是容易被打动的。

环境意识类项目的关键点是如何突破传统的说教性的项目模式,能够更贴近于农牧民,尤其是非社区精英的农牧民。此外,低成本地在社区内实现农牧民自我教育也是亟须探索的模式。

## 五、经验总结交流和政策倡导类项目

### 1. 社区保护地建设经验总结与交流

与其他保护地,如自然保护区、森林公园等相比,社区保护地建设在如何建设方面积累的经验还非常不够。其建设项目不可避免地会涉及农村、农业和农民复杂的"三农"问题,需要不断在实践中实验并大范围地总结和交流经验与教训。

社区保护地建设与外来干预

　　政府大型生态工程项目所支持的社区保护地建设项目,如退耕还林工程项目、国家重点生态公益林保护项目等的经验总结相对比较多,很多科研机构的学者和基层政府部门官员分别从各自的角度进行了很多的总结,并通过文章形式发表成果。通过网络搜索等形式也容易得到这些文章,可获得性比较强。然而,这些总结性文章大部分都从完善项目实施流程的角度进行,很少涉及对特定社区主体和客体的深度分析,由于缺乏批判性,总结也不够深刻,往往笼统而抽象。

　　大部分民间公益组织实施的社区保护地项目都有项目评估和总结报告。有的组织由于专门聘请专家进行评估,所以能够结合特定社区保护地的具体特征分析出比较深入的经验。但是,这些报告的缺点通常有两个:一是缺乏与其他社区保护地的横向比较;二是很多总结报告都是内部报告,交流性不足。很多民间组织的项目管理人员具有丰富的社区经验,但却很少将其形成文字。一旦他们离开社区保护地建设的工作,积累的经验也就随之流失,新人来了,需要重新开始。

　　生态保护整个行业缺乏反思和批判性总结。相比于前面四个社区保护地建设的客体类型活动,对于社区保护地建设的批判性、开放性的经验总结非常缺乏,阻碍了社区保护地建设整个行业的发展。

　　2. 政策倡导创造良好的政策环境

　　有关社区保护地建设的政策倡导首先应该是把社区保护地建设的作用和意义向各级政府作清楚的阐述。社区保护地建设需要从主体和客体两方面的多个领域入手,反过来,社区保护地建设也能成为多个领域政府工作的抓手,有利于实现解决三农问题和生态问题目标。

　　社区保护地建设需要给农牧民创造一个良好的政策支撑环境。例如,从主体建设的角度,应该鼓励社区保护地建设项目根据《中华人民共和国村民委员会组织法》中"四民主"开展乡村治理的试点实验;从客体建设等方面考虑,需要给农牧民赋权、发展生态经济的税收、金融、保险等政策性支持。国家大型生态工程项目在实施上也应该进一步加以完善以贴近农牧民,并有利于把分散的小农组织起来形成集体行动。

　　在总结经验与教训的基础上,向政府提交政策建议,为社区保护地建设营造更好的政策环境,这项工作或是目前整个社区保护地建设最薄弱的环节。北京山水自然保护中心在 2012 年成立了"研究院",把社区保护地的政策研究和倡导作为该组织一项专门的工作内容。希望今后有更多的机构能够开展加强政策倡导类型的活动。

# 第三节　主体与客体建设的关系

## 一、主体与客体部不协调导致"生态保护泡沫"

### 1. 单一注重客体建设可能导致"生态保护泡沫"

很多社区保护地建设项目把资金偏重于投向客体类型的活动,如开展生态监测、组织资源巡护、植树造林、发展替代生计项目等等。究其原因,与资助者急于在短期内看见可视性成果有关。而对于社区保护地主体的建设,大部分资助者则要么由于成效不明显而不感兴趣,要么担心触及政治而要求项目回避。

在前面的分析中已经说明,如果社区保护地只注重客体类的活动,而不涉及主体建设,客体的活动有可能成为村干部帮助项目人员的摆平游戏,那么,从长期来看,其项目成效如同一根柱子粗大结实而另外的柱子细小脆弱的房屋,势必是不能持续的(图 5-1)。

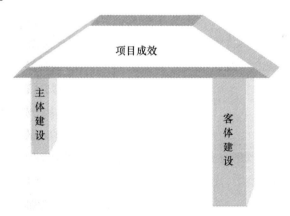

**图 5-1　社区保护地成效与主体、客体关系图**

社区保护地建设应该是主体与客体共同建设,不能搞单打一,这也决定了社区保护地建设的长期性。

当前,由于环境问题日益严重,政府还是民间公益组织投资于社区保护地建设都比较踊跃,中央政府不断启动和延续大型生态工程项目,民间公益组织在社会力量的支持下也纷纷在各个区域开展基于农牧民的综合保护项目。社区保护地建设迎来了一个资金、人员和项目都快速增加的高潮。然而,如果继续目前的只重视客体而不注重主体建设的格局,大量的资金涌入社区,喧闹地开展各种客体类型的保护活动,并纷纷面向社会公众宣称取得了各种"重大"、"创新"、"突破"性的保护成效,势必导致"生态泡沫",并且把泡沫越吹越大。而且长期不考虑主体建设问题,社区保护地建设甚至整个生态保护领域取得的保护成效都是短期和表面的,累积出来的"生态保护泡沫"可能会导致整个生态保护行业的危机,使整个行业受到全社会的质疑。

从中国多个行业发展历史看,没有行业阵痛,就没有该行业的健康发展。很多自以为是行业的"潜规则"就可以毫无顾忌行使的企业或机构,尤其是所谓"行业巨人",终将倒在行业危机中。

当前生态保护这个新兴的行业,尚未受到来自全社会的质疑和批评,还没有经历过阵痛。未雨绸缪,政府体系内的生态保护部门和民间公益组织应该及早反思,在社区保护地建设中,正视主体与客体的关系问题。依靠村干部或社区精英代表社区来"展示"项目成效的做法,终究会失败的。

**2. 把社区主体作为选点标准而不是建设对象是短期行为**

有些有经验的项目人员,深知主体建设对于社区保护地的重要性,但受困于各种原因而无法针对主体开展相应的建设活动。无奈之间,他们选择了寻找有强势的或有领导力的村干部所在的村来实施项目,凭借村干部已经建立的权威约束农牧民开展社区保护地的客体类活动,在有限的项目期限内实现保护成效。

一些从事社区保护地建设的研究人员认为,把具有较强领导力的村干部或社区精英作为选择社区保护地项目社区的选点标准是一个值得推广的成功经验。通过选择具有"强人"的行政村开展项目,确实可以回避一些操作性问题,如不用在主体建设上投入资金和时间,规避可能引起的矛盾纠纷,充分享受强人权威带给项目的资源。这样,不但可以把资金更多地用于客体活动,而且可以在短时期取得令资助者和同行赞叹的成效。

然而,应该看到,外来的项目在利用社区精英的同时,社区精英也利用外来项目资源在村民中的分配,进一步强化自身的权威,获得更多的支持者。虽然在短短的项目期可能使生态系统得到了保护,但项目结束后,又将坠入"集权的简约治理"的怪圈。

**3. 客体建设的活动与主体的能力相适应**

尽管客体建设活动的类型多种多样,从外来干预者的角度看可以有很多的选择。但是在选择中除了要考虑当地生态系统受到的威胁、外来干预者自身的技术优势外,还应该是与社区主体的能力相适应的。

如果项目的社区是一个真正做到《中华人民共和国村民委员会组织法》规定的"四民主",即"民主选举、民主决策、民主管理和民主监督"的行政村,村干部的简约治理、摆平和巩固自己权威的各种策略都能受到来自村民和上级政府的约束,我们可以说社区主体的能力到了一个较高的水平。在这样的社区,奥斯特罗姆总结的集体行动八项原则的基础深厚,可以开展一些促进集体行动并约束社区村民无序利用自然资源的活动,建立社区保护地的长效机制。

如果一个社区群龙无首,或村干部一手遮天、毫无约束,在这样的社区开展社区保护地项目,最开始的2~3年,应该从巡护等在保护机制上相对比较简单的客体活动着手。待社区主体的能力逐渐加强后,再深入到长期可持续性的管理制度建设。

此外,还应该帮助资助者充分了解社区保护地建设主体与客体的相关性,在项目中开展比较适合的客体类型活动。尤其重要的是,使他们对于项目成效有一个恰当的预期。

## 二、社区保护地建设的长期性与阶段性、包容与合作

### 1. 长期性与阶段性

社区保护地建设要兼顾主体与客体,不管是主体或客体建设本身,还是把二者有机结合,都势必需要耗费较长时间。即使项目具有充足的资金和强大的技术支持,但让农牧民了解项目,建立村民会议或村民代表会议等议事平台,资金的使用都只可能促进而不能包办,需要时间来消化、沉淀和试错并改正错误。

建设社区保护地是长期性的,不可能一蹴而就。但是,外来干预性社区保护地建设项目的资金却是短暂的,通常以2年左右为一个周期,仅仅可能是长期建立社区保护地的一个开始。几乎所有的社区保护地项目的负责人苦恼于如何把筹措到的短期的项目资金解决长期的问题。

作为公益性项目,必须要满足资助者对于项目成效的短期要求,这是毫无疑问的。但是,一味地顺从与资助者对于短期成效的追求,导致自己急功近利地加入"吹泡沫"的队伍是非常不可取的。作为项目团队,或许可以在以下几方面做些努力:

① 分别制定出长远目标和阶段性目标。结合社区保护地具体特点,描述出实现长远目标的路线图,主体建设在路线图中的作用和制约因素以及在路线图中各个阶段性的目标。只有具有阶段性目标,厘清出当前问题和长远问题的关系,才能针对当前问题配置项目资源,又为长远问题解决打下基础或创造良好的条件。

② 把长远目标和阶段性目标与项目团队、资助者、项目社区进行坦诚沟通。

只有这样,才能鼓舞士气、赢得长期支持。既要看到长远目标的艰巨性,不要急功近利,同时也要看到朝着长远目标所取得的一个个成绩。

2. 包容与合作

由于社区保护地建设涉及主体与客体多个方面,到底哪个方面更重要,应该从哪个方面优先切入,可能在不同的政府部门、不同的民间公益组织和不同的研究人员之间,都有不同的看法,甚至还产生诸多争执。往往是行业内部吵闹不休,而资助者和社区则无所适从。

不同的社区在不同时期在建设社区保护地中遭遇的"短板要素"是不同的,主体的能力以及客体的背景条件也千差万别,很难有一个放之四海而皆准的所谓轻重缓急和优先顺序。社区保护地建设的从业人员之间,应该更加包容性地看待他人的经验和优势,以及在项目中为什么选择这个活动而放弃另外一些活动的理性思考。

更重要的是,正因为主体和客体都要建设,所以一个长期存续的社区保护地,需要的活动是多种多样的,可能有搭建村民会议平台的,有生态监测的,有能力建设的;而一家机构往往技术优势具有局限性,不可能覆盖到全部的需求。很多机构的资金,也只能在一个点坚持 3～5 年,时间一长,由于资助者等诸多因素,就必须离开寻找新的项目点。

长期建设社区保护地,需要多个外部机构技术合作和接力。只有从事社区保护地的机构,包括政府、民间公益组织和研究机构等相互包容,紧密合作,优势互补,才能把社区保护地建设好。仅仅靠一家机构就把社区保护地长期地建设好的案例,在实践中还没有出现。

# 第六章　外来干预者

随着交通、资讯条件不断改善,社区保护地已经不可能完全封闭,与外界的联系会越来越紧密。

从 20 世纪 90 年代开始,政府与民间公益组织参与社区保护地建设的积极性越来越高,干预力度也越来越大。建设社区保护地需要外界的干预,但很多问题也来自于外界的干预。

## 第一节　外来干预者类型

### 一、外来干预者

在中文的语境里,"外来"和"干预"两个词都是中性偏贬义的:外来表明即使出于公益目的,但从利益、态度和长远角度来看与社区是有显著区别的,终归不能与社区亲如一家;而干预则通常使人与"干涉"和"武断"产生联想。

因此,当提出"外来干预者"这个概念时,需要非常小心,因为可能引起很多涉足社区保护地建设领域的机构和人士反感甚至恼怒。这个情景犹如一方正十分努力地和另一方寻求共同点,融入一起,但忽然传来一个声音说,你们根本不可能是一体的。

只要认可社区在保护地建设中的主体地位这一理念,就应该认识到自己是外来的,否则很容易形成下列两种情况:要么与社区争抢主体地位,甚至代替社区思考决策、为社区代言,使社区被代表;要么在需要与社区充分讨论和严格监督时因为分不清角色而缩手缩脚,社区说什么都必须答应,甚至为社区的不作为埋单。

外来干预者进行社区保护地建设,不管是出于生态服务功能等自身的需求,还是完全就是扶助社区,都是具有一定的理念、带有一定目的的,因此从动机上看,干预是客观存在的。很多帮助社区保护地建设的机构或组织,包括政府,往往具有多重目标,干预性就更加强烈了。此外,由于社区是由多个利益相关者构成的复合体,所以任何外来的资源进入社区,即使平均分配,也会在不同的利益者之间造成不同的影响,产生一定的扰动。

政府与民间公益组织虽然是外来的,但双方各有优势,一旦开展了项目,就结成了合作伙伴关系。社区与外来者双方是平等的,因此可以在前期规划时充分地讨价还价,在实施中斤斤计较,在监测评估中严格规范。外来者不必站在道德的高地去牺牲奉献,因为这可能会影响长远的效率。

明确外来干预者的身份,一方面更有利于社区意识到自己的主体地位,发挥主动精神,履行自身的责任;另一方面,也有助于外来干预者时刻提醒自己,不要越位,不要以自身的意志、目标、价值观和知识来要求社区配合。

因此,认清外来干预者的角色,是有助于社区保护地建设的。

## 二、政府是外来干预者

从行政管辖的角度看,政府对于所辖区域的农牧民都是有一定的代表性的。把政府划为外来干预者,对很多基层政府人员而言往往意味着挑战政府的权威性。

但是,政府这种代表性是受到限制的。从根本上看,根据《中华人民共和国村民组织法》(2010 年修订版),"农村村民实行自治,由村民依法办理自己的事情"(第一条);"村民委员会是村民自我管理、自我教育、自我服务的基层群众性自治组织,实行民主选举、民主决策、民主管理、民主监督"(第二条);"乡、民族乡、镇的人民政府对村民委员会的工作给予指导、支持和帮助,但是不得干预依法属于村民自治范围内的事项"(第六条)。

村民自治是基本国策,国家不仅从立法的角度进行宣示和规范,还在每年有关农业、农村和农业的"三农问题"的中央一号文件中不断进行新的阐释(2006 年、2008 年、2010 年和 2013 年)。

目前地方政府主动拨出资金开展社区保护地的案例还不多,其角色更多地在于督促和协助实施中央的生态工程项目。因此,下节仅仅选择对于社区保护地建设最具有影响力的中央政府开展的、在全国大范围实施的项目进行分析。

### 三、民间公益组织是外来干预者

很多民间组织长期扎根于社区,对于社区具有深厚的感情。当被称为"外来干预者"时,一些组织从感情角度上有点难以接受。

但是,正如前面分析那样,感情的障碍有可能使一些民间公益组织不能清醒地认识自己,最终可能反而影响项目的成效和持续性。

民间公益组织涉足社区保护地建设的时间较早,从 20 世纪 80 年代初世界自然基金会进入中国,在社区保护地建设方面积累了大量的经验和教训可供借鉴。

民间公益组织包括有国际民间公益组织、国内跨区域民间公益组织和草根民间公益组织三种类型。这三者由于各自的优势和劣势很不相同,因此,他们在社区保护地建设中的行为特点也迥异。

# 第二节　中央政府

## 一、大型生态保护工程项目

1998 年,长江、珠江等流域相继发生了全流域性的大洪水,造成农田受灾 2229 万公顷,死亡 4150 人,直接经济损失达 2551 亿元[①]。洪水退后人们反思,滥砍滥伐森林、生态植被破坏是最主要的原因。

在 1998 年当年,中央政府立即在长江上游的天然林林区实行禁止采伐的政策,并于 2000 年正式启动了天然林保护工程。随后,林业、农业、水利、国土等政府部门都就各自管辖的生态系统类型在中央财政的支持下启动了大型生态保护项目。

### 1. 退耕还林与退牧还草工程

2000 年,中央政府颁布了《国家林业局、国家计委、财政部关于开展 2000 年长

---

① 百度百科。

江上游、黄河上中游地区退耕还林(草)试点示范工作的通知》,正式标志着退耕还林工程在全国范围内实施。所谓退耕还林工程,就是从保护生态环境出发,将水土流失严重的耕地、沙化、盐碱化、石漠化严重的耕地以及粮食产量低而不稳的耕地,有计划、有步骤地停止耕种,因地制宜地造林种草,恢复植被。

该通知规定,"国家向退耕户无偿提供粮食,每亩退耕地每年补助粮食(原粮)的标准,长江上游地区 150 千克(300 斤),黄河上中游地区 100 千克(200 斤),每千克粮食按 1.40 元折算,由中央财政承担,以省为单位统一算账。粮食调运费用由地方财政承担,不能转嫁到农民身上。"此外,"国家给退耕户适当现金补助。考虑到农民退耕后几年内需要维持医疗、教育等必要的开支,中央财政在一定时期内给农民适当的现金补助。现金补助标准按每亩退耕地每年补助 20 元安排"。

2000 年国务院西部地区开发领导小组第二次全体会议确定的 2001—2010 年退耕还林 1467 万公顷的规模。从 2011 年开始,退耕还林工程基本停止了新增大规模的退耕面积,转而巩固前期造林成果。

从微观来看,农户如果能够以家庭为单位参与退耕还林工程,根据退耕还林地面积大小,通常能够得到 1000~4000 元左右不等的补贴。由于这些区域在过去的 10 余年间劳动力转移进入城镇务工是一个根本的趋势,所以退耕还林工程项目很好地顺应了这一宏观趋势,得到了大多数农户的欢迎。

退耕还林工程项目针对的人群虽然是农民,但主要以每个家庭的承包耕地为项目对象。退耕后的地块造林主要是以经济林为主,经营方式也依然延续了分户经营的特点,因此对于社区保护地建设带来的直接的正面影响并不大。

然而,退耕还林工程项目对于社区保护地建设还是具有重要意义的。首先,实施退耕还林工程项目,表明国家认同农民在生态建设中的重要作用,是首个专门针对农村社区的国家大型生态工程项目;其次,该工程项目积极探索了政府如何与千家万户的农民共同开展生态建设,从选点、土地准备、补偿方式、监督验收、资金拨付等各个方面都积累了宝贵的经验与教训。

在退耕还林工程项目之后,国家于 2003 年又启动了退牧还草工程项目,把林区取得的经验在高原牧区推广。

**2. 天然林资源保护工程和国家重点生态公益林工程**

(1) 天然林资源保护工程

天然林资源保护工程,简称天保工程,从 1998 年开始试点。2000 年 10 月,国务院批准了《长江上游、黄河上中游地区天然林资源保护工程实施方案》和《东北、内蒙古等重点国有林区天然林资源保护工程实施方案》,标志着天保工程正式启动。

天保工程建设期为 2000—2010 年,工程区涉及长江上游、黄河上中游、东北内蒙古等重点国有林区 17 个省(区、市)的 734 个县和 167 个森工局。长江上游地区以三峡库区为界,包括云南、四川、贵州、重庆、湖北、西藏 6 省(区、市),黄河上中游地区以小浪底库区为界,包括陕西、甘肃、青海、宁夏、内蒙古、山西、河南 7 省(区);东北内蒙古等重点国有林业包括吉林、黑龙江、内蒙古、海南、新疆 5 省(区)。

该工程建设的目标和任务一是切实保护好长江上游、黄河上中游地区 9.18 亿亩(1 亩=6.67 公顷)现有森林,调减商品材产量 1239 万立方米,新增森林面积 1.3 亿亩,工程区内森林覆盖率增加 3.72%;分流安置 25.6 万富余职工。二是东北内蒙古等重点国有林区的木材产量调减 751.5 万立方米,使 4.95 亿亩森林得到有效保护,48.4 万富余职工得到妥善分流和安置,实现森工企业的战略性转移和产业结构的合理调整。

天保工程的主要政策措施包括:

① 森林资源管护,按每人管护 5700 亩,每年补助 1 万元。

② 生态公益林建设,飞播造林每亩补助 50 元,封山育林每亩每年 14 元,连续补助 5 年,人工造林长江流域每亩补助 200 元,黄河流域每亩补助 300 元。

③ 森工企业职工养老保险社会统筹,按在职职工缴纳基本养老金的标准予以补助,因各省情况不同补助比例有所差异。

④ 森工企业社会性支出,教育经费每人每年补助 1.2 万元,公检法司经费每人每年补助 1.5 万元,医疗卫生经费长江黄河流域每人每年补助 6000 元、东北内蒙古等重点国有林区每人每年补助 2500 元。

⑤ 森工企业下岗职工基本生活保障费补助,按各省(区、市)规定的标准执行。森工企业下岗职工一次性安置,原则上按不超过职工上一年度平均工资的三倍,发放一次性补助,并通过法律解除职工与企业的劳动关系,不再享受失业保险。

⑥ 因木材产量调减造成的地方财政减收,中央通过财政转移支付方式予以适当补助。

天保工程对于社区保护地建设最大的意义是聘用农牧民为管护员,在国家大型生态工程项目中首开社区与政府围绕生态保护目标互动的先河。当然,这些社区管护员是以个人的身份参加天保工程项目,从严格意义讲他们仅仅是天保工程聘用人员,社区并不是作为一个整体来参与的。随着广大的农牧民管护员在天保工程实施中付出的努力得到了国家的认可,为后续国家大型生态工程继续支持社区保护地奠定了基础。

社区保护地建设与外来干预

　　天保工程的施业区不仅仅局限于国有林地,在长江和黄河流域按照林种起源把社区的集体林地的一部分也包括进来。其实质是国家在农村集体具有所有权的林地行使经营权,并排斥社区砍伐林木等收益权,是国家比较深度地干预社区,强制社区开展生态保护。

　　(2) 国家重点生态公益林保护项目

　　天保工程启动后,中央政府建立"中央森林生态效益补偿基金"用于开展国家重点生态公益林保护。相应地,国家林业局在2004年着手划定国家重点生态公益林,其标准如下:

　　(1) 国家重点生态公益林的判定标准

　　① 江河源头。重要江河干流源头,自源头起向上以分水岭为界,向下延伸20千米、汇水区内江河两侧最大20千米以内的林地;流域面积在10 000平方千米以上的一级支流源头,自源头起向上以分水岭为界,向下延伸10千米、汇水区内江河两侧最大10千米以内的林地;三江源区划范围为自然保护区核心区内的林地。

　　② 江河两岸:重要江河干流两岸干堤以外2千米以内从林缘起,为平地的向外延伸2千米的林地;重要江河干流两岸干堤以外2千米以内从林缘起,为山地的向外延伸至第一重山脊的林地;长江以北河长150千米以上、且流域面积在1000平方千米以上的一级支流两岸,干堤以外2千米以内从林缘起,为平地的向外延伸2千米的林地;长江以北河长150千米以上、且流域面积在1000平方千米以上的一级支流两岸,干堤以外2千米以内从林缘起,为山地的向外延伸至第一重山脊的林地;长江以南(含长江)河长在300千米以上、且流域面积在2000平方千米以上的一级支流两岸,干堤以外2千米以内从林缘起,为平地的向外延伸2千米的林地;长江以南(含长江)河长在300千米以上、且流域面积在2000平方千米以上的一级支流两岸,干堤以外2千米以内从林缘起,为山地的向外延伸至第一重山脊的林地。

　　③ 森林和陆生动物类型的国家级自然保护区及世界遗产。森林类型国家级自然保护区的林地;陆生野生动物类型国家级自然保护区的林地;列入世界自然遗产名录的林地。

　　④ 湿地和水库。重要湿地周围2千米以内从林缘起,为平地的向外延伸2千米的林地;重要湿地周围2千米以内从林缘起,为山地的向外延伸至第一重山脊的林地;年均降水量400毫米以下(含400毫米)的地区库容$0.5 \times 10^8$立方米以上的水库周围2千米以内从林缘起,为平地的向外延伸2千米的林地;年均降水量400毫米以下(含400毫米)的地区库容$0.5 \times 10^8$立方米以上的水库周围2千米以内从林缘起,为山地的向外延伸至第一重山脊的林地;年均降水量在400～1000毫米

(含 1000 毫米)的地区库容 $3 \times 10^8$ 立方米以上的水库周围 2 毫米以内从林缘起,为平地的向外延伸 2 千米的林地;年均降水量在 400～1000 毫米(含 1000 毫米)的地区库容 $3 \times 10^8$ 立方米以上的水库周围 2 千米以内从林缘起,为山地的向外延伸至第一重山脊的林地;年均降水量在 1000 毫米以上的地区库容 $6 \times 10^8$ 立方米以上的水库周围 2 千米以内从林缘起,为平地的向外延伸 2 千米的林地;年均降水量在 1000 毫米以上的地区库容 $6 \times 10^8$ 立方米以上的水库周围 2 千米以内从林缘起,为山地的向外延伸至第一重山脊的林地。

⑤ 边境地区。边境地区陆路接壤的国境线以内 10 千米的林地;边境地区水路接壤的国境线以内 10 千米的林地。

⑥ 荒漠化和水土流失严重地区。荒漠化地区防风固沙林基干林带(含绿洲外围的防护林基干林带);荒漠化地区集中连片 30 公顷以上的有林地、疏林地、灌木林地;水土流失严重地区防风固沙林基干林带(含绿洲外围的防护林基干林带);水土流失严重地区集中连片 30 公顷以上的有林地、疏林地、灌木林地。

⑦ 海岸地区。沿海防护林基干林带;红树林;台湾海峡西岸第一重山脊临海山体的林地。

从上述标准可以看出,国家重点生态公益林是按照生态功能,尤其是江河与湿地水源涵养进行划分的,并没有考虑是国有林或集体林等土地权属问题,而且在实施管护上,实行谁所有谁管护的政策。也就是说相比于天保工程施业区,国家重点生态公益林区实行土地权属的无差别待遇,为支持社区保护地又迈进了一步。

根据《中央森林生态效益补偿基金管理办法》,平均标准为每年每亩 5 元,其中 4.75 元用于国有林业单位、集体和个人的管护等开支;0.25 元由省级财政部门(含新疆生产建设兵团财务局,下同)列支。

天保工程实施 10 年后,国家于 2011 年启动了天保工程二期项目,强调加强生态公益林建设。从长期来看,国家重点生态公益林将逐渐取代天保工程成为更加常态化的国家大型生态建设项目。

在集体林区改革的背景下,对于被划入国家重点生态公益林的集体林地,中央政府把每年每亩 5 元的标准提高为每年每亩 10 元,并要求与村集体签订相应的管护合同。

国家林业局制定了与集体签订国家重点生态公益林的标准合同。甲方由县林业局代表政府,乙方则是具有法人地位的村民委员会。从合同可以看出,国家重点生态公益林项目,首次以行政村为单位,认可村民集体来承担生态保护责任并支付相应的补偿,其实质上是对于社区保护地的认可和支持。

（2）对于社区在管护合同中责任的规定

① 依法组织人员对管护区域内的重点公益林进行管护,加强对管护人员上山巡查管护的监督。

② 建立健全重点公益林森林火灾、林业有害生物防治、盗砍滥伐、乱捕滥猎和侵占林地的防范机制,有效预防、发现、扑救重点公益林管护区域内火灾,并及时报告;监测林业有害生物防治,发现后及时上报和治理,保证管护区域内的重点公益林、林地不受破坏,无滥捕滥猎现象。

③ 严格执行财政部和国家林业局印发的《中央财政森林生态效益补偿基金管理办法》及其他有关规定,加强资金管理,确保专款专用。

④ 接受、服从甲方等上级有关部门对重点公益林管护和中央补偿基金使用管理的指导、监督、检查,并将有关情况定期向甲方等上级有关部门汇报。

⑤ 履行了本合同规定的各项义务的,有获得中央财政补偿基金的权利。

这些责任定性地明确了村民的几项管护责任,包括组织和监督管护、防范森林火灾、盗伐林木、盗猎和侵占林地。但由于缺乏本底和定量的目标,因此,严格地讲很难对这些责任进行考核评估,管护合同很容易流于形式。

尽管如此,很多肩负具体责任的基层林业部门对于给予社区授权、把管护责任下放给社区仍然存有疑虑。例如,甘肃南部某自然保护区周边的社区,因为集体林地划为国家重点生态公益林而参与国家重点生态公益林管护项目。除少数村由于账户问题外,其余的行政村 2012 和 2013 年的管护资金已经全部划拨到村,通常在15～30 万元左右。由于上级政府没有给予明确的管理办法,自然保护区就不允许村集体使用和分配管护资金。

### 3. 野生动植物保护及自然保护区建设工程

2001 年 6 月由国家林业局组织编制的《全国野生动植物保护及自然保护区建设工程总体规划》得到国家计委的正式批准,这标志着中国野生动植物保护和自然保护区建设工程的启动。

该工程的指导思想为:"以保护工程为重点,以加快自然保护区建设为突破口,以完善管理体系为保障措施。"其建设总体目标主要是"拯救一批国家重点保护野生动植物,扩大、完善和新建一批国家级自然保护区和禁猎区。"但并未强调社区的作用和凸显对社区共管的支持。

社区共管是根据自然保护区总体规划和管理计划的要求,自然保护区管理部门与保护区内或周边的社区在平等协商的基础上共同努力,分工合作对自然资源采取一致行动。虽然社区共管是全球保护地管理中得到普遍应用的手段,但在国家级的野生动植物保护及自然保护区建设工程的长远规划中没有得到提及,反映出社区保护地建设在整个保护地建设中的地位和重要性尚未得到主管部门的真正认可和重视。

所幸的是,一些基层的自然保护区管理人员,尤其是很多辖区面积超过3000平方千米的自然保护区,在长期与社区打交道的过程中,充分认识到只有依靠社区才能减少威胁并有效地进行自然资源管理。在保护区层面的实践经验,逐渐地从下到上地反映到国家决策部门,推进了中央政府对于社区保护地建设重要性的认识。

## 二、生态保护体制改革

中央政府在社区保护地建设领域还不断进行生态保护体制的改革与创新,在其路径中体现出国家对于社区在国家宏观生态战略中的重要性和主体地位认识不断加强。

### 1. 集体林权制度改革

(1) 集体林权

集体林权就是农民以行政村、村民小组或合作社为单位对于所拥有的林地的一系列权力,完整的集体林权不仅是所有权,还应该包括经营权、收益权、排斥权和处置权共计五项权能。很多的学者如奥斯特罗姆等研究表明,如果老百姓对林地拥有的权力越多、越完整,就越能激发社区群众参与森林经营和管护的热情,从而不断投入资金与劳动力等资源。

然而,从中国当前的实践看,大部分林区的农村老百姓除了名义上的林地"所有权"和部分的"经营权"外,对于村社的集体林地能够行使的权力是极其有限的。

(2) 集体林权制度改革简要回顾

中国18亿亩耕地基本解决了13亿人口的吃饭和农民的温饱问题,与此同时,中国还有43亿亩林地,其中集体林地25亿亩。巨大的集体林地资源不仅是重要的生态保障、农民增收的又一源泉,还能够为全国的社会经济发展起更大的作用,成为国家公共政策一项强有力的工具[①]。因此,中国政府针对改变集体林地生产关系,解放生产力不断地探索,仅在20世纪80年代和2003年开始至今,已先后进行了两次变革。

---

① 史继红.改革开放以来中国农民收入增长驱动因素及其演变分析//农业部软科学委员会课题组.中国农业发展新阶段.北京:中国农业出版社,2000.

社区保护地建设与外来干预

① 80年代"林业三定"改革。1978年十一届三中全会以后,家庭联产承包责任制在广大农村中推广,广泛地调动了农民的生产积极性。紧随其后,1981年3月,中共中央、国务院发布《关于保护森林、发展林业若干问题的决定》,将"分田到户"为核心的农村家庭联产承包责任制改革翻版到集体林区,形成"均山到户"的林业"三定",即稳定林权,划定自留山,确定林业生产责任制。1984年,以"林业三定"为核心的集体林权改革在全国正式启动,到1984年底已经有95%的集体林场完成了山权和林权的划定工作。然而,由于在南方集体林区大量发生滥砍滥发,使得让林农持续增收,保护生态的改革初衷没能实现。1987年,中共中央和国务院发布了《关于加强南方集体林区森林资源管理,坚决制止乱砍滥伐的指示》(业内人称为"二十号文件"),使得"林业三定"改革被迫中断,没分到户的集体林权不得再分,分到户的也改为发展集体经营,有的地方甚至将林权上收①。

② 2000年后的集体林权制度改革。2003年,《中共中央国务院关于加快林业发展决定》颁布后,正式启动了以产权制度为核心的林业各项改革,对集体林权制度改革进行了总体部署。福建省三明市率先启动了以"明晰所有权,放活经营权,落实处置权,确保收益权"为主要内容的改革试点,2004年江西省也开展了以"明晰产权,减轻税费,放活经营,规范流转"为主要内容的集体林权制度改革;2006年中央"一号文件"《中共中央国务院关于推进社会主义新农村建设的若干意见》明确提出"加快集体林权制度改革,促进林业健康发展";2007年的中央"一号文件"也要求"明晰林地使用权和林木所有权,放活经营权,落实处置权,继续搞好国有林区林权制度改革试点";在全国人大通过的《中华人民共和国国民经济和社会发展第十一个五年规划纲要》中将集体林权制度改革确定为深化农村改革的重要内容和重大举措;2009年的中央"一号文件"则在总结前面工作的基础上提出"用5年左右的时间基本完成明晰产权、承包到户的集体林权制度改革任务",要求全面完成林权发证到户,同步加快林地、林木流转制度建设和其他配套改革。在2010年,新一轮的集体林权制度改革开始在全国全面推行,进入改革的"深水区"。

到2011年底,全国已基本完成明晰产权、承包到户的主体改革任务,共确权集体林地26.8亿亩,占集体林地总面积的97.8%;发放林权证23.7亿亩,占已确权林地总面积的88.4%,8784万农户拿到了林权证,户均拥有森林资源资产近10万元,4亿农民直接受益。

---

① 温铁军.中国集体林权制度三次改革解读.经济参考报.2009-08-13.

（3）集体林权制度改革的公共政策环境分析①

中国的两次集体林权制度改革作为党中央和国务院大力推行的一项公共政策，其政策制定的背景不仅仅局限于林业生产和生态保护领域，而且涉及公共政策客体的四个方面的问题，需要从国家宏观战略的高度来进行分析。这也是为什么林业领域的工作很多，但涉及集体林权制度改革的会议在中央往往能得到党和国家领导人、在各个省由省委书记和省长高规格主持。对集体林权制度改革相关的公共政策问题进行分析，将不仅有助于更深入地理解党中央国务院对于集体林权制度改革所赋予的战略目标，还能拓宽思路，把集体林权制度改革与中国当前其他领域的改革结合，充分调动各种资源应对改革实践中可能出现的各种棘手问题。

① 从政治方面看。公共政策制定通常需要考虑国家的政权性质、政治体制、政府行政、政府机构、政府人事、公民权利和义务、民族、外交、军事等方面的问题。围绕集体林权制度改革，在政治方面有如下一些问题需要考虑：首先，十七大提出"发展为了人民、发展依靠人民、发展成果由人民共享"的执政理念，在2003年中共中央九号文件《关于加快林业发展的决定》号召"动员全社会力量关心和支持林业工作"。要把党中央、国务院的政治目标实现，不能仅仅靠宣传动员，还需要通过赋权、能力建设等具体的措施使林区百姓成为政府林业生产和生态保护目标实现真正可以"依靠"的对象。其次，虽然中国当前9亿农民的人均纯收入绝对值逐年增长，但从城乡收入的比较来看，2003年为3.23∶1，2009年为3.33∶1，差距逐步拉大。从维护社会稳定的角度看，需要迅速提高农民的收入水平和财富拥有量。政府若能给予农民一些优惠政策，使他们的一些潜在资源如集体林地变成真正的资本并进而转化为财富，将能在短期内迅速缩小城镇与农村人口的经济差距，缓解相当的社会矛盾。再次，老百姓对于国家政策稳定性和连续性的预期也是需要考虑的问题。"十年动乱"期间发生了多次政治波动，使得人们担心政策不稳定，害怕到手的东西又失去，这种政治心理在20世纪80年代初第一次集体林权制度改革时普遍存在：在"均山"后，林农获得的林木资源并不是由他个人投入的，而是自然生长或者集体栽种的，这些收益实际上是额外获得的。而重新栽种又不能在短期获利。因此，当面临突然高涨的木材价格，在未知政策是否具有长期性和稳定性的政策环境下，大规模砍伐并且不去栽种新的苗木其实是当时林农的理性选择；通过30年的改革，尤其是农村土地二轮承包、退耕还林等政策得到10年以上的长期执

① 李晟之.中国集体林权制度改革公共政策环境分析.农村经济,2009,11.

行,使农民对中央政策连续性的信心得到了很大的提升。最后,政府在实施分权政策时正需要考虑自身是否能够有足够的监管能力以应对分权后的新局面。回顾历史,由于无法遏制林区的滥砍滥发和非法木材外运是第一次集体林权制度改革遭遇挫折的直接原因。然而,通过天保工程等几大林业工程实施,以及卫星遥感等新技术应用,当前政府在林业方面的行政能力较 80 年代已经有了很大的提高。

② 从经济方面看。公共政策制定往往涉及生产、流通、分配、消费、市场等方面的问题。围绕集体林权制度改革,在经济方面主要的问题如下:首先,国际金融危机的爆发使中国必须加速转变过度依赖出口加工的经济模式,启动内需尤其是农村消费市场是政策决策者的当务之急。在亚洲金融危机之后,中国通过启动住房制度改革赋予购房者产权,有效地刺激了内需,带动了中国经济新一轮发展高潮。集体林权制度改革能否一方面使农民迅速致富并刺激农村消费,另一方面引发新一轮在生态建设和保护中的投资热潮,相信这是决策者拭目以待的。其次,中小城镇建设是中国城镇化发展的新思路,农民是小城镇人口扩大和经济规模增长的主要来源,若没有一定的资本和财富积累,农民是很难迁移到城镇生活和谋生的。再次,在第一次集体林权制度改革时,对森林资源的认识仅仅局限于木材,当前随着林副产品价格不断增高,生态旅游的需求不断增长,生态补偿机制的逐渐完善,人们对森林资源价值的认识也不断丰富。如果森林经营的目标是单一的,例如木材生产,就比较适合国家垄断性经营;如果具有多样化的经营目标,基层国有森工企业或大部分的村、社集体的经营效率则很难与具有风险意识和经营能力的公司或农民家庭竞争。最后,中国林区通常处于山区,地方政府的财力薄弱,盘活森林资源促进地方经济的意愿十分强烈。中国农村社区对于经营开发生态旅游等新的森林经营模式能力普遍不足,单纯依靠社区为经营主体,由于效率低下不能满足市场和地方政府的发展需要。

③ 从社会方面看。公共政策制定一般会涉及环保、人口、治安、福利、保障等方面的问题。围绕集体林权制度改革,在社会方面首先的问题是中国生态环境恶化的趋势还未得到根本的扭转,生态环境恢复与建设的任务还很艰巨,仅仅依靠国家的投入难以满足改善生态环境的需要。要让社会资本投入到生态恢复与建设中,需要国家给予一系列的优惠政策,尤其是只有真正地拥有前文提到的林地权属的各项权能,才能使投资者打消疑虑对林地长期投入和经营。其次,中国集体林地多以劳动力密集型的经营模式为主,随着农村劳动力不断减少,经营上也日益粗放。农村劳动力减少的趋势今后还会持续相当长的时间,相应地,森林经营模式需要从劳动力密集型转向资本密集型。要实现这个转变,就需要通过租赁、购买等多

种流转方式扩大单个林业经营单位的经营规模,以实现规模效益。最后,由于国家为了解决"三农"问题,相继出台一系列的惠农政策:如取消农业税、开展新型农村合作医疗、全免费义务教育,养老保险、低保等社会保障也逐步覆盖农村越来越多的区域,使林区社会保障水平逐渐提高,有利于增强农民的抗风险能力,为林地流转或从事规模性开发奠定了良好的基础。反之,集体林权制度改革也可能激发农民对于农村社会保障的兴趣和需求,促进其他方面的农村改革顺利实施。

④ 从文化方面看。公共政策制定过程中需要考量包括科技、教育、文化、体育、卫生等方面的问题。与 80 年代第一次集体林权制度改革时期相比,当前中国社会对于生态环境保护的意识日益提高,在农村种树和保护生态环境都有深厚的群众基础,很多乡规民约中也大都有禁止乱砍森林等规定。这些新的变化,为当前的集体林权制度改革打下了坚实的群众基础。十七大提出建设生态文明,倡导生态文明建设,不仅对中国自身发展有深远影响,也是中华民族面对全球日益严峻的生态环境问题作出的庄严承诺。生态文明属于道德范畴,其建设具体如何着手,需要在包括集体林权制度改革的各种实践中进行探索。

集体林权制度改革的意义不仅在于林业生产和生态环境建设与恢复,而且是中央政府实现十七大提出的宏伟战略目标和解决当前政治、经济、社会和文化问题的一项有力的公共政策工具。

(4) 集体林权制度改革对于社区保护地建设的影响

集体林权制度改革的核心在于把社区集体所有的林地,在所有权不变的情况下,使用权和收益权明晰到家庭,并使处置权的行使更加简便和透明。

首先,集体林权制度改革的政策指向是把公共池塘资源私有化,从公共性的角度来看可能削弱了社区公共财政资源。在率先进行集体林权制度改革的福建省,林木生长迅速,林产品市场化程度高,林木生长和更新的经济收入比较大,一些集体林地在承包中明确了集体与家庭在受益上的比例,壮大了集体经济①。但在中国西部的山区,林木生长缓慢,依靠林木生长和更新取得的经济收入较少,相应地,很多集体林地在受益上没有规定集体分享的比例。但在集体林地改革前,很多集体林地是承包给大户经营的,从承包费角度看导致了集体经济收入减少。

其次,集体林权制度改革是否能提高家庭经营林地的积极性是不确定的。虽然在集体林地承包给家庭后,从小农自利的角度看,经营规模缩小会提高他们投入生产要素的兴趣和可能性。但林地与耕地不同,前者作为自然资源的连续性是村

---

① 孔祥智.集体林权制度改革与农村公共产品供给.北京:中国人民大学出版社,2008.

民们所熟知的,单个家庭在劳动力外出打工的情况下是否能有效经营林地,是否能有效应对火灾、盗伐等风险,小农们是不确定的。这些疑问有可能抵消规模缩小对他们的激励因素。

再次,集体林权制度改革的亮点是确保农民的收益权和处置权,对于社区保护地建设可能是双刃剑。

① 集体林权制度改革明确给予农民从承包林地采伐林木获取收益的信息,但诸如公益林不能砍伐、各种烦琐的审批程序等又给农民另外的信息,两种不同的信息可能使农民焦虑于政策的连续性和稳定性,这也是80年代中期南方集体林权制度改革出现群体性砍伐事件的主要原因。

② 处置权流转如果没有使用方式的限制,农民可能把林权"出售"给外来从事种植业、开矿等对森林和草原植被产生较大影响的人。而一旦一个社区集体林中有一个地块出现植被退化的问题,势必对周边地块的植被也会产生影响,从而造成多米诺效应,导致整个集体林地的生态系统退化。

最后,在当前乡村治理主体不明确,行政村干部权力独大且缺乏约束的情况下,集体林权制度改革把使用权、收益权明确放权给农民,有利于在社区内形成民主氛围,使社区成员真正关心集体林地,从而产生真正的集体行动。在集体林地的决策权仅仅掌握在村干部的情况下,村民们是不可能有意愿积极参与建设的,而集体林权制度改革则打破了村干部的瓶颈。

如果能够在集体林权制度改革"分"的基础上再把小农聚合起来,形成"统",就可能形成一个新的社区保护地,这种社区保护地相比于依靠村干部的约束力的社区保护地,更具有生命力。"统"的过程,就是集体行动形成的过程。

因此,集体林权制度改革对于社区保护地建设的影响是中性的,关键还是在于后续的配套政策和政策指引,也需要诸如民间公益力量继续干预,引导林改后的社区把林地从"分"再到"统",建设好社区保护地。

### 2. 三江源国家级生态试验区

2011年11月,国务院常务会议决定建立青海三江源国家生态保护综合试验区。

三江源是一个生态区域概念,位于青海省西部和南部,是长江、黄河和澜沧江的发源地,因此也被称为中华水塔。三江源生态试验区,平均海拔4000米以上,属高原大陆性气候,太阳辐射强烈,高原缺氧。区域内河流、湖泊、沼泽、雪山、冰川广布,多年平均产水量 $499 \times 10^8$ 立方米,其中:长江 $184 \times 10^8$ 立方米,为长江多年平均径流量的2%;黄河 $208 \times 10^8$ 立方米,为黄河多年平均径流量的38%;澜沧江

107×10⁸ 立方米,为澜沧江国境内多年平均径流量的 15%。区内草原面积 2396 万公顷,可利用草场面积 1850 万公顷;林地面积 139 万公顷,均为重要水源涵养区;生物多样性丰富,是世界上独特的高寒种质资源库。

三江源区主要居民为藏族,具有浓郁宗教信仰和深厚的生态文化基础。第二章提到的神山圣湖社区保护地在三江源就星罗棋布。

国务院新闻公报①表明,中央政府认为三江源生态试验区"在全国生态文明建设中具有特殊重要地位","为从根本上遏制三江源地区生态功能退化趋势",需要"探索建立有利于生态建设和环境保护的体制机制",包括:

① "建立生态环境监测预警系统,及时掌握气候与生态变化情况。"

② "建立规范长效的生态补偿机制,加大中央财政转移支付力度。"

③ "设立生态管护公益岗位,发挥农牧民生态保护主体作用。"

④ "鼓励和引导个人、民间组织、社会团体积极支持和参与三江源生态保护公益活动。"

三江源国家级自然保护区在 2000 年正式成立。中央政府从 2005 年启动实施三江源自然保护区生态保护和建设工程以来,至 2010 年底,已下达工程建设投资 44.4 亿元,其中中央专项资金 40.7 亿元,省级财政配套资金 3.7 亿元。然而,10 年的时间、近 50 亿元的投资,在新闻公报中依然认为尚需要"从根本上遏制三江源地区生态功能退化趋势",并强调农牧民生态保护主体作用,这样的反思说明中央政府对于社区保护地建设的认识比天保工程、集体林权制度启动时期更加深刻。

如何发挥农牧民生态保护主体作用?中央政府如何才能与农牧民互动并提供恰当的支持,是迫切需要体制创新的。否则再多的资金也只能增加社区保护地建设诸要素中的"劳动力"、"设施设备"、"物质材料"等要素,但"短板要素"却没有得到增长,三江源生态问题依然得不到改善。

## 三、新农村建设等综合性农村发展项目

2005 年 10 月,中国共产党十六届五中全会通过《十一五规划纲要建议》,提出要按照"生产发展、生活宽裕、乡风文明、村容整洁、管理民主"的要求,扎实推进社会主义新农村建设,简称为新农村建设。自此,新农村建设成为一个在全国推广的乡村建设项目,在很多地方,一个行政村一旦申请成为新农村项目示范点,可以得

---

① 国务院常务会议决定建立青海三江源国家生态保护综合试验区. (2011-11-16). http://china.cnr.cn/gdgg/201111/t2011116_508789205.shtml.

到 1000～2000 万的建设资金。可以预见,今后很长的时间内新农村建设都是影响中国农村的主导思想,可能每个村发展都需要围绕新农村建设进行。

新农村建设最核心的思想是农村综合发展,而不是仅仅发展某项种植业产业,或改善基础设施生活设施,这也是针对前期政府在农村的投资项目都比较单一,仅仅强调通过产业发展经济、争取工程项目改善生活和基础设施,由于不涉及乡村治理问题,项目都缺乏持续性的弊病而提出的。

在新农村建设的五项二十字方针中,"乡风文明"、"管理民主"都是紧扣乡村治理的主题,属于社区保护地建设主体范畴,而"村容整洁"从广义而言包括乡村的森林、草原植被,甚至扩展到整个生态系统,与社区保护地建设的客体密切相关。

新农村建设综合性,不仅是生产、生活和生态所谓"三生"的结合,更核心的在于强调乡村建设的主体与客体的有机结合,两者必须要同时建设,相辅相成,才能真正具有持续性和成效。正是因为其综合性,所以在很多地区新农村建设的项目不是由某一个政府部门来进行管理,而是在县政府领导下由直接成立的新农村建设办公室负责。

至少在山区与高原区,新农村建设与社区保护地建设从理论上讲是可以紧密结合的。两个项目无论哪一个先启动,都可以为另外一个打下良好的基础;如果能同时开展,互为配套,则可能获得 1+1＞2 的效果。

1998—2003 年,中央财政直接用于三农资金的支出累计为 9350 多亿元,年均近 1900 亿元。而 2004 年则增长到 2626 亿元,2006 年达到近 3400 亿元,用于新农村建设的资金力度不断增大。

尽管中央政府强调新农村建设的综合性,并力图利用项目资金促进地方政府发挥创造性,探索乡村治理问题。但从已经开展的诸多新农村建设项目来看,地方政府在实施中还是过于偏重于客体,即着重于经济发展和一些能迅速见效的生活和基础设施建设。

## 四、政府干预社区保护地主要特点

从前面的几个项目看,政府干预社区保护地建设项目具有以下几个特点:

(1) 国家政策对于社区保护地建设认识的渐进性

退耕还林项目明确了社区在生态保护上的作用,天保工程项目聘用农牧民作为森林的管护员。集体林权制度改革虽然通过把集体林地使用权私有化,削弱了社区的公共性,但却打破了村干部的绝对权威,为在民主与平等的基础上形成真正的社区集体行动打下了坚实基础。

国家重点公益林保护项目的意义不仅仅是把对集体林部分的管护标准提升为每亩每年 10 元,与国有林地的每年每亩 5 元区分开来,凸显国家对于集体林地的重视和对社区管护公益林的认可,更关键的在于把行政村作为社区的一个整体来签订管护合同。合同双方是平等的,也就是说国家把社区作为一个平等的主体来对待,共同合作管护好生态公益林,这从理念上是一个重要的突破。

新农村建设强调外来干预性的政府项目应同时注重农村主体与客体的建设。而三江源生态试验区则明确提出农牧民为主体,并承认主体建设的探索性,需要体制改革。

从 1999 年开始至今,大约 13~14 年间,政府干预社区的理念、思路和操作办法都发生了重大的转变。应该说,这种转变的方向是向着越来越有利于社区保护地建设的路径演进的。

(2) 多目标的顶层设计

在 GDP 至上的发展时期,中央政府肩负了更多的生态责任,大型的生态工程项目往往来自中央的顶层设计。而大型生态工程作为中央政府的公共政策工具,往往具有多重目标的属性。

应该看到,天保工程、退耕还林等大型生态项目,关注的不仅仅是生态问题,还包括诸如乡村治理、城镇化等问题。只有深刻体会政府生态工程项目的多目标性,作为基层政府而言才能更好地完成工程项目的目标,作为社区和其他潜在的社区保护地外来干预者而言,才能抓住政府项目带来的宏观机遇。

但是,就如新农村建设项目,中央政府强调综合性,在实施中还是被很多地方政府"简化"为经济发展或基础设施建设项目。顶层设计的大型生态工程项目如果不能与基层政府共鸣,只能是事倍功半且缺乏持续性的。但这也给民间公益力量在社区保护地建设方面探索如何完善国家政策和政策倡导留下了空间。

(3) "一刀切"导致缺乏定量的指标和有效监督

大型生态工程项目需要在全国实施,因此很多规定都比较笼统,缺乏细节。例如,国家重点公益林保护项目,在国家统一制定的标准合同中有关社区的管护责任全部为定性的描述,没有定量的指标。

在第四章已经分析,每个社区的自然资源都有自身的特点,从管护上而言,需要"有关占用和供给的规则一致",应因地制宜地制定出适合本社区保护地的管理方法和指标体系。但政府主导的生态工程项目缺乏对社区定量的责任要求,所以很难对社区产生约束,从长远看既不利于生态问题的解决,也不利于社区管理能力提高和公共性建设。

进一步放权给基层政府部门,让他们在统一的宏观指导下与社区通过谈判来明确对社区保护地的管护要求,是未来政府干预社区保护地建设最需要的着力点。

(4) 进入社区后完全依赖村干部

虽然发挥农牧民主体地位、提高农牧民参与度在政府干预的社区生态建设项目中越来越受到重视,但除新农村建设外,其余的项目都没有在乡村治理的主体建设上迈出实质的一步。村干部在行政村内"绑架"中央政府项目的现象日益普遍。

在三江源生态试验区,中央政府给青海省政府提出探索保护体制,十八大也提出完善基层民主制度。从这些最新的宏观政策指向看,乡村治理在中央已经是一个越来越紧迫的问题,而社区保护地建设也可能成为解决这个问题的抓手。

(5) 地方政府的作用

中央政府主导了中国的大型生态工程项目,尤其是位于偏远山区和高原区的生物多样性重要区域的生态保护与建设。地方政府主要负责执行中央的项目,但很少有主动开展门针对社区的生态保护项目。

然而,社区保护地需要灵活性,只有地方政府能够积极参与并被充分授权,才能给予社区保护地以灵活性。否则,就只能接受一刀切的政策和管理制度。

随着未来财税制度改革的启动和深入,地方政府的财政收入将快速增加,财力与所肩负责任也更加匹配。相信在近3~5年内地方政府在生态建设的主导作用会越来越强的,这或是社区保护地发展的又一个里程碑。

# 第三节　国际民间公益组织在中国的社区保护地建设历程

## 一、世界自然基金会(WWF)进入中国

20世纪80年代初,世界自然基金会①进入中国,在位于四川省的卧龙自然保

---

① 世界自然基金会(WWF)是在全球享有盛誉的、最大的独立性非政府环境保护组织之一,自1961年成立以来,WWF一直致力于环保事业,在全世界拥有将近520万支持者和一个活跃在100多个国家的网络。WWF在中国的工作始于1980年的大熊猫及其栖息地的保护,是第一个受中国政府邀请来华开展保护工作的国际非政府组织。1996年,WWF正式成立北京办事处,此后陆续在全国八个城市建立了办公室。发展至今,共拥有120多名员工,项目领域也由大熊猫保护扩大到物种保护、淡水和海洋生态系统保护与可持续利用、森林保护与可持续经营、可持续发展教育、气候变化与能源、野生物贸易、科学发展与国际政策等领域。

自从1996年成立北京办事处以来,WWF共资助开展了100多个重大项目,投入总额超过3亿元人民币。(摘自世界自然基金会网站)

护区开展野外大熊猫行为研究,标志着国际民间公益组织进入中国开展生态环境保护相关工作,在社区保护地乃至整个中国的保护史,都具有划时代的意义。但该基金会当时的工作仅仅局限于科研领域,并没有直接涉及社区保护地建设的工作。

由于这是中国生态领域最早的国际合作,中方与外方在保护理念、研究思路、学术观点甚至价值观和日常生活等多方面都体现了很大的不同,且缺乏包容性,导致合作研究项目很快终止。

## 二、福特基金会社会林业项目引入参与式理念与技术

1988 年 2 月,福特基金会①与中国社会科学院签订合作协议,在中国设立办事处,并于 1989 年启动社会林业项目。

所谓社会林业是把农民作为林业规划、参与和受益的主体,在外部干预者的帮助下,通过造林和森林可持续经营管理活动,并结合一系列改善乡村生态环境,促进乡村社会综合治理的外来干预模式。

社会林业项目最核心的宗旨是参与式理念,即外部的干预者不管出于何种公益目标,都应该充分地尊重受援社区的意见。尊重体现在两个方面:一是外来的干预者尊重社区的乡土知识,尊重社区中的弱势群体,尤其是与森林资源利用密切相关的妇女群体;二是把社区中各个群体有关造林、资源管护等不同意见能够充分表达,并形成统一的行动意见,以使整个社区都能够形成集体行动,同时提高社区的公共性。

社会林业项目的假设是对于农牧民的尊重,不能仅仅停留于理念和主观意识,还需要克服一系列客观存在的障碍才能实现,如认识的误区、交流的障碍、利益的冲突等等。为此,社会林业项目引入诸如平面图、坡面图、大事记、季节历、半结构访谈等参与式工具。

项目从 1989 年到 1994 年先后在云南、四川和贵州大面积启动,在每个省第一批试点县有 3~4 个,第二批也有 3~4 个。这样,在西南三省建立了较大规模的试点示范网络。这是中国保护历史上首次,也是最大规模的社区保护地建设。

相比于各个试点地取得的林业和社会经济成效,社会林业项目最大的亮点在

---

① 福特基金会创立于 1936 年,是一家独立的非营利组织。迄今为止,世界各地已有超过 9000 个研究机构和组织得到过它的资助,资助总金额已达 70 亿美元。福特基金会每年资助项目预算大约 4 亿美元,其中 35% 的项目预算用于亚洲、拉丁美洲、非洲和中东地区发展中国家的研究活动。(摘自中国社会科学院网站)

于培养了一批具有参与式理念和掌握参与式技术的人才队伍。在省级层面组织了由省级林业主管部门、扶贫部门、社会科学研究院所等组成的省级专家小组,估计每个省参与的专家人数先后有100～200人,甚至更多。他们中大多数不仅参加了多个项目点的实践,接受了国际专家多次培训,有机会跨部门、跨学科地交流经验,还得到亚洲的一些培训机构脱产学习的机会。

这些参与式人才在社会林业项目结束后逐渐成长为各自单位的业务骨干,有些以专职或兼职的形式帮助其他国际组织开展社区工作,还有些成立了当地的民间公益组织。可以说,社会林业项目在今天依然具有深远的影响,当今很多社区保护地建设项目的骨干人员,都能不同程度地追溯到与当年福特基金会社会林业项目的渊源。

## 三、国际鹤类基金会(ICF)草海项目试点——基于社区的物种保护

国际鹤类基金会[①]1993年在贵州省威宁县的草海湿地启动基于社区的湿地保护项目,到2002年前后结束第二期(项目具体情况见第八章第一节)。

草海项目是中国保护历史上第一个国际民间公益组织与中国的自然保护区建立正式的一对一的合作伙伴关系,开展社区保护地建设的项目。其后有很多国际民间环保组织都效仿草海项目的经验与中国的自然保护区合作。

草海项目搭建一个平台,邀请诸如国际渐进组织、云南PRA网、贵州师范大学等具有专业性的机构加入,试点通过草海国家级自然保护区以小额信贷的形式,把紧邻县城的小农组织起来发展经济,并探索一些保护性的集体行动。

草海项目有效地缓解了自然保护区与社区本已非常尖锐的矛盾,为后续的社区保护地建设项目积累了经验和教训。

时至今日,草海项目依然是中国社区保护地建设的一个里程碑。

在草海项目之后,一批全球性的环保组织进入中国,其共同特点是都秉承社区老百姓是当地保护主体的国际理念,并选择中国西部,如云南、四川、西藏等省区生物多样性丰富、具有世界保护意义的区域开展项目。各个组织都具有自身的优势技术,结合募集的资金,使20世纪90年代中后期中国的社区保护地建设进入一个高潮。

---

① 国际鹤类基金会成立于1973年,主要工作领域涉及环境教育、科学研究、生境恢复和保护、饲养繁殖、鹤类再引入等诸多方面。目前,在世界上22个国家直接参与40多个项目。在中国,国际鹤类基金会支持国家白鹤GEF项目,对白鹤迁徙路径上的白鹤和其他重要国际水鸟实施监测、研究及保护。

## 四、世界自然基金会开展综合保护与发展项目

世界自然基金会于 20 世纪 90 年代中期重返中国,并于 1997 年在四川启动了"平武(大熊猫栖息地)综合保护与发展项目",被称为平武 ICDP 项目。平武位于四川省西北部,是野生大熊猫数量最多的一个县。

ICDP 项目是世界自然基金会在全球推广的一种保护模式,其特点是以保护为目标,但保护手段却是综合性的,包括自然保护区有效管理、GIS 为导向的生态监测、生态旅游和社区经济发展等等。

从社区保护地建设角度看,平武综合保护与发展项目尝试通过自然保护区帮助周边的行政村改善小学教育质量,运用小额信贷帮助妇女发展生计,组建社区巡护队,摸索人工驯化野生珍稀菌类,帮助社区发展家庭为单位的生态旅游等多项活动。

然而,由于项目内容过于丰富,涉及面太广,而且缺乏一条清晰的主线把多项社区保护地建设的客体活动贯穿起来。因此,在实际开展项目的两年中,最主要的成效并非保护地本身,而在于使王朗自然保护区与周边社区建立起初步的信任关系和沟通机制。

在平武综合保护与发展项目结束后,世界自然基金会又尝试组织与商业企业合作帮助农民种植有机花椒项目。该项目农户种植的花椒成功地在家乐福超市出售,使农户享受到缩短市场环节带来的利润增值。尽管中间克服了诸多发展合作经济的问题(其持续性尚有待考察),但经济受益后农户如何变为保护人还依然是一个没有解决的问题。

## 五、保护国际基金会(CI)

保护国际基金会[①](Conservation International,以下简称 CI)从 2002 年在中国启动项目伊始,就把支持基于社区的生物多样性保护作为工作目标。虽然当时

---

①　保护国际于 1987 年在美国创立,2002 年在中国开展项目。在 2002 年至 2009 年间,保护国际在中国的主要工作地区集中在中国的西南山地生物多样性热点地区。在意识到"自上而下"地推动理性的环境与发展政策的有效性的同时,保护国际也注重通过与热点地区的政府、企业和社区的合作,支持在野外的示范项目。保护国际在中国的最终目的是将保护的理念融入到发展的主流中去,使保护的受益者不仅仅是热点地区,而是整个中国,以至于全世界。(摘自保护国际基金会网站)

并未明确提出支持社区保护地的概念,但无论从研究还是实践,都把社区保护地建设推进到一个新的高度。

"关键生态系统合作基金"是由保护国际基金会联合麦克阿瑟基金会、全球环境基金等五家机构共同发起并由保护国际基金会在中国管理的、支持包括农村社区在内的公民社会参与生物多样性保护的专项资金。从2003年到2007年,该基金直接支持了约30个社区开展各种形式的社区保护工作。

从2004年开始,保护国际基金会在蓝月亮基金会的支持下,开展了神山圣湖保护项目。这个项目支持的是针对基于宗教信仰尤其是藏传佛教的社区保护项目,开创了国内先河。项目支持北京大学从保护生物学的视角出发,深入研究神山圣湖的分布、保护机制和保护成效,开展了有关中国西部社区保护地比较前沿性的研究。

保护国际基金会长年针对关键人群进行宣传,在神山圣湖项目中体现得淋漓尽致。该项目支持原南方周末记者刘鉴强通过访问神山圣湖项目人物而出版的《天珠》,深入浅出地向外界展示了藏族社区保护地所依赖的生态文化的博大和现实困境。虽然是小说,《天珠》却也是有关"道义"这一社区保护地建设要素难得的教科书。2006年在康定召开的"神山圣湖研讨会"把国家五个部委主管官员、16所研究机构、7座寺庙、4个民间草根组织、7个自然保护区和新闻媒体共计150余人邀请在一起,讨论神山圣湖保护机制和如何弘扬与支持这种保护机制。

协议保护是保护国际基金会在神山圣湖项目之后探索如何建立社区保护地的又一举措。协议保护是CI在南美研发的一种保护模式,其理念是:具有土地所有权或使用权的政府或社区,如果通过保护获得的经济收益高于其他经济利用方式的机会成本,政府或社区就具有从事保护的积极性。外来干预者如CI通过调查后与政府或社区签订协议:以略高于机会成本为"交换"代价,政府或社区放弃自然资源不可持续利用方式转为从事保护地建设。

遵循这个思路,保护国际基金会在2006年将协议保护模式引入中国,在四川、青海选择三个点进行试点。鉴于国际机构在中国不便于直接介入到土地权属的操作性问题,由CI通过支持三个地方合作伙伴(青海三江源国家级自然保护区、四川省平武县林业局、四川省丹巴县林业局)分别与当地三个行政村签订保护协议,支持三个村管辖国有林或集体林,即以村为单位建设社区保护地。

协议保护项目的实质是地方保护性政府机构,林业局或自然保护区,与行政村签订协议,支持并监督行政村建设社区保护地。这是自社会林业项目以来,第二个较大规模的、专门以社区保护地建设为目的的民间公益组织项目。由于很好地针对基层保护性政府机构与社区优势互补,但缺乏交流与合作的实际问题,因此受到了政府和社区的普遍欢迎。在欧盟项目资金的资助下,2007 年保护国际基金会把协议保护项目推广到四川、青海、西藏、甘肃和云南的 19 个点。

在协议保护理念的推进下,保护国际基金会于 2010 年开始探索如何利用生态补偿的方式为社区保护地建立持续资金的机制。四川的荥经县是中国邛崃山系大熊猫栖息地和大相岭大熊猫栖息地过渡地带,该区域的保护对于大熊猫野生种群的保护至关重要,保护国际基金会与当地的县政府、林业局、水务局等机关单位成立"大相岭水资源与生物多样性保护基金项目",支持过渡地带的社区建立社区保护地,并尝试利用基金项目管理办公室与当地社区签署保护协议,这也是协议保护项目在中国新的尝试。

## 六、国际野生生物保护学会(WCS)

国际野生生物保护学会成立于 1895 年,总部设立在美国纽约市,是一个致力于保护野生生物及其栖息生境的国际民间环保组织,1996 年,开始在中国工作。

国际野生生物保护学会的一个策略[①]是"通过政府指导、社区参与的合作形式,以当地居民和当地野生动物的需求为共同基础,帮助当地居民设计和选择对野生动物有益的适应和应对模式,确保羌塘留存完整的野生动物群落和它们的栖息地。"即把社区作为主体,沿着改善人与野生动物关系的思路,在自然保护区等政府部门的支持和规范下开展社区保护地建设。

作为一支具有很强科研背景的组织,国际野生生物保护学会的经验是使农牧民经过培训成为从事自然保护的"半"专业人员,并且与政府的自然保护区配合互动,相互支持。国际野生生物保护学会带给自然保护区管理部门一个新的理念,即牧民可以协助自然保护区,尤其是大面积的荒野类型的自然保护区开展管理。

在位于西藏自治区的羌塘国家级自然保护区,来源于当地牧民的"野生动物保护员"队伍,也被称为野保员,从 1997 年开始组建,到 2012 年野保员队伍已经壮大到了 300 余人,已经成为保护区日常巡护和监测的支柱力量。

刚开始成立时,野保员的工作为单一的巡护反盗猎,发现盗猎情况及时组织或上报林业部门。自 2005 年开始,野保员们陆陆续续开始从事一些基础性的生态监测工作。虽然从质量上看,很多野保员填写的很多信息都不完整或者完全不能用,

---

① 国际野生生物保护学会提供。

但这是中国较早的体系化地组织农牧民开展生态监测的尝试。

最开始给野保员们只发放巡护用的油料补贴。随着野保员们巡护工作量加大，投入时间也随之增加，野保员开始领取少许固定的补助。从 2007 年开始，野保员的补贴已经列入政府财政预算，并配备一定的巡护设备。

国际野生生物保护学会充分利用擅长野生动物种群和行为研究的优势，针对困扰农牧民的人与西藏棕熊的冲突问题开展社区保护地建设项目：一方面实验性地选择农牧民，与他们一起来设计和制作建立针对西藏棕熊的防护措施——网围栏，并组织牧民对棕熊行为通过定期填写监测表格的方式进行生态监测。由于这个监测议题与牧民们的生产生活密切相关，所以农牧民们踊跃参加，也证明农牧民具有配合科研人员开展生态监测的潜力。通过监测信息制订的防熊手册和宣传资料，深受农牧民和科研人员的欢迎，为社区监测的成果信息转化并服务于农牧民摸索和积累了良好的经验。

## 七、野生动植物保护国际(FFI)探索保护小区建设

野生动植物保护国际(Fauna & Flora International, FFI) 是世界上历史最悠久的国际保护组织，也是公认的保护领域创新者[①]。

野生动植物保护国际 1999 年进入中国，在青海和四川进行过小规模尝试之后，野生动植物保护国际(FFI)通过中欧生物多样性项目的支持，从 2007 年起在广西从六个方面开展了保护小区建设的探索：① 收集国内外社区保护区（保护小区）的建设经验；② 调查桂西南区域多个有可能建立保护小区的地点，根据村民的意愿和保护对象的现状，优先选择 14 个地点，其中保护对象有：金花茶、苏铁、广西青梅、猕猴、蛤蚧、黑叶猴等；③ 试点保护小区的调查和规划，根据村民的意愿确定边界、选择监督和巡护负责人，并制定了村规民约；④ 试点设立边界标桩、宣传碑，并开展各种类型的宣传活动；⑤ 对选举出来的保护小区负责人开展生物多样性监测的培训，并且设计印制出一套护林员工作手册；⑥ 探索对保护小区周围的社区发放生态公益林的补偿、沼气池和节柴灶工程的补贴以及实物激励。

通过两年的试点，野生动植物保护国际组织合作伙伴草拟了《广西自然保护小区建设管理办法(拟)》，由广西林业厅报广西壮族自治区人民政府批准。2010 年 7 月 5 日，自治区政府批准为林业部门法规条例并正式实施，更名为《广西森林和野

---

① 感谢野生动植物保护国际黎晓亚提供资料。

生动物类型自然保护小区建设管理办法》。管理办法规定的关键要素如下：

① 自然保护小区可以按照自然村屯、林（农）场、营区、自然人等为单位建立，由当地县级林业行政主管部门负责业务指导。

② 由县级以上行政主管部门在会同乡、村或有关单位进行调查研究并充分取得土地所有者和相关利益群体同意的基础上，经规划设计，报县级人民政府批准，向社会公布，列表造册，建立档案，载入地方志，并报自治区林业行政主管部门自然保护区管理机构备案。

③ 自然保护小区建立后，原有的土地、水域的所有权、使用权不改变。

④ 对于自然保护小区中的森林，应纳入重点生态公益林范畴，享受国家和地方对森林生态效益的补偿政策。

⑤ 管理单位配备专职或兼职管护人员实施管理。

⑥ 经批准建立的自然保护小区，应采取"自建、自筹、自管、自受益"为主的方式来管理，县级林业行政主管部门或其授权单位负责监督管理及业务指导。当地政府和林业行政主管部门应当给予适当补助（或者适当得到生态农业、生态旅游、扶贫、能源项目等的优先支持）。

⑦ 县级林业行政主管部门应当对辖区内的自然保护小区中的自然资源进行调查或监测。

至今，这个管理办法主要由广西林业厅推动实施，广西环保厅因为曾是最初的合作伙伴对背景很了解，一直给予了很大的关注和支持。广西目前已经鼓励筹建了将近200个保护小区。但是由于保护小区的备案、监督甚至技术指导都要来自县林业局，其人力资源的限制成了保护小区建设和管理的最大阻碍。

通过试点项目，野生动植物保护国际也发现，更多保护小区建立之后，管理监督任务变得非常繁重，而生物多样性监测等技术支持则更难，需要调动更多的社会资源，如民间生物多样性协会或者热心的企业给予支持。

## 八、国际小母牛项目

国际小母牛项目于1944年创立，是一个以畜牧业为手段帮助贫困人口减贫的国际民间公益组织。国际小母牛项目于1985年进入中国，多年来一直专注于通过把繁殖母畜在小农之间以"礼品传递"的方式进行扶贫。

从客体而言，国际小母牛项目关注于以牲畜数量为指标的经济发展，但其实际成效却是多方面的，尤其是在礼品传递中，从正面增进了社区成员之间的联系，有利于提高社区的公共性,间接促进了乡村治理的改善。

20 世纪 90 年代末期,国际小母牛项目提出了"十二条基石",以更加综合性的手段建设社区,其中的"充分参与"和"改善环境"两个基石,与社区保护地建设紧密相关:

① 充分参与。"小母牛与基层组织或代表基层组织的中间机构合作发展项目。一个真正有效率的项目小组往往具备强而有力的领导班子和踏实工作的机构,并且能够让所有成员充分参与决策,即一起做出重要的决定"。

② 改善环境。"小母牛捐赠的家畜需要对环保有正面的影响,例如通过对土壤侵蚀/养分、环境卫生、森林管理、生物种类、污染、野生动植物、水土保持等产生积极的作用而改善环境。此外,捐赠的牲畜不得引起或加重任何环境问题。"

为了落实"十二条基石",国际小母牛项目在每个项目社区都会组织项目农户定期培训和相互交流,以提高他们的集体行动意愿和能力。

如果这些基石得以全部或部分实现,将是国际民间发展组织从经济发展领域切入社区保护地建设的又一个成功案例。当然,项目手段越综合,对于外来干预者的挑战越大。国际小母牛项目在未来必须有扎根在一个区域长期开展项目的机构,才有可能获得预期的成效。

## 九、多边与双边性国际组织支持社区保护地建设

所谓多边项目,是指如世界银行(WB)、联合国开发计划署(UNDP)、联合国儿童基金会(UNICEF)、联合国粮农组织(FAO)和欧盟(EU)等组成的联合体下属机构开展的项目。所谓双边项目则是一个国家与中国政府合作开展的项目,如澳大利亚发展署(AUS-AID)、英国政府国际发展部(DFID)、德国技术合作公司(GTZ)等等。

中国是农业大国,贫困人口主要分布于农村。多边和双边机构支持的农村社区项目很多又与生态联系,数量众多,难以枚举。现仅就从 1994 年开始参与并与这些机构工作合作过程中,主观感受到的与社区保护地相关的特点与大家分享:

① 项目大都秉承社区是保护主体的理念与原则,在项目中都设计了与支持社区相关的活动。

② 机构受自身条件限制难以直接深入到社区开展项目,必须从国家的相关部委开始,通过行政体系层层下达,决策效率不高。但优势是能够整合一个领域如林业、农业、环保等各个行政层级实现互动。

③ 项目管理体制繁复,难以满足社区对于灵活性的要求。

④ 最主要的项目成效作用在于培训和影响国家部委、省级、地市和县级工作人员以及参与项目专家,使他们能够更加理解和欣赏社区是保护主体的理念,并在今后其他项目中支持社区。实际上这部分资金在多边和双边项目中占的比例比较大。由于投入多,因此成效在这方面也更容易得到体现。

⑤ 基于自身的劣势,从 2005 年开始,越来越多的多边和双边的生态项目开始通过支持国际民间公益组织来支持社区保护地建设,如欧盟在 2006 年启动"中欧生物多样性保护项目"、2011 年启动的"中欧环境治理项目",通过与国际民间公益组织的优势互补提高了项目的效率。

## 十、国际民间公益组织建设社区保护地的主要特点

国际民间公益组织在 20 世纪 90 年代早期,在中国率先开展社区保护地建设,在中国保护史上具有划时代的意义。这些组织带来的不仅仅是资金,还有先进的保护理念和实现这些理念的方法工具。

在项目实施过程中,国际民间公益组织对中国政府的影响是巨大的,中央政府对社区保护地建设的认识和政策变化,背后都有国际民间公益组织的推动。这种推动是缓慢的、渐进的,很难将其直接归功于某一个国际民间公益组织的贡献。主要还是通过参与到国际民间公益组织的中国政府官员和科研人员在观念转变后,在他们日常的工作中加以应用和推动的结果。可以说,国际民间公益组织对中国社区保护地的主要贡献并不在项目社区,而在于对其他外来干预者的培训和影响。

国际组织在项目实施中比较注重总结,但大都偏重于以推广和宣传为目的的操作手册、模式指南等。积累的很多宝贵经验和教训,缺乏客观的、多角度的反思性的总结。

从单个的案例来看,大部分国际组织的项目的持续性是缺乏的,其中有两个主要的原因:

首先,社区保护地需要长期的建设,而国际组织由于自身的因素很难在一个项目点能够坚持 5 年甚至更长时间。时间不足,火候不到,自然就达不到持续性的效果。

其次,国际组织的项目很少涉及乡村治理、社区公共性建设等社区保护地的主体建设,更多的是开展监测、巡护、经济激励机制等客体建设。一些有经验的组织

能够寻找到强势的村干部来组织村民开展活动,在短期内也能够产生一定的保护成效,甚至过程比较热闹,一旦项目的资源力度减弱或者停止,这些活动也就停止了。

随着中国作为经济大国的崛起,国际民间公益组织在资金上的优势已经不复存在,而从保护理念与保护模式看,近年来国际民间公益组织也鲜有新的思路,更多的是炒"旧饭"、"吃老本"。如果没有新的变化,这些组织很快将面临是否能继续存在的问题。

# 第四节　跨区域国内民间环保组织

## 一、自然之友

自然之友由梁从诫和北京理工大学教授杨东平于 1993 年 6 月创立,被誉为中国第一个民间环保组织。

自然之友在整个 20 世纪 90 年代,关注中国西部的物种保护问题,如云南因原始森林被砍伐而危及滇金丝猴,青海可可西里藏羚羊盗猎等。虽然自然之友没有直接开展社区保护地建设,但作为中国第一家本土环保机构,培育和激励了一大批目前在社区保护地建设的项目人员、科研人员和政府官员,其贡献也是巨大的。

## 二、北京山水自然保护中心

北京山水自然保护中心①创立于 2007 年,又简称为山水,是目前社区保护地建设领域最专注的本土民间公益组织。

山水的核心团队在世界自然基金会和保护国际基金会工作期间,一方面学习借鉴了这些组织的社区保护模式,另一方面也为这些组织在社区保护地建设的成

---

① 北京山水自然保护中心(简称"山水")于 2007 年成立,得到了国际保护组织"保护国际"的支持。"山水"是经民政部注册的民办非企业单位,是中国本土的自然生态保护民间机构。山水的工作集中在中国西部的青海三江源地区,以西藏东南部、云南西部和川西北地区为核心的西南山地区域,覆盖 25 个自然保护区,120 多个乡村保护地。(北京山水自然保护中心提供)

就作出了贡献。

山水从建立伊始，从在地实践、政策倡导和保护模式总结、市场机制三个方面紧扣社区保护地建设展开：

(1) 在地实践

山水在青海、四川和甘肃约 10 个项目点围绕社区保护地的主体和客体开展长期性的工作：

① 社区保护地主体建设。在青海探索以"村民资源中心"为载体，形成牧民的集体行动配合政府三江源生态试验区的建设目标；在甘肃探索改善乡村治理结构，促进社区与自然保护区在国家重点公益林保护中的互动；在四川则摸索寺庙等第三方力量与自然保护区和社区的合作机制。山水一直也坚持不断完善协议保护模式作为外界与社区共同建设社区保护地的工具。

② 社区保护地客体建设。支持和鼓励社区开展生态监测，尤其是关于大熊猫和雪豹两个物种的种群监测一直是山水的技术优势；通过森林碳汇来帮助社区恢复植被、促进外界对于社区视角的生态系统服务功能和问题的理解、组织社区巡护队是山水的建设社区保护地的"品牌优势"。此外，山水在人兽冲突以及后续的野生动物种群管理上积累了近 4 年的经验和教训，也成为这个领域的领头者。

③ 带动草根民间环保组织。通过建立基金，运用小额赠款方式从技术和资金上扶持草根民间组织，共同开展社区保护地建设是山水比较熟练的保护手法。阿拉善基金会经过考察，把山水选择为全国仅有的两个具有带动其他民间环保公益组织的机构。

(2) 模式总结和政策倡导

山水借助北京大学的平台，是中国本土民间公益组织中难得的能够与中央部委甚至更高层人士接触，提交政策建议的机构。国务院关于三江源生态试验区的政策出台，山水的作用也是被业界所广泛认可。在省级层面，山水的影响力不仅仅局限于林业和环保领域，还拓展到扶贫、政策研究等领域，具有比较综合的人脉。乡村之眼、熊猫蜂蜜、村级资源中心以及不断完善中的协议保护是山水提炼出的保护模式。

(3) 市场机制

山水最大的贡献在于为行业培养一批对社区保护地建设感兴趣的企业家和名人群体，使这些潜在的资助者能够对社区保护地建设的重大意义和长期性有比较深刻的认识。

总之，山水从实践、科研、市场培育等多角度开展社区保护地的建设工作，是少有的具备同时进行社区保护地主体与客体建设能力的国内民间公益组织。如果山水能够运用多种手段,集中精力于有限的几个项目点,开展 5～10 年的试点与探索,并不断总结经验,或可能真正打破中国缺乏本土的保护模式、全部借鉴国外保护模式的窘境,为中国的社区保护地建设作出更大的贡献。

## 三、阿拉善 SEE 生态协会与 SEE 基金会

阿拉善 SEE 生态协会成立于 2004 年 6 月 5 日,是由中国近百名知名企业家出资成立。作为会员制的民间公益性质的环保机构,其奉行非营利性原则。

社区保护地建设真正取得成效是需要长期努力的,治理架构就显得尤其重要。很多中国民间公益组织兴起于创始人的个人魅力,但衰落于机构治理。因此阿拉善 SEE 生态协会对于社区保护地建设的贡献,首先是在机构自身治理架构和管理模式上的创新。阿拉善 SEE 生态协会的章程是一帮企业家在"争吵"中不断完善出来的,非常值得类似的机构借鉴。

阿拉善 SEE 生态协会旨在腾格里沙漠东缘建立一个由社会公益资金支持、公众参与的公益治沙基地,当地农牧民被确定为治沙的主体,把"内生式发展"的理念引入作为基本的工作手法。所谓内生式发展,鹤见和子认为是"不同地区的人们适应本底自然生态系统,遵循传统文化,借鉴外来知识、技术和资金等,自觉地寻求实现本地区发展目标的路径,以达到在保护生态环境和传统文化基础上发展经济的目的。"[①]

通过 5 个以生态保护与社区持续发展相结合的项目,阿拉善 SEE 生态协会的经验表明,生态保护、公共参与和公共管理及决策的公平性之间是有紧密联系的。在治沙项目的客体上,阿拉善 SEE 生态协会探索了"沙漠—梭梭草—草场"的关系,为大规模治沙提供了宝贵的经验与教训。此外,阿拉善 SEE 生态协会还聘请北京林业大学研究了阿拉善盟集体林权制度改革,力图从政策倡导的角度为社区保护地建设营造良好的政策环境。

2008 年,SEE 基金会[②]由阿拉善 SEE 生态协会发起成立。SEE 基金会的视角

---

① 鹤见和子,川田侃.内生式发展论.东京:东京大学出版社,1989.

② 2008 年 12 月 23 日,阿拉善 SEE 生态协会发起成立 SEE 基金会,致力于支持中国民间环保组织及其行业发展,从而可持续地促进解决本土环境问题。自成立以来,SEE 基金会通过"项目资助"、"机构资助"、"绿色领导力伙伴计划"、"青国青城大学生环境行动计划""SEE·TNC 生态奖"等形式,资助环保项目和环保组织的发展,为民间环保组织的青年领导者提供综合能力建设;在 200 多所高校进行环保宣传,资助了百余个青年团队的环保行动。(摘自 SEE 基金会官网)

不仅仅局限于阿拉善盟的沙漠化治理,而是"从 2011 年到 2020 年,累计投入不少于 5 亿人民币的公益资金,资助全国范围内 1000 家民间环保组织,500 个有效干预环境问题的项目行动;推动形成一个在规模和质量上与中国经济发展相匹配的、健康、多元的民间环保公益组织生态链,有效响应迫切的环境问题。"①

从 2012 年开始,在 SEE 基金会支持下,山水在青海三江源地区的社区保护地建设规模得以扩大并带动了一批草根民间公益组织发展。随着时间推移,SEE 基金会在社区保护地的作用将愈加重要。但是,社区保护地建设需要的不仅仅是 1000 家民间环保组织和 500 个具体的项目行动,还需要构建更加适宜的宏观政策环境,这也需要类似 SEE 基金会这样志存高远的本土民间组织的贡献。

吴敬琏认为:"民间组织往往不能持久地为社会服务,在阿拉善 SEE 生态协会好的组织结构和好的程序基础上成立 SEE 基金会,有进一步加强整个工作程序的意义,能够使非政府组织的工作更加完善。"②

## 四、北京地球村

北京地球村由廖晓义于 1996 年创立。与山水、阿拉善 SEE 生态协会等机构不同,地球村专注于农村生态文明的实践与传播,致力于"道义"类社区保护地建设要素的培育和增长。

在社区保护地建设要素理论中,道义包括了生态伦理、生态文明和宗教信仰等。虽然其重要性日益受到政府和社会的认同,但是道义类要素与社区保护地建设的其他要素相比,往往比较抽象或空泛,因此从建设的角度通常比较困难。包括政府建设生态文明在内的很多项目,都很容易被批评为形式主义。

知难而上,地球村"以东方智慧为内涵探索出了乐和理论",开发出"乐和家园"模式开展社区保护地建设。所谓乐和家园,包括"乐和人居——物我相和的生态环境管理、乐和治理——个群相和的生态社会建设、乐和生计——义利相和的生态经济发展、乐和养生——身心相和的生态医疗保健、乐和伦理——心智相和的生态伦理教化",并通过"耕、读、游、艺、养"五大产业实现自身的可持续发展。根据地球村的解释,"耕"是生态农业,安全食品;"读"是教育产业;"游"是旅游产业;"艺"是传统手工业,也可以发挥为创意产业;"养"是养生产业。

从 2006 年开始,地球村在北京东四街道"东四乐和社区"、四川彭州通济大坪

---

① 摘自 SEE 基金会官网。
② 摘自 SEE 基金会官网。

村"红十字乐和家园"、重庆巫溪县"巫溪乐和家园建设"以及北京密云县北庄镇
"清水小镇、乐和家园"开展实践。

乐和家园是一个农村的综合体,从主体上看包括乡村治理结构、乡村生态文
明,从客体上看包括生态产业、生态建筑等诸多方面元素。单纯一个组织的力量在
不足 10 年的时间,其成效必然是非常有限甚至难以呈现。但本文之所以把地球村
作为中国社区保护地建设历史上的一个代表性组织,是因为它敢做其他组织之不
敢,填补了社区保护地建设的空白。地球村积累的经验与教训,值得其他组织很好
地学习。因为道义如果是社区保护地建设的短板要素的话,不能提高农牧民的生
态文明素养,社区保护地还是不能建设好的。

值得一提的是,乐和家园的项目点从北京到成都,最后回到廖晓义女士的家乡
重庆市巫溪县。虽然民间公益组织项目点选择有很多必须要抓住机遇的偶然性,
但外部干预者帮助社区建设道义,需要更了解社区,也需要被社区了解。也许地球
村项目点的几次选择,其中具有偶然性中的必然性。

## 五、三江源生态环境保护协会

青海三江源生态环境保护协会于 2008 年 4 月经青海省民政厅登记注册成立,
其前身是"玉树州三江源生态环境保护协会"。从州级"升级"为省级,标志着三江
源生态环境保护协会从仅仅专注于玉树州西北部治多和曲玛莱县发展成为覆盖整
个青海的民间组织。

协会现有理事 42 人、会员 256 人、活跃于青海全省农村社区的"农牧民环境协
力员"30 人、志愿者 52 人。协会还请到了原全国人大常委会委员兼全国人大民委
副主任委员平措汪杰任名誉会长,清华大学尧西·班·仁吉旺姆担任会长。

协会的灵魂人物是扎西多杰,人们也叫他"扎多"。扎多是环保英雄索南达杰
的秘书,在 20 世纪 90 年代就参与到了生态保护和反盗猎的工作中。2002 年,扎多
与青海著名的商人、收藏家嘎玛一起创建了"玉树州三江源生态环境保护协会",并
开始接受一些国际组织如亚洲开发银行、世界自然基金会、保护国际基金会等的项
目资助,一方面在三江源这样地旷人稀、交通和语言都不便、国际机构很难直接开
展项目的区域实施外来干预性的社区保护地建设项目;另一方面在与多个国际组
织的合作中,扎多也学习了每个组织的相近但又不同的保护理念、保护术语和保护
手段,并通过若干个项目实践深刻地理解它们的区别和联系以及在三江源区域的
适用性和局限性。在扎多的引领下,协会对于三江源区域的社区保护地建设是非

常深入和全面的。

但与实施保护地建设项目相比,协会更大的成就则是让外界了解三江源的生态保护、生态文化和农牧民。从 90 年代开始,随着社会各界对中国西部的野生动物、生态环境和生产生活其间的农牧人的了解欲望越来越大,扎多作为一个三江源区域传奇人物,被内地各个学校、媒体、社团等邀请为专家,讲解藏区的生态保护,成为三江源区面向外部的信息提供者。

如果把简单地执行国际机构社区保护地建设项目和促进外界对三江源区域的认识分别作为协会发展中第一阶段和第二阶段的工作重心的话,"创新"与"支持"则是当前协会在第三阶段的策略重点,逐渐表现出一个成熟组织的风范。协会对此创新和支持的解释是:

① 创新。即"立足乡村社区,立足本土文化,吸收主流保护思想,在探索中实践,在实践中探索,创新保护模式,推动符合生态多样性和具有人文特色的保护实践创新。"目前,创新主要在两个领域,一个是探索在行政村如何超越村干部等社区精英垄断治理的模式,形成全体村民的生态保护集体行动,在第七章第六节的案例中有更为详尽的介绍;另外一个创新是社区如何公开透明地选出农牧民参与国家的生态公益岗位并接受社区的监督。

② 支持。即"支持乡村社区的自然生态保护的能力建设,促进社区在保护中发展,在发展中保护,提升社区保护生物多样性的能力,使社区成为推动当地生态与人文和谐共生的有效主体。"协会近年来通过协力员网络,对遍及整个三江源区的 30 位社区环保骨干——协力员进行陪伴性支持,从社区精英的角度积累了最丰富的社区保护地建设经验。

## 六、国内跨区域民间组织建设社区保护地的主要特点

很多国内跨区域民间公益组织与国际民间公益组织有深厚的渊源,其创始人或核心团队大都具有相当的国际视野,熟悉国际的保护理念和方法,深刻地了解国际组织的优势与劣势。国内跨区域民间公益组织的社区保护地建设项目的特点如下:

① 针对国际组织在社区保护地建设中的不足或困难,通常是社区保护地建设中的"要素短板",结合自身的优势,形成与国际组织区别的、新的项目策略和思路。例如,地球村致力于生态文明和伦理,山水强调政策倡导和乡村治理等。

② 社区项目需要项目人员有较强的社会经验,善于和基层政府人员打交道,

对小农在道义与自利之间犹豫和乡村治理的复杂性熟悉。但即使是跨区域民间公益组织也很难招聘到优秀的人才驻点开展工作,导致很多先进且针对现实需要的新理念和模式在落地执行中遭遇人才瓶颈。

③ 国内民间公益组织越来越多的资金来自于中国国内。在当前国内慈善基金追求立竿见影的"投资效益"的背景下,国内跨区域民间公益组织面临很大的压力,在两三年的周期不断呈现"保护成效"。这种压力或许导致两个可能性:一是急功近利地在社区保护地建设的客体上求新,但不涉及主体建设,即乡村治理的问题,使项目不能深入在社区开展;二是项目申请和宣传中不得不"放卫星",但真正的项目成果难以实现或不能在项目结束后持续至 1 年。

④ 与国际民间公益组织不同,国内跨区域民间公益组织虽然也应该认真反思和总结,但更需要把停留于领导层面头脑中或计算机 PPT 中的保护策略、保护模式进行系统地提炼,并落实到纸面上。模式不清晰,或影响与资助者的沟通和组织内执行团队对工作方向和重点的理解。

# 第五节　草根民间公益组织

## 一、卡瓦格博文化社

卡瓦格博文化社成立于 1999 年 10 月,由云南省德钦县几名受过良好"正规"教育,即大学本科教育的四位藏族原住居民发起组织,旨在传承和弘扬以自己的家乡——梅里雪山为中心的传统文化。卡瓦格博是梅里雪山的主峰,后者是藏区九大神山之一,无论从藏传佛教还是生物多样性的角度看,都是一个非常重要的区域。

卡瓦格博文化社与地球村相同的都是从"道义"的角度来建设社区保护地,切入点都是生态文化,但不同点是后者是典型的外部干预者进入社区,而前者虽然也不是农牧民而是德钦县城的城镇居民,但长期生活在德钦,与农村有很多的联系,也许可以被看做"半外来半草根民间公益组织"。卡瓦格博的做法是:

① 开展藏文培训班。

② 开展藏族传统的弦子歌舞培训,并定期组织以自娱自乐为目的的比赛。

③ 配合外来的民间公益组织开展项目,如 2005 年美国大自然保护协会(TNC)的神山调查项目,2005 年保护国际的珍稀动物皮毛消费调查项目,香港社区伙伴(PCD)的民间文化收集整理和民间艺人交流项目等。

卡瓦格博文化社选取了藏文培训和弦子歌舞作为自己工作领域,属于环境意识类的社区保护地建设客体类型活动,巧妙地回避了社区保护地建设的主体问题,这与山水、SEE 和地球村都不同。

文化社的几个主要骨干都是在当地具有稳定收入的人士,从事文化社的工作都是兼职进行。除了在藏文培训和弦子歌舞两个重点领域低成本开展工作,卡瓦格博文化社其余的项目则根据外部资金情况能做多少就做多少,能做多久就做多久,并不主动追求连续性,因此压力也比较小。在快乐中,卡瓦格博文化社已经开展了 14 年的工作,成长为一个模式成熟的草根组织。

## 二、年宝玉则生态环境保护协会

年宝玉则是一个地跨四川与青海的高原湿地系统,由 20 余个湿地及周边的高山峡谷组成,有雪豹、藏鸦、黑颈鹤等珍稀物种,是生物多样性富集的生态区域。在藏传佛教中,年宝玉则是一个殊胜的区域,是全藏区膜拜的神山圣湖。当然,对于很多城市人,年宝玉则也是一个著名的旅游景点。

年保玉则生态环境保护协会是一个由一帮地方精英(尤其是一群在寺院学习成长的喇嘛师兄弟们)凭着对于年宝玉则的崇敬和热爱而自发开展保护活动,同时因需要提高和巩固个体的保护成效而自发组织在一起的保护人群体。截止到 2012 年,协会有会员 60 余人,每人每年都要缴纳 10 元的会费。对于一个草根民间组织而言,能够定时地收取会员的会费,可见其在会员中的公信力是非常高的。

之所以强调协会是精英群体组成,是因为她与卡瓦格博文化社一样,对于所保护的对象不具有土地权属:即自己不拥有正式甚至非正式的所有权、经营权,没有收益权的激励,没有排斥权但有时还要阻止他人对自然资源的利用。在以上权力都不具备的情况下认真从事保护工作,相信对于很多人都是痛苦的过程。

在社区保护地建设内容广博的客体类型活动中如何定位协会的角色?相信很多草根的民间组织在寻求问题答案时都和年宝玉则生态环境保护协会一样,面临下列的约束条件的制约:

① 作为一个松散的组织机构,会员出于兴趣和责任开展工作,协会必须满足会员对于兴趣的爱好和责任偏好,但这些爱好或责任又是五花八门,各不相同的。

② 对于保护成效的使命感迫使协会必须长期投入人力资源和资金,较大的压力可能使他们失去卡瓦格博文化社成员们享受的快乐。

③ 从5~10年的中长期时段看,任何单一渠道的外部机构的资源来源都是不稳定、脉冲式的。机构持续运作需要不断地寻找并适应新的资助者要求,筹资占用人力资源巨大。

这些约束条件对于草根民间组织是普遍性的,很多甚至因此而消亡。在这些条件的约束下,年宝玉则生态环境保护协会依靠成员们佛教徒的智慧和使命感,至今仍在维持。坚持的结果是其成效逐渐得到外部认可。

2012年,协会31位会员得到三江源国家级自然保护区管理局颁发的巡护证,他们因此获得授权开展巡护和生态监测等工作,这对于权属饥渴的草根民间组织而言是很大的支持和鼓励。

与此同时,人民日报、中央电视台等权威主流媒体数次报道协会的保护成效;2011年,协会分别荣获第四届阿拉善SEE-TNC生态奖的"绿色推动者大奖"和福特汽车环保奖;2012年,因为水源保护获中国光彩事业基金会主办的"水环保公益奖社会组特别提名奖";还有2011年度"云之南"社区单元最佳组织大奖;2012年度壹基金公益映像节最佳公益故事奖;等等。

近年来,协会通过痛苦的探索,逐渐摸索出一些应对上述三条约束条件的经验:

由精英们组成的草根民间公益组织和完全由农牧民组成的组织(如下文的九顶山野生动植物之友协会)是不同的:从事科研性、相对而言创新性的工作如生态监测,可能比从事简单机械的工作如巡护更适合前者。

精英们是农村社区的特殊群体,对严肃的外部干预者而言不能简单地把他们等同于社区。但他们是连接社区大多数普通成员的良好纽带。社区保护地建设的持续需要大多数普通的农牧民,在教育和发动大多数普通社区成员的过程中,精英们可能会发现自己新的使命和快乐。

与外界互动的活动、参观考察等能够激发成员们的新鲜感和求知欲,从而维持协会的活力。

## 三、九顶山野生动植物之友协会

长期以来,四川省阿坝藏族自治州茂县余家华和弟弟两个家庭在九顶山高海拔的高山草甸放养牦牛,每两年余家华会出售一部分,平均每年的收益在10万元以上。这片放牧地属于国有土地,但仅仅被余家华和弟弟两家利用。

1995 年,余家华和弟弟难以忍受盗猎者对自己放养在九顶山国有高山草甸上的牦牛的偷盗,开始组织家人和邻居进行巡护。出于对野生动物的热爱,他们不仅保护自己的牦牛,还收集盗猎者针对野生动物所下的猎套,现场制止盗猎行为,开始了社区自发管护国有林地、保护野生动物的行动。

稍后,余家华准备成立一个类似巡护队的组织,但一直没有能获得乡政府的同意。2001 年余家华担任茶山村村委会主任,并把森林管护制度在全村推广。

2004 年九顶山野生动植物之友协会登记注册正式成立。后来,协会走出茂县,被外界知晓,获得保护国际基金会、美国大自然保护协会和阿拉善 SEE 生态协会的奖励或资金支持,但这些支持都以小额赠款为主,有的是支持协会开展保护的,有的是开展生计项目的。

协会每年组织巡山 8 次,分别是:1 月底—2 月初 1 次;4 月 1 次;6 月 1 次;8 月—12 月 5 次。秋季是盗猎的高发季节,所以需要巡护的频度与力度比其他季节都大。8 次巡护中,有 6 次由余家华与弟弟两家自己完成;而剩余的 2 次由于可能遭遇与盗猎者的冲突,所以雇请茶山村的村民加入,共计组成 8 人的巡护队。雇请村民的费用,由余家华自己出钱每天每人支付 150 元报酬。

这样协会的架构为:余家华(核心)→余家华与弟弟家 5 人→ 20 位经常被聘用的村民→ 80 余位协会会员,形成了一个按照费孝通提出的差序格局组织而成的社区组织。处于最外围的协会会员并不承担具体责任,主要是能够被余家华影响的村民构成,他们在外界通过协会开展的一些社区生计项目中获得一定的受益,可能对余家华担任村委会主任的工作提供支持。

协会从成立以来,据余家华估计,累计收缴猎套超过 10 万个,并阻止了数起对于野生动物的盗猎,也威慑了更多潜在的盗猎者,确实是一个在汉族聚居区不可多见的、比较具有持续性的社区保护地案例。

九顶山野生动植物之友协会是诸多草根民间公益组织中真正的由农民自发成立并能够长期开展工作的。与卡瓦格博文化社、年宝玉则生态保护协会等相比,更具有草根性。这个协会从 1999 年至今,不管有无外界支持都坚持开展巡护,更是难得。

但对于外部干预者而言,则需要清醒地认识到,很多社区精英如余家华们开展野生动植物保护、组织保护性协会,或许不完全是因为热爱野生动物,也有可能是因为保护使其受益,而这种受益可能会影响到其他的村民不能去九顶山高山草甸这样的公共池塘资源放牧。

外来干预者不必去在意草根民间组织最初开展保护行动的动机,应该宽容地看待和大力支持草根民间组织,如九顶山野生动植物之友协会。

但从长远看,为了自然资源可持续利用,社区中不能只有余家华等社区精英,不能仅仅依靠强人及其经营的差序格局所形成的小圈子来做保护,还需要发动更多的社区成员。

## 四、草根民间公益组织建设社区保护地的主要特点

草根民间公益组织其实可以分为两种:一种是如九顶山野生动植物之友协会这样全部由农牧民组成的,是真正的草根;另一种如三江源生态环境协会、年宝玉则生态环境保护协会等由地方精英组成,即所谓的"半草根"性组织。两者在工作方式、组织结构、社区保护地建设客体和需要的激励方式等方面差别都很大。

无论是何种草根组织,从社区保护地建设角度看都是非常需要的。外部的干预者应该对这些草根组织更加包容,给予更多的支持。

# 第七章　社区保护地建设的两个工具

社区保护地建设的内容多种多样,问题也各不相同。为了满足需求和解决问题,所涉及的工具也是多种多样的。

本章选择的两个工具,主要是从如下的逻辑考虑:在前期调查和规划阶段,需要学习参与式的理念和工具;在对社区具有一定的了解后,与社区通过协议保护的形式明确双方的责任、权利和义务。

## 第一节　参与式理念与工具[①]

### 一、参与式理念

#### 1. 什么是参与式

通常一个经典的术语,都有很多的解释和阐释,"参与式"也不例外:

- "公众参与指的是通过一系列的正规和非正规的机制直接使公众介入决策。"(Sewell. Coppock,1977)
- "参与是在对产生利益的活动进行选择及努力的行动之前的介入。"(Uphoff. Esman,1990)
- "市民参与是对权力的再分配,这种再分配能够使在目前的政治及经济过

① 主要引自四川省社会科学院甘庭宇和庞淼所编的《基于农村发展视角的农村调查评估方法》(四川大学出版社,2011),贵州省师范大学南方喀斯特研究院任晓冬也有贡献。对于他们的慷慨相助,在此表示衷心感谢。

程中被排除在外的穷人被包括进来。"(Cahn. Passeff,1971)

● "参与可被定义为在决策过程中人们自愿的民主的介入,包括确立发展目标,制定发展政策、规划和实施发展计划,监测和评估;为发展努力做贡献;分享发展利益。"(Poppe,1992)

● "参与能带来以下好处:实施和执行决策时具有高度的承诺及能力;更大的创新,许多新的想法和主意;创造、激励、责任感。"(Spencer,1989)

● "对于农村发展来说,参与包括人们在决策过程中,在项目实施中,在发展项目的利益分析中,以及在对这些发展项目的评价中的介入。"(Cohen. Uphoff)

● "社区参与是受益人影响发展项目的实施及方向的一种积极主动的过程。这种影响主要是为了改善和加强他们自己的生活条件,如收入、自立能力以及他们在其他方面的追求的价值。"(Paul,1987)

2. 参与式理念

参与式强调的是一个过程,社区发展项目的参与主体是项目区的农牧民,他们参与项目应该是全过程的参与,从项目的调查、规划设计实施到监测与评估都应由农牧民(通过农牧民大会或共管委员会)参与。在此过程中,他们的参与不仅仅只贡献劳动,同时还应该包括更广泛的内容,比如在决策及选择过程中的介入;动力与责任;乡土知识与创新;对资源的控制与利用等。通过参与项目,不仅增强农牧民自我发展和脱贫致富的能力,而且也从中受益。参与式方法在农村社区中的运用,首先可以让农牧民分享、更新并分析其生产知识和条件,共同规划并采取行动;其次,参与式方法还能够使外来干预性项目公开和透明,把各种机会公平地赋予社区农牧民;第三,参与式方法能够使人们自主地组织起来,分担不同的责任,朝着一致的发展目标而努力。在所有的项目过程中,外来干预者和社区居民是一种"平等的合作伙伴关系"。

3. 参与式产生的背景

参与式产生于人们对传统发展理念和发展援助实践的反思。传统的发展理念强调的是以经济增长为中心的现代化过程,注重单纯的经济增长和"效率"的提高,在这种发展理念当中,人、文化和社会因素被排除在外。遵循这样的发展思路导致了一系列的问题:经济增长并没有保证公平分配,事实的结果是贫富差距增大;经济增长并不能保证消除贫困,事实的结果是贫困人口增加;经济增长并没有使环境得到改善,事实的结果是环境恶化加剧。在这样的情况下,人们开始对传统的发展观念进行反思:人被纳入了发展的范畴,大家开始考虑人在各方面的基本需求以及在发展过程中的地位和权利,并把发展的终极目标定为取得社会、经济、环境的协调发展。在新的发展观念中,农村社区发展的内容就是通过推进权利的落实,使弱势人群能够公平地掌握和控制资源,公平地获得发展的机会,公平地分享发展成果的过程。而要实现公平发展,其必然的途径就是参与。所以,参与式方法的产生源于人们对于传统发展理念和发展援助实践的反思。对实现参与的工具、途径和方法的探索也成为相关研究者思考的问题。

4. 为什么需要参与式

众所周知,不同的人群有不同的知识背景(表 7-1)。在深入的调查过程中,调查者会逐渐发现,那些经常被斥为愚昧和贫困的穷人实际上并非粗俗浅薄之众,而是具有广博的知识、丰富的阅历和独到的见地的人群。调查者能从他们身上获得重要的信息和经验,这些信息和经验会在研究者制定研究方案和干预措施过程中发挥作用。

表 7-1　不同人群的知识结构矩阵

| | | 外来干预者 | |
|---|---|---|---|
| | | 知道 | 不知道 |
| 当地人 | 知道 | 我知你知(常识) | 你知我不知(乡土知识) |
| | 不知道 | 我知你不知(专家知识) | 你我都不知(待探索的知识) |

承认并认真研究外来干预者与当地人的知识差异,会对推动参与式过程提供重要的参考。然而当双方和多方达成行动决策时,到底是谁的知识在起作用,这就涉及参与的不同层次和类型的问题。

5. 参与的层次和类型

参与是一个互动的过程,农牧民在不同的项目和活动中都有不同形式和不同程度的参与,不同形式和程度的参与会导致不同的结果。因参与形式和过程的不同,一般分为参与调查与规划、参与式管理、参与式制图、参与式监测与评估等。这些也是我们常见的、经常应用的形式和方法。这里将重点涉及参与式管理这一类型,参与式管理的内容主要包括以下内容:

① 参与调查与诊断。农牧民以主人翁的身份,与当地干部、外来者及其他利益相关者一起,在座谈会、农牧民大会的场合,采用事件回顾、资源利用图绘制、优劣势分析、贫富分级、问题排序等工具,对本社区各方面发展进行总结,找出存在的主要问题及克服的办法。

② 参与规划与决策。是参与的主要内容与标志。在规划基础上参与决策是参与的最高层次,农牧民一般通过农牧民大会或社区共管委员会民主讨论和表决社区重大事项。

③ 参与实施。农牧民用自己及家庭成员的体力、精力,以义务工、有偿工的形式,参与社区及其发展项目实施的全过程。

④ 参与收益。是参与式概念的目的、出发点和归宿。农牧民参与收益包括生态效益、经济效益和社会效益;收益获取方式可以是事先合同约定,也可以按总受益的比例分配。但不论采取哪种方式,都必须公平、公正、公开,让农牧民讨论决定。

根据参与的意愿、程度、范围,参与式又分为指令式参与、被动性参与、协商式参与、激励式参与、功能式参与、相互式参与、自主性参与等几种类型(表 7-2)。

表 7-2　参与式类型

| 类　型 | 参与的特点 |
|---|---|
| 指令性参与 | 参与是假性的,农牧民被迫参与,只是名义上的参与,不具备选择性和任何权力 |
| 被动性参与 | 告诉农牧民什么已经发生或者已经决定了,由管理部门或者项目管理者单方面参与,农牧民按外来者的决定参与,信息的分享只是外来人员 |
| 协商式参与 | 外界机构已做出决定并控制整个过程,农牧民只是回答问题,并不分享决策与收益,外来人员并不认为他们应该对农牧民的建议予以考虑 |
| 激励式参与 | 外来者决定什么,怎样做,同时用奖惩方式鼓励当地人参与。农牧民的参与通过贡献资源,比如劳动力、土地,得到的回报是食品、现金或其他物质刺激。农牧民可以贡献他们所拥有的资源,但他们并没有评价或学习的过程,不具备长远性,当项目结束,物质刺激也随之结束 |
| 功能式参与 | 农牧民被当做实现项目目标的参与手段,特别是在减少成本方面,人们组成群体参与,满足决策项目的既定目标,一旦目标达成即把农牧民放在一边 |
| 相互式参与 | 农牧民与外来者共同做出决定。农牧民与外界机构在参与中互相学习、取长补短,缺点是仍没有把农牧民当做主体 |
| 自主性参与 | 农牧民自己做出决定,独立地开展活动。确定与外界建立他们需要的联系,获取他们所需要的任何资源和技术咨询。农牧民独立自主地实施社区发展项目,强调农牧民自主性参与,使发展最终具有可持续性 |

表 7-3　参与式方法:目的和达到目的的手段

| 参与方式 | 当地居民参与程度 | 研究和行动与农牧民的关系 |
|---|---|---|
| 选派代表 | 象征性;虽选派了代表但未真正参与或处于无权地位 | 农牧民是受调查者 |
| 依从 | 农牧民在刺激下承担义务;由外来研究者确定程序并指导全过程 | 农牧民是提供信息者 |
| 咨询 | 农牧民接受提问,由外来研究者分析并决定行动方案 | 农牧民是提供信息者或与研究者合作 |

续表

| 参与方式 | 当地居民参与程度 | 研究和行动与农牧民的关系 |
|---|---|---|
| 选派代表 | 象征性;虽选派了代表但未真正参与或处于无权地位 | 农牧民是受调查者 |
| 合作 | 农牧民与外来研究者共同确定优先议题和责任,与外来者一起指导过程 | 农牧民与研究者合作 |
| 相互交流 | 农牧民参与研究者交流知识以增进对问题的认识并共同解决 | 农牧民是合作者或实施者 |
| 集体行动 | 农牧民在没有外界发起和引导下自行确定行动计划并行动起来付诸实践 | 农牧民是实施者 |

(资料来源:比格斯,1989年;哈特,1992年;普雷蒂,1995年)

从表 7-3 可以看出,集体行动是农牧民参与的最高层级。

## 二、参与式调查

### 1. 参与式调查的起源

参与式调查,即 Participatory Rural Assessment,简称为 PRA,正式出现始于 1985 年 9 月在泰国孔敬大学召开的农村快速评估国际会议上,在会议中讨论了 7 种典型的农村快速评估,参与式农村快速评估是其中一种。当时提出的参与式农村快速评估的重要目的是通过外来者的协调作用鼓励当地社会的参与意识。

1988 年,肯尼亚国际环境局在克拉克大学的帮助下,在 Machako 区的 Mbusanyi 村进行了农村快速评估,完成了《九月村庄资源管理计划》。这项工作被认为实际上是参与式农村评估。大约在同期,印度 Aga Khan 农村支持项目(Aga Khan Rural Support Progamme,简称 AKRSP)邀请 IIED 帮助,开展参与式农村快速评估。Jennifer McCracken 在 1988 年 9 至 10 月间与 AKRSP 一道,在 Gujarat 进行了四周的咨询工作,所进行的参与式农村快速评估由当地农牧民与 AKRSP 工作人员一道完成。尽管途径不同,肯尼亚和印度的经验对理解和发展参与式农村快速评估具有创新意义。之后,AKRSP 和印度的许多非政府组织、政府机构等对参与式农村快速评估方法的完善和发展发挥了重要的作用。

在参与式农村快速评估的国际间相互学习和传播方面,许多国际组织如 IIED 的持续农业项目、福特基金会、SIDA、国际合作组织(伯尔尼)、温洛克(Winrock International)等起了重要的促进作用。在国际组织和大量非政府组织及政府部门的推动下,农村参与式调查被许多国家所采用,目前至少 30 个发展中国家应用农村参与式调查开展农村调查。农村参与式调查在发达国家也受到重视,一些发达国家如加拿大、瑞典、英国、挪威、德国、澳大利亚等也在应农村参与式调查开展相关工作。1990年以后,农村参与式调查相继被介绍入中国,并在许多农村发展项目中得到了广泛的使用。

### 2. 参与式调查的目的

开展参与式调查就是要充分了解调动农牧民参与社区保护地建设的途径,协调社区群众在社区保护地建设相关的规划、决策、实施等方面的各种关系。就此而言,参与式调查的目的就是要在农牧民、外来干预者(包括项目工作人员和研究者)的共同参与下,以保护地存在的问题为导向,收集体现农牧民与社区保护地建设的互动关系的确切信息,通过观察、认知和分析、研究,辨别社区整体的需求以及社区内农牧民间的差异,发现社区保护地建设过程中存在的问题以及相关的经验、教训和机遇,找到解决问题的策略和方法,探索社区保护地建设的方向和途径。在此过程中始终贯穿以人为本的观念,关注社区和人的能力的提高,以最终实现社会、经济和环境的协调发展。

开展参与式调查的一个重要的目的就是认识和解决外来干预者进入社区收集信息常常面临的误区。在开展一般的农村社区调查的时候,外来调查者一般会受到各种外在和内在因素的影响,许多偏见通常阻碍了外来人员与农牧民的接触,这些偏见表现为:

(1) 空间上的偏见

外来者大都只注意交通方便的、路边的农村社区,而对于偏远、闭塞的地区则不愿意去关注。通常他们所选择的地点一般都位于交通便利的公路两旁或距离公路不远的地方。实际上沿着公路开车观察是看不到真正的贫困的,很多生物多样性富集的区域一般都位于交通比较闭塞的边远地区。同样空间上的偏见在村寨调查时也有体现。打猎的人可能会远离大家能够看见的道路或公共场所,躲起来不愿意接受外来者的采访,让人们往往不能看到真正的生态问题。所以,这样的调查具有很大的缺陷。

(2) 项目上的偏见

由于外来干预性的项目很多在到社区之前大致框架就已经制定好了,所以进入社区时已经有项目的知识和态度,但这些不一定就真正适合社区,或者肯定不可能适合于所有的社区。

(3) 人员的偏见

项目人员、地方政府官员和研究人员来到农村社区,对农牧民开展调查,由于传统思想及行为方式的局限,在一定程度上,他们所获取印象和信息具有单一性和

片面性,主要表现在以下几个方面:

① 精英人物的偏见。精英人物在这里是指的是在村寨里具有很大影响力又不很贫困的农牧民。主要包括村寨领导、富人、有威信的长者、宗教职业者、家族族长、有国家正式工作的人,他们是调查者获取信息的主要来源。在调查者进入村子以后,正是这些人接待了调查者并与之进行讨论,他们从自己的角度说出了本村的利益需求和未来发展的愿望。相反,村中的弱势群体却不敢大胆地说话,与村子里社会地位高的人在一起时,他们可能倾向于静静地坐着,不愿公开发表自己的意见和看法。如果没有人对其进行特殊的关注,他们将失去更多的机会。Paul Devitt曾这样说:"穷人经常是不引人注意、哑口无言的、无组织的。在社区公共会议上很少听到他们的声音。通常地只有那些在村里有很高地位的人提出他们的观点。在某一个社区或地区很难找到一个能恰当代表穷人的人或机构。外来者和政府工作人员总是发现,与当地有影响力的人的谈话比不善于交流的穷人的谈话更有益、更令人感到惬意。"因而,除非调查者知道怎样去寻找和发现穷人,并给他们说话的机会,否则他们的愿望和需求将难以被外界知晓。

② 性别偏见。在许多农村社会里,妇女地位大都低于男性。受传统习惯的影响,通常妇女尤其是偏远地区的少数民族妇女总是羞于与男性调查者说话。而大部分地方政府工作人员、研究者和其他农村访问者都是男性,和他们建立联系的农牧民大部分也是男性,他们一般情况下都会忽略女性的需求和愿望。事实上农村妇女在家庭里承担绝大部分的劳动和养育后代的责任,她们和男性一样对发展有着自己的认识,但是他们却往往不能获得和男人相同的机会。忽视妇女的声音,项目的开展将会遇到难以预料的困境。

③ 使用者和受益者的偏见。在调查尤其是某种专项调查中,外来者的目光一般都会倾向于那些正在使用和正在受益于专项成果的人群。比如,调查者要了解学校教育的情况,在学校里的孩子是首先考虑的访问对象,而辍学的孩子则疏于被考虑;要调查医疗状况,那些经常到诊所和医院看病的农牧民将比那些居住太偏远,没有钱看病的人更有机会接受访谈;而要调查某种农产品的市场销售情况,经常去市场的人要比待在家里的人更有可能被访问;对于要考察项目活动开展的效果,只有参加了项目的人才是访谈的对象,而没有参加项目的农牧民即便他们也有很多关于项目的想法,但他们不会成为调查者要考虑的主要对象。所以在调查中,关于使用者和受益者的偏见也是屡见不鲜的。

④ 对积极的、在场人的偏见。在农村调查活动中,那些积极的人往往比不积极的人更容易被大家看见,而往往只是在场的人可以接受访谈。比如总是那些快

乐、适应强的孩子聚集在调查者越野车周围,而那些虚弱、胆小的孩子们总是躲在后面;只有外向的、健谈的、健康和爱热闹的农牧民才愿意围在调查者的周围,而内向的、生病的、自卑的农牧民却往往远离外来的陌生人。

⑤ 季节的偏见。中国农村普遍具有人多地少的特点,很多地区经济来源十分单一。对于居住在边远贫困地区依靠单一的种植业为生的农民来说,一年中最困难的时期通常在雨季,尤其是秧苗栽下收获之前青黄不接的时期。在这一时期,农民劳动十分辛苦,大多数贫困的农户家庭都会出现粮食短缺的情况。由于粮食不够吃而导致的诸如营养失调、发病率和死亡率上升、传染病盛行、体质下降等问题一直困扰着他们。儿童、妇女和最贫困的人特别容易受到这些问题的影响。为了捱过难关,许多农民不得不向别人借贷,并承诺粮食收割以后偿还。而待粮食收获偿还所有欠粮后,家里所剩的粮食已经不多,来年必然又会重复同样的情况。如果收成不好,他们就只有通过变卖或抵押财产使自己变得更加贫穷。对于牧民而言,则随着家畜"夏长、秋肥、冬瘦、春死亡"的季节循环,在春天遭遇最困难的季节。很多生活在城市中的外来者是看不到这些情况的。很多调查者不喜欢在雨季开展农村调查。因为这个时候村寨到处都是泥泞,衣服会被弄湿,鞋子将沾满稀泥,行走会很不方便;有时还会遇到塌方、泥石流、车辆打滑、抛锚的困境。所以,大多数外来调查者会选择天气晴朗、庄稼已经收获,已是农闲的时候开始做自己的调查计划并开展田野调查。这个季节去到农村看到的会是大家在杀年猪,举行结婚庆典以及节庆活动,外来者会感觉到这样的农村是欣欣向荣,没有太多贫困的。实际上,这样选择恰恰使我们错过了了解农村贫困的最佳季节。

⑥ 社交上的偏见——礼貌和胆怯。外来调查者在农村社区开展培训、召开农牧民会议以及进行访谈的时候,往往会觉得这些乡下人表现出过分的礼貌和胆怯,这种态度阻止了调查者更深入地了解他们。例如,贫穷这个话题在任何地方都被认为是令人羞耻的。如果直接涉入这个话题还会引发农牧民对调查者的误解,从而影响工作的开展。同样,一个地方政府的领导在上级官员来访的时候,往往会将自己最好的一面呈现出来,而将一些不好的方面掩藏起来。所以,调查对象礼貌和胆怯的态度,也会让外来者无法了解到更多更真实的贫困。

⑦ 专业人员的偏见。外来的专业人员因各自不同的专业而存在不同的兴趣和价值观,这些不同的兴趣和价值观会导致专业人员在开展调查和项目活动的时候存在偏见。社会科学家在有限的时间内去一个贫困社区做调查,他们所愿意访问的对象往往是那些接受过比较好的教育而且是能言善辩的人;很多新技术的实验和采纳往往是从那些家境比较富裕、条件很好的家庭开始的。但是,这些新技术

的开发和使用,其最初设计的受益者实际上是那些贫困的人。所以,在传统的农村调查和项目活动中,专业化使外来者更注重活动的时效性,这样的初衷使他们的眼光有了过滤作用,贫困、疾病、被看不起以及自卑等等这些因素会影响活动的实施效果,因而被理所当然地排除在视线之外。从一开始,他们就在心目中设定了标准,这些标准往往是给条件较好的人设计的,与真正的贫困相距甚远。因而,专业人员的偏见会导致项目活动远离真正的贫困。

以上的偏见是在开始农村社区调查的时候需要注意避免的。要消除贫困,真正了解农牧民发展的愿望和需求,只有改变外来者自己既定的态度和观念,让更多的农牧民参与进来,利用合适的调查方法去收集与事实相吻合的资料,才能制定合理的社区发展计划,有效、快速、可持续地实现社区发展。

**3. 参与式调查的特点**

(1) 参与性

如前所述,参与式调查强调农牧民的参与,在调查的过程中需要充分了解农牧民的愿望和要求。通过这种方式收集的信息才能正确反映农牧民的所想所念,从而制定出符合农牧民需求的项目计划和活动,促进社区的可持续发展。

(2) 多学科性

由于社区保护地建设这个主题涉及了农村社会的方方面面,所以参与式调查需要依赖于不同学科的知识,如发展学、社会学、人类学、生态学、林学、农学、经济学等,具备单一学科知识的调查人员是无法完成所有工作的。

(3) 客观性

参与式调查是在特定的社会文化环境中进行的,调查的对象是变化的、不固定的。作为调查者本身而言,其认识和辨别能力是有限的。自身特定的文化背景和知识水平往往会让调查者产生先入为主的观念;而调查对象有意的隐藏和避讳也会直接影响调查资料的真实性。所以在参与式调查过程中调查者的态度一定要客观、实事求是,不以自己固有的观念和意志为转移,不把自己的观念强加于人,力求真实、有效地收集相关信息。

(4) 系统性

参与式调查的系统性,就是要求调查者在调查时要用全面、整体和相互联系的观点去认识社区中存在的各种问题和现象,深层次分析存在于某一单纯现象背后的各种复杂联系,不要简单、片面地看待问题。

(5) 时效性

农村社区的自然、社会、文化、经济和环境因素是调查者收集信息,制定项目计划的依据,然而这些因素总处在发展变化的过程中,并非一成不变。所以如果调查评估的周期过长,所收集的资料就会因为社会经济文化环境的变化而失效。所以参与式调查强调时效性,周期不宜过长。

(6) 形象化交谈法获取信息

参与式方法利用包括图画、地图、图表、戏剧及其表演形式在内的各种形象化手段,为调查者与不善言谈的人进行交谈提供了有效工具,也为调查者唤起参与者的参与意识和自信心提供了有效方法。在传统的研究方法中,无论是定性研究还是定量研究,谈话都被作为调查的一个中心环节。无论是小组访谈还是个人访谈,获取信息只是调查者单方面的事情,调查者把调查对象提供的答案和作出的反应记录下来后便拿到另一地进行分析。但是,口头语言具有易逝性特点,这会使事后的分析潜力受到局限。形象化交谈法的原理在于提供了一个行之有效的手段,借助这一手段,信息不仅可以由谈话双方共同提供,而且可以以一种便于双方共同参考的形式表现出来。这两点有利于双方对信息进行交叉检查和分析。随着调查者继续引导的谈话过程,谈话的焦点会从调查者转向谈话本身。

(7) 分类别讨论研究差异性问题

通过和不同群体的访谈以后,具有差别的一些问题会被揭示出来。不同的年龄、性别、需求以及社会经验让人们具有了对同一问题的不同看法。倘若在研究社区内部成员之间的差异性和相互作用的动态过程中缺乏一个细致入微的调查方法,原本对该社区有着重要影响的各种差异就会被忽略,这样做的后果是很危险的。参与式方法利用把各类参与者分别集中起来进行讨论的研究策略为研究者考察他们之间存在的差异提供了方法。这种办法对形象化交流法的应用具有补充作用。

形象化交流法对小组讨论差异性问题也具有补充作用。由于形象是集体交流过程中的产物,所以它的所有权不属于具体的某个个人,这样一来,参与者的注意力就会从具体的个人转移到作为他们表达思想和意见的工具的形象化实物上来。参与者的讨论应围绕着个人的发言进行。而且,讨论的焦点集中于该实物所引出的问题上。调查者可以把讨论结果告知其他利益群体并就此与他们进行讨论,以此促使他们认识到自己可能面临的困难并促使他们对其做出分析。

调查者还可以请一部分人从其他人的角度或者围绕其他人所关心的问题借助形象手段来开展讨论,然后再请讨论中所涉及的人谈自己的看法。通过这种方法,研究者就能够洞察出人们对于彼此间存在的差异以及这些差异可能造成的影响所持的态度。

(8) 动、静态形象化手段加强问题的集体讨论

在调查研究过程中会出现一些超出调查者原定的调查项目的、涉及人们生活的其他方面的问题，在这种情况下我们可以使用图表这种静态的形象化手段来揭示和探讨这类问题的相互关系。图表可以为人们探讨各种观点、态度和意见以及考察人们的物质生活变化情况提供直观的参考。比如在访谈妇女时，她们所关心的是其社会地位、人际关系以及家庭暴力等问题，这些话题一般都是她们私下讨论的话题，此时如果调查者可以利用图表的方式把这些问题很好地集中起来进行分析，不但可以提高妇女的兴趣，还可以把这些问题摆到集体场合展开讨论，让男人和其他人也能够了解她们的想法和需求。

我们还可利用戏剧之类的动态形象化手段对参与式方法的静态形象化交流法作有益的补充。戏剧一直以来都只被用做表达和说教的工具，其实在参与式调查中，戏剧也可以成为调查人们用自己的语言表达出来的思想愿望的创造性手段。参与式戏剧交流法作为参与式方法中形象化技术的补充手段，为调查者调查那些带有敏感性、冲突性和感情色彩的问题提供了有效途径。通过这一途径，人们能够说出或做到他们平时无法说出或做出的事情。与其他形象化手段一样，戏剧也能够促使参与者讲述和探索人与人之间的差异性问题，并且推动他们做出分析。

### 5. 参与式调查的基本原则

(1) 原则一：平等的关系

参与式发展的过程是外来者与当地人共同努力、共同受益的过程。二者是一种相互平等的合作关系。彼此尊重、彼此信任、相互交流和沟通，相互学习是建立"合作伙伴"关系的重要前提。参与式可以引导人们就自己的思想感受和自己所关心的问题发表意见，能够为开展主动性更强的交流活动奠定基础。这种新的交流活动中，参与者不会再扮演以往那种沉默寡言、消极被动的承受者的角色，相反，他们与研究者会成为平等的"合作伙伴关系"，一起为实现目标而努力。

(2) 原则二：重视过程而非结果

在过去很长的一段时间里，我们的发展项目都强调以结果为导向，而事实上很多时候这种发展结果并不令人满意。而任何农村发展实践都是一个过程，只重视结果不重视过程，将影响结果的成功性。参与式应当在不影响当地人的自我组织和发展能力的前提下，提供一种正确的意识来指导人们的行为。让所有的参与者在参与的过程中不只是去重视绿化了多少荒山，增产了多少粮食，卖出了几头肥猪，更重要的是在这个过程中参与者的综合能力得到了怎样的提高，在项目撤走以后，当地人是否能够依靠所学到的知识巩固成果，促进社区的可持续发展。

(3) 原则三：重视乡土知识的重要性

在长期的历史实践中，农牧民在自然资源管理和实现可持续生产中大量运用了传统乡土知识和技术，他们在进行森林资源管理和合理利用，开展农林复合经营，保持农作物的多样性方面，积累了丰富的知识和经验。乡土知识的积累和运用为当地社区解决生产生活问题提供了基本的策略。要实现社区的可持续发展，最基本的着眼点还是要立足于社区自身资源的开发和利用。而要实现这些目标，仅靠外来的力量是不够的，因为没有人会比当地人更了解他们自己的需求，了解他们所生存的环境。很多被外来人视为落后的传统方式恰恰就是他们对自己生存环境深刻认识的结果，他们的传统生产、生活方式，他们对各种自然资源的管理、利用和保护的知识，他们的各种技术知识体系……这些世世代代流传下来的丰富知识可以为实现今天的社区可持续发展贡献力量。参与式项目应该重视农牧民的知识和技术体系，尊重他们的决策，让乡土知识在社区发展项目中充分发挥其潜在的优势和作用。

(4) 原则四：三角法

如前述，三角法是利用不同的方法，资料和学科考证同一地区和不同地区的不同信息，进行交叉校正，以逐步接近事物的本来面貌。在调查中要使用多种方法和工具对信息、资料进行交叉检验，反复核实。三角化原则一般指调查组、调查对象和调查方法的各自三角化。三角法原理是一种从不同来源中收集一个专题资料，或运用多种方式收集资料的简洁方法。

(5) 原则五：择优选用

涉及有用信息的真实性及价值，要在数量和质量、准确性与即时性之间做出取舍，注意适度筛选原则(即了解一些无关的内容可以适当粗略一点，不必要详细调查不需要的东西)。坚持"最优忽略"与"适度近似或不精确"的原则，即不追求过多地收集超过自身需要的资料，在对比能说明问题的情况下，不试图去着力测度一些指标。牢记调查者不需要做出绝对的估价，相反，只需知道那些趋势、范围、类比的内容。

(6) 原则六：灵活和创新

任何事物都在不断发生着变化，在进行参与式调查时，应及时捕捉重要信息，修订工作计划。工作地点的任何事物都可以为社区保护地建设提供重要的信息。应用参与式调查时，没有必要墨守成规，应充分发挥农牧民的创造力和想象力。

6. 参与式调查的工具

从20世纪90年代参与式调查被福特基金会引入中国开始，参与式工具由于其易学、使用有趣,是非常受使用者欢迎的。甚至使很多学习者沉迷其中,在调查中为使用工具而使用工具。

参与性调查工具是以恰当的、参与性的方式收集、综合和分析信息的工具。使用这些工具的时候应该以仔细考虑环境和社区居民的接受和反应能力,采用当地人最能接受的方式开展调查。这类工具的灵活运用,可以改善与农牧民相处的气氛,引起他们的兴趣,有效地促使他们的参与。在具体的工具使用上,应该根据不同的调查主题选择特定的参与性工具。目前经常使用的参与式的调查工具一般可以分为访谈和观察类工具、分析类工具、展示类工具、参与性制图、排序及分类工具以及会议和工作小组等几类:

(1) 访谈类工具

访谈类工具可以分为结构访谈和半结构访谈和随机访谈等几种,其中,半结构访谈是参与式调查方法中最常用的也是最重要的工具,所以,这里只介绍半结构访谈工具。

半结构访谈是参与式调查研究的核心,是一种用问题提纲作指导,研究者与被访谈者之间进行面对面的提问、回答、讨论,以达到收集信息和向当地群众学习的一种方法。

(2) 观察类工具

观察类工具是参与式调查搜集野外信息资料的重要途径。观察方法不仅用于信息资料的收集,同时也用于信息资料的可靠性判断,因此贯穿于整个参与式调查的野外工作中。

① 直接观察。直接观察或实地考察可使小组成员直接取得对工作地点的感性认识。通过熟悉一些指示物,有助于对某些问题的深入调查。

② 参与观察。参与观察来源于人类学的田野调查,是人类学研究中搜集第一手资料的最基本方法。它要求外来调查者在较长时间内置身于被观察的社区中,通过参加他们的日常活动,尽可能地成为其中一员,在亲身体验某一文化的同时再去观察它。此种观察从调查者进入该社区之日开始,一直延续到离开之日。这意味着调查者采用了当地的生活方式,受到居民文化的感染,从日常生活中直接观察到他所希望了解的一切。

参与观察的优点在于调查者能亲眼目睹实际发生的事情,而不是被调查者口述的未被证实的事情。而且,在一次又一次的参与观察中,调查者才能与当地农牧民建立亲密友好的关系。

(3) 分析类工具

① SWOT 分析。SWOT 指的是四个指标,即优势(Strengths)、劣势(Weakness)、机会(Opportunities)、威胁(Threats),被作为框架结构来鼓励更多的群众参与考察、讨论、分析有关问题。

SWOT 较易掌握,便于推广,也容易被社区居民所理解。而且,有关这个工具最好的事是它能意识到对于任何给出的问题或事情都有两面性(积极的和消极的),并且这个工具还可促进对问题两面性的讨论。它有助于为协商和交易建立基础。促进开放的、深层的、集中的和公平的论证。因为必须达成意见一致才能确定优点是什么,缺点又是什么。对于一个人所看见的是优点,可能对于另一个人来看就是缺点。这个工具允许讨论围绕一个明确的问题的所有观点,鼓励考虑创造机会,考虑优点和缺点,以及存在的限制。同时,随着工具的经常使用,可记录下社区居民态度和观点的变化。

② 问题树分析/因果关系分析。通过社区大会、参与式考察、参与式制图、半结构访谈等参与式调查工具的使用,社区工作者收集到了大量的信息,罗列了一大堆问题。此时,为了能抓住社区保护地建设的主线,找出社区内社会经济发展的内在关系,以及造成社区自然资源退化的原因,对问题进行初步分析,提出解决问题的可能途径、政策和方法。这是社区林业发展项目设立、实施、监测和评估的重要依据。

因果分析能够分析出问题间的相互关系,产生的原因和导致的结果。因果分析的关键是按照社区林业发展项目的宗旨和社区可持续发展的方向确定社区发展的核心问题,围绕这个核心问题,逐层找出问题产生的原因和导致的结果,并提出可能干预策略和干预措施,为社区林业发展项目活动的设计和评估服务。

(4) 展示类工具

展示类工具是指给调查对象展示各种信息的展示板、壁画(墙报)、张贴画、影像及录音资料等。这类工具的特点是从视觉、听觉方面给社区内的成员或外部的成员提供信息,主要用于参与式发展中各个不同环节中的问题过程及成果展示。在展示过程中,能够充分动员社区(组织)内部成员的参与,充分发挥他们的积极性和创造性,因而体现了社区(组织)成员的赋权行为,体现出他们自己处理好事务的自信心,并能有效地在社区(组织)内外传递信息,促进社区(组织)内部及社区(组织)之间的互动。

展示板指一块用于项目评价、培训及研讨会等的便于操作的长方形专用板,四周有金属框,中间是一泡沫板材,可以将纸片用大头针扎到上面,并可任意调换其位置,当然,根据具体情况,展示板也可以就地取材,如将收集的信息写在白纸或牛皮纸上,贴在黑板、墙壁上进行展示,也能起到同样的作用。

壁画和墙报是由社区(组织)设计并由艺术工作者绘制的一种大型的、中长期使用的图画。通过这种方法可以展示社区(组织)宣传信息,展示社区(组织)过去、现在的形象,激发对未来的憧憬以此来长期地鼓励人们的行动。

影像资料包括绘画、照片、影片、幻灯片等,它们是社区(组织)成员自己编排的,而且是他们内部成员选择的可视性图像资料。通过这些手段可以生动形象地记录社区(组织)曾经发生的事件并监测其变化,另外,这也可以作为文字性记载资料的一种补充,集中并激励小组讨论,调动小组成员的兴趣。

录音磁带主要是用来录制社区(组织、机构)曾经发生的故事或信息,以便展示给社区(组织、机构)进行分析或传送给广播电台来广播,以吸引外来者或机构或其他兴趣的组织机构。通过这种方法记录结果,有助于收集会议、小组讨论和访谈的信息,如果与幻灯、绘画和照片等结合在一起使用,则会更好地丰富展示的内容。

录像涉及社区(组织、机构)在策划、制作等方面真实反映他们情况的方面。在具备设备和技术人员的情况下,一部录像可以为不同的目的而编摄(评价、收集信息、问题分析等),录像可以用于社区或组织内部,也可以分发给其他人。

(5) 参与式制图

在参与式农村调查的经验中重要的一条就是农牧民能做许多外界认为他们不能做的事。在实践中,农牧民显示了他们能制图、作模型、排序、分级、估价、作图表和分析,比预期的还多还好,而且比外来者做得更切合实际。当地人用来测量的工具经常是:地面、石头、砂子、种子、水果(用来分级、分类、计数)、木棍及其他一些东西。在纸上,没有文化的人也能制图。如果可能的话,也可使用航空图片的复印件。

制图讨论技术较适合于那些崇尚视觉工具交流的文化中。图既可由群众集体完成,又可由个人绘制,讨论则围绕所绘的图展开。绘制对象既可是社区中的农户位置、部门图,又可是所处地区的资源状况,还可是村庄的剖面、季节图等。利用制图,有利于农牧民发现问题所在,然后在小组中进行分析。该方法费用较少,而且在那些存在社会关系和语言障碍的村庄中较为实用。但必须向农牧民们说明,制图并不是着眼于绘制技术本身,在制图的过程中,当地人可以对他们的居住环境进行思考并展开讨论,主要目的是为了找出并分析问题。经验说明,在制图中有意识地将男子和妇女、不同经济状况的人等分开,让他们独立制图,往往可以收到较好的效果。

制图所需的材料和工具主要包括大幅白纸、大笔及就地任选的实物等。对于每一幅图,都要有分析后的结论,注明是由哪些人参加制作的。一般来说,参与式制图可以包括以下几种方式:

① 社区资源分布图/土地利用草图。社区资源分布图就是将社区范围内,各类土地利用与分布的格局、村落位置、学校,以及河流、道路等现状清楚地表示在图面上的一种绘图方式,其目的是为进一步收集信息、分析问题、规划项目等提供清晰、直观的图面依据。基于此目的,社区资源分布图只要求社区对所拥有的资源及大概位置表述出来即可,对其大小、质量等不做过高的要求。

② 剖面图/横断面图。剖面图/横断面图是一张能够反映社区生态系统变化、土地利用类型及现状的截面图。

使用剖面图的目的在于把平面图上未能反映或表述的一些具体特征,如坡度、树木与植被、土壤类型等通过直观的横断面图表示出来,简要地反映出村庄的基本情况和自然与人类的活动。

③ 历史大事记。历史大事记是通过收集整理所调查村社的历史发展资料而制成的依村庄大事年代排成的表。该工具主要用于记载社区和某一部分人所经历的历史。用图、符号和文字均可以完成这一目的。

开展历史大事记的调查对象应是对村社历史情况比较清楚的老年人,村社领导或当地的教师、医生等。调查内容包括:历史上曾对当地发展最有影响的地区、国家或国际事件,村庄的起源与发展,村庄名称的变化,重大方针政策的变化,土地及林木等权属的变化,村庄人口的变化及迁移,医疗教育的变革,社区地域边界变化,农业技术革新,耕作制度变动,林业资源管理政策变动以及村内所发生的重大自然灾害、疾病等及其对社会经济状况、资源状况与管理所产生的影响。

通过历史大事记,可以追溯村庄等建立、发展的历史变迁状况,了解在这发展过程中发生过的重大事件或出现过的重要人物,了解他们对村庄过去和现在所产生的影响及其影响方式和影响程度。历史大事记可以用流线图来表示,也可以用图表来表示。访问的内容可以包括社区的历史发展变化状况,也可以是就某一问题或某一现象的历史变化趋势。

④ 季节历。季节历主要用于反映一个村庄的农、林、牧等各种活动,在一年12月间的周期性变化规律和类型。使用季节历表可反映出所调查村庄某一时期内不同活动的安排情况,通过逐月比较,可以清楚认识村里各种农事和社会活动的变化

周期,为项目的计划和实施打好基础。

⑤ 机构分析图表。村庄是一个复杂的社会经济系统,时刻都在进行着物质与信息的交流。代表社区承担对内、对外双向联系的各种社区的组织机构(正式的和非正式的),在社区的各种经济活动中扮演着极其重要的角色。通过对社区组织机构的调查,全面收集有关组织机构在社区中所发挥的功能、活动情况及其相互联系等,掌握各种社区组织机构在社区社会、经济、生产活动中所发挥的重要作用,揭示社区与外部社会的联系。通过对社区组织机构的调查分析,从而为在开展社会林业活动时,设计或建立健全有效的社区组织管理形式和组织管理体系提供依据。

⑥ 劳动力分工图表。劳动力分工图表是进一步分析农户劳动力使用情况和农户生产经营活动的工具之一,它通过图表说明农村劳动力在成年人与孩子和性别之间的分配关系。在分析村社存在的约束条件和新的发展机遇时,借助劳动力分配表所提示的工作任务信息,把新的活动项目安排给工作任务较轻的人员,可避免工作任务承担不均,从而使新的项目实施和农业劳动强度的改善更有科学的依据。

⑦ 市场分析。市场调查分析是对农、林产品(或工副产品)从生产者经中间商到加工者和最终消费者这一流通过程中各个流通环节,在经济市场、生态环境、社会机构及科学技术四个主要方面进行全面的调查分析,发现市场流通中存在的约束条件和潜在的机遇,从而在为社区林业规划设计时,就改善流通渠道、改进现有产品和开发有良好经济效益及市场前景的新产品方面提供科学可靠的依据。市场调查分析工具和其他几种工具不同,要求调查者走出社区,沿着产品从社区流出(或流入)的方向进行跟踪调查。

⑧ 排序及分类工具。排序及分类工具主要包括简单排序和矩阵排序等。其主要目的是为了获取参与主体对被评价现象或问题的评价结果,可以广泛应用于对问题的优先选择,方案的优先选择、技术选择的评价等快速评价活动中。排序不仅仅是了解、分析、识别问题与机会的有效工具,同时也是参与主体开展自我评价和学习的过程,通过这种方式可以促进外来的调查者与社区群众或利益相关者之间建立有效的合作伙伴关系。

简单排序指的是通过参与者的投票、排序或打分,快速地综合所有参与者的看法,从而使被排序的对象按优先性排列起来。

矩阵排序是根据一定的要求对调查事物进行排比评分。即,当面临多个选择且不易判断它们的优先秩序时,可用矩阵排序法将其化解为一系列的易回答的两种选择之间的对比的问题,不需要同时进行多项选择的对比,通过回答一系列的简单问题,最后综合这些回答而对这些选择进行排序。在参与式调查中,常常会遇到不同组别的人对一些事物的判断(如树种的选择、树木功能的确定、社区发展战略等)具有不同的看法和判断标准。而矩阵排序方法的运用能够更形象更直观地反映出不同组别的人对某一事物的看法,能够充分地体现群众的参与性。矩阵排序法通过一个矩形打分表来完成,容易激起群众的兴趣共同来完成排序。

⑨ 群众会议和工作小组。会议是人们为了他们所关心的特定问题或目的而聚集在一起进行的沟通和交流的方式。涉及的人数可多(大量)可少(低于 10 人)。会议一般有一个主持者,鼓励双向的交流方式。更小的集体会议主要是由具有共识的人们(女人、放牧者和经济状况较差的人)组成的,能够舒适地在一起发言,分享共同的问题和目的。这个主要的集体会议结果能被提供给更大的集体会议,为那些不能在该社区更大会议上大声说话的人一个发"声"的机会。

召开会议是获得调查信息的重要手段之一,在参与式调查中所指的会议,往往是指不同形式、规模不等的群众会议。顾名思义,群众会议是许多群众参加的为某个特定目的而进行讨论分析的形式。参加会议的人数可多可少。会议的召开一般需要一个协调员来引导会议进程,并鼓励群众充分地交换看法意见。具有很强目的性的会议常由一组具相同兴趣或利益的人出席(如妇女,放牧者,经济状况较差的人等)。

群众会议的目的在于通过群众间交流信息来讨论与当地社区发展相关的一些问题,并取得较为一致的看法。其问题诊断和解决途径的得出可作为未来计划或行动的基础。群众会议的优点在于在较短的时间内能使较多的群众一起谈论相关问题,同时也是外来项目或调查人员作为集体面对当地群众的较好形式。公开的群众会议意味着会议已经吸收了具有相关兴趣的或关心某一问题的群众。

在召开群众会议时,协调员必须自己清楚地认识到会议的目的,而且应让群众能有所了解。为此,协调员在群众会议开始时应向群众晓明会议宗旨与目的。注意,尽量使用简单的和当地的语言,以平等的身份表述,使广大农牧民愿意听,都能听懂;为了会议的顺利进行,协调员还必须准备会议所需的物质条件,如利于会议讨论的视觉辅助工具、水和食物等。协调员还必须运用适当的策略来鼓励讨论的进行,如事先准备能激发讨论的引导问题,鼓励群众自己提出问题并结束某个问题的讨论等等。避免少数人主宰整个会议。还要注意,选择适当的时间和地点召开会议,会议的时间不宜太长,一般以 1~1.5 小时为宜。

# 第二节　协议保护[①]

## 一、协议保护概念与起源

### 1. 协议保护概念

"协议保护"是一种在特定的时间段内,以社区整体为保护主体,社区和外来干预者通过协商签订契约的方式,明确责权利,实现多方合作,达到共同保护目标的社区保护模式[②]。

协议的甲方即外来干预者。他们由政府、民间公益组织、企业甚至学者或其他组织机构的单方或几方联合组成。若由多方组成,甲方内部各方间亦有明晰地责权利,签订协议者为甲方代表。甲方享有提出保护目标,监督和评估乙方保护行动的权利,同时承担提供乙方能力建设、生态补偿等社区保护地要素来协助社区发展的责任。

协议的乙方即社区。他们是协议保护模式中开展保护行动、承担保护责任的主体。他们有责任在甲方的协助下投入社区保护地建设要素、提升"社区保护权能",投入保护行动;同时,他们享有因保护而得来外界所提供的社区营造条件以协助社区发展的权利。

协议保护是利用社会力量保护自然资源,尤其是具有公共池塘资源特点的生态系统的一种创新机制,也是一种新的保护工具。其目的是在自然资源保护和经济发展中寻求和谐与平衡,由国家政府和专业的保护机构(或者其他非政府的机构包括研究机构、私有公司或是社区)在协议基础上所建立的制度化合约关系。

通过协议保护,国家部门及其他的投资者得以保护自然生态环境,并使保护者或当地的农牧民得到稳定的偿付。从这个意义上说,协议保护也可视为生态补偿的一种方式。由第三方将补偿付给自然资源所有者,一般是政府或当地的社区,用以支付由其所保护的森林或海洋的生态环境。因此 Stein Hansen 等认为协议保护这种机制是出于保护地可持续利用的目的,向贫困的利益相关者提供直接补偿的一种方式(Stein Hansen, 2004)。一些环境经济学学者如 Ferraro(Ferraro,

---

①　本内容大部分来自张逸君和刘伟承担的北京山水自然保护中心资助的项目"协议保护操作手册",何欣、张艳梅、冯杰等人也贡献了大量的智慧,小部分来自于李晟之的研究。对各位同事的付出,在此表示特别的感谢。

②　引自张逸君和刘伟编写的《协议保护手册》,本文略有修改。

2004)通过调查研究认为,协议保护等直接补偿方式的保护成效,在资金的使用效率、应对复杂的权属关系和组织形式方面,均优于一些国际流行的保护项目,如"综合保护与发展项目"(ICDP)等非直接补偿方式。

协议保护是目前正在实施的自然保护地若干种保护措施之一,被很多保护人士认为是自然保护区和国家公园等保护模式的补充。应该说,基于某一特定地区的政治、文化和经济背景,协议保护可能在某些情况下很适合,在一些情况下就不适合。当短期内自然资源所有者无法决定对土地的长期利用规划的情况下,协议可保护自然资源至少不被破坏。此外,协议保护还潜在地有助于将自然保护区周边的缓冲区域保护好。

目前,包括中国在内的不少国家,对环境保护的一个主要方式是建立自然保护区,但这种保护的资金多来源于地方政府,因而已凸显出一些问题:如保护机制单一依靠国家投入,缺乏社会参与;保护上的投入不足;一些重要区域仍然没有被保护区覆盖;已经建立的保护区域保护效率不高;保护的理念和管理水平不能适应实际国情;相应的法律滞后,所有者主体缺位,资源管理比较混乱;社区的传统权益和保护愿望没得到充分体现。这些问题,在协议保护的具体应用中,都能有针对性地加以解决。

### 2. 协议保护起源

协议保护起源于"特许保护"(conservation concession)。特许保护这种生物多样性保护模式于20世纪90年代末开始在美洲起源,现在全球有1200~1500万公顷土地都在这种模式下得到保护,每年因此而筹集的保护资金大约有15亿美元(Andreas Merkl,2007)。由于政治制度、土地及自然资源的权属状况不同,起源较早的特许保护有两个不同的案例,其甲方都是全球性保护组织——保护国际。

(1)保护国际与政府签订的特许保护的案例

秘鲁和许多亚马逊流域的国家一样,大部分土地为国有土地。秘鲁将领土的13%规划为国家保护地,在没有被纳入保护规划的地区中,大部分地区是低海拔的热带雨林,具有丰富的木材资源和高价值的生物多样性。最近几年,由于秘鲁保护部门逐渐增加的财政负担,导致政府建立新的自然保护区或国家公园的兴趣锐减。

秘鲁政府在2000年和2001年与保护国际等非政府组织讨论后,将特许保护权作为一种正式的土地利用方式写进新出台的森林法中。在2001年7月下旬,一个简称为ACCA的机构成为在新法律框架下被授予特许保护权的第一家本土的非政府组织。这是世界上第一个真正意义上的"特许保护"协议,它保护了340 000公顷国有土地和流域。这个特许保护的签订是基于将这一地区建成热带雨林管理、生物多样性和培训的专业中心的共识(Rice,2002)。ACCA获得了40年的特许保护权,按特许保护协议规定,每5年评估一次。40年后,仍可续约(Hayum,2005)。

　　此外,在 2002 年,保护国际在圭亚那以 0.15 美元/(英亩·年)的价格,获得了 8 万公顷 30 年可续约的特许保护权。其中,约 31% 的费用付给政府,8% 的费用直接付给社区,61% 的费用用于诸如雇用管理人员、培训、制定管理规划、监测等日常管理活动(Rice,2002)。保护国际从 2000 年(即协议签署两年前)就开始在做签订协议的前期准备,如制定可持续发展方案、社区调查,设立社区保护基金来发展和实施社区自主设计的保护计划,以替代该区域长期以来以原木砍伐作为主要的收入来源的生活方式。当协议正式生效时,地方居民并不是茫然无知或不知所措,而是已经获取了大量的信息,参与了部分保护计划的设计,并成为协议执行的一部分。

　　(2) 保护国际与原住民、当地社区的特许保护的案例

　　2001 年,危地马拉政府在一个名叫"玛雅生态圈"的自然保护区授予了当地社区 200 万公顷的特许伐木权。在这种背景下,保护国际向两个当地社区提议签订特许保护的合同:作为不再伐木的交换条件,保护国际向从事保护工作的人员支付工资,并投资一些社区发展项目,如帮助在附近世界自然遗产地开展导游业务和为社区提供教育和医疗服务。

　　通过秘鲁、圭亚那和危地马拉的成功实践,协议保护模式也相继在厄瓜多尔、哥伦比亚、委内瑞拉、南非、马达加斯加、柬埔寨、中国等 15 个国家推广,筹资的方式也逐渐多元化,例如,在厄瓜多尔,协议保护成功地与国家的社会林业项目结合,通过政府与当地社区居民的保护协议鼓励社区造林、护林,达到了保护与扶贫的双重成效,生态式扶贫成为可能;在斐济,保护国际基金会支持在当地建立信托基金,成功地与当地社区签署长达 99 年的保护协议;在委内瑞拉,一家从事香水原料生产和销售的公司参与和当地社区签署保护协议,让当地社区在参与保护的同时开展香水原料的生产,使社区居民通过保护获得收益,生态社区营造雏形得以呈现。到 2011 年为止,协议保护模式通过与政府的工程项目结合、企业的合作及建立信托基金等方式,共有 64 个协议保护项目得到实施,直接的保护面积达到 225 万公顷[①]。

　　3. 协议保护在中国的发展

　　协议保护模式于 2005 年在保护国际的支持下被引入中国,由山水自然保护中心、全球环境研究所等机构执行,在执行过程中也得到了中欧生物多样性项目、青海省林业厅、四川省林业厅等政府部门的支持,目前在中国西部的青海、四川、甘肃开展,主要集中在青海湖、三江源、岷山及邛崃山系、甘孜州温带森林等生物多样性热点地区,保护地类型多样,涉及保护区、国有林、集体林等多种权属模式,囊括草

① 张逸君,刘伟.协议保护手册.未公开发行,2011.

社区保护地建设与外来干预

原、林地、湿地等多种地理环境,覆盖藏羚羊、大熊猫、川金丝猴等珍稀动物的栖息地。通过5年多的努力,共有约2300平方千米的土地得到保护。

协议保护模式在中国的发展过程大致经历了3个阶段[①]。

(1)发展初期和探索阶段(2006—2008年)

1998年到2006年,是我国保护区建立的高速发展阶段,这段时间内,我国建立了大量的保护区以保护生态环境和野生动植物。而此后,保护区的建立工作有所放缓,如何巩固已经建立的保护区的成效,如何保证保护区周边区域的保护,以及已有保护区域的连接等问题成了保护工作的重点。而面对这些有社区居住、国有林、集体林、自留山等权属并存的区域,协议保护这种多方参与合作进行保护的模式便有了现实的需求。在2006年,保护国际与全球环境研究所在四川平武县、丹巴县、宝兴县以及青海的三江源区域尝试了协议保护的试点工作,在这个阶段,通过与当地政府和社区的合作,了解其需求并总结如何激励当地政府、社区形成保护合力的方法。

(2)国际组织大规模推广阶段(2008—2010年)

通过第一阶段的尝试和经验积累,协议保护模式得到了当地政府和一些国际机构的认可。在一些社区保护地建设得到相关投资机构的支持,例如,中欧生物多样性项目分别支持保护国际、拉萨市环保局和国际野生生物保护协会在青海的青海湖及三江源区域、四川和甘肃的大熊猫栖息地、西藏的高原湿地等不同的生态区域的协议保护的推广。

不同于第一阶段,在这一阶段,政府开始提供配套资金,以实际行动体现对这种模式所传递理念及方法的认可;此外,在执行项目的过程中,政府对执行的技术环节进行更多的讨论和反思。相对第一阶段的探索,政府部门在与社区的公平协商、协议拟订的社区参与、评估指标及方法的确定上有了更多的进步。国际组织也不断总结,在协议保护执行的各个步骤中都概括出了经验和精要,使协议保护模式的理念进一步被强化,执行更加规范、更具有操作性。

(3)政府为主导推广协议保护模式(2011年至今)

随着整个中国社会对生态保护的关注、投入和参与的不断增强,不仅政府继续在生态保护工作上加大投入,社会公众、企业也不同于以往扮演单纯的资助者的角色,而是期望更直接参与到公益事业的工作中,这也为协议保护这种灵活并包容的模式提供了更多的机会。

2011年,国务院正式批复成立三江源生态试验区,在青海省的细化实施方案中,协议保护被确定为"创新保护机制",以"体现农牧民保护主体地位"的工具而进入到三江源生态试验区试施方案中。

---

① 张逸君,刘伟.协议保护手册.未公开发行,2011.

164

　　此外,三江源保护区管理局也开始用政府本身的资金在三江源区域新启动了两个协议保护项目点;四川的平武县,一些企业家开始直接参与建立公益保护区,或者推动社区通过生态产品的生产,使社区和市场更好地结合起来,这些都体现了政府和社会的需求,也是协议保护模式今后发展的方向。

## 二、协议保护操作模式

### 1. 逻辑框架

　　协议保护是外来干预者鼓励社区,并与社区在协议的约束下成为合作伙伴,共同开展社区保护地建设的过程,其合作关系如图 7-1 所示[①]:

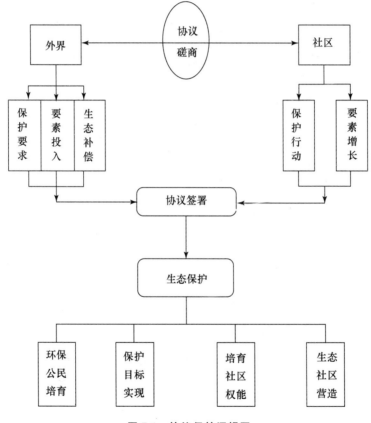

**图 7-1　协议保护逻辑图**

①　张逸君,刘伟.协议保护手册.2011,本文根据社区保护地建设特点略有修改.

## 2. 协议保护传递的理念[①]

协议保护坚持并传递、推动"生态公平"的理念。而这一理念具体包含了两层含义。

首先,人与自然的公平。众所周知,人类像其他地球生命一样享受着大自然馈赠的礼物,生存发展,繁衍生息。然而,人类却一度未能遵循自然中"获取-回报"的法则。相反,作为自然界最有能力的生物,人类不断开发、改造自然,加倍地攫取资源,使自然遭到了破坏。保护自然界其他生命、保护生态是人类共同对自然的责任,更是人类长远发展的需求。

其次,人与人的公平。每个人都渴望也应该拥有公平的发展权利,生态价值相对高却发展落后的地区也不例外;每个人都应公平地承担生态保护的责任,生态价值相对弱但经济发达的地区也不例外。人们在生态保护中需要公平的合作来实现人类对自然共同的责任,同时,人们应能找到更好的途径可以让人们既不会放弃对平等发展权利的追求,也不会放弃对自然应尽的责任,从而实现人与自然、人与人之间的生态公平。

在"协议保护"模式中,"生态公平"和"环保公民"的理念可以用下面的关键词具体解读:

(1) 平等的权利

人人享有平等的保护权与发展权。不论政府或是民众,保护是全人类的责任,而且保护权也是政府和民间共享的权力。通过"授权"的方式,将隶属于管理权的保护权分离出来,授予更广泛的民众,使他们拥有保护权利,只有这样才能让他们更有渠道承担保护责任。发展是每个人、每代人、每个物种都享有的权利。无论因何原因,限制人的发展、破坏子孙后代的生态资源、抑或剥夺其他生命的生存环境,都是自私的、不公平的。在协议保护中,可以力图平衡生态保护和发展的权利,推动全社会都参与保护,树立责任意识,伸张自我权利,为生态保护贡献力量。

(2) 公平的责任

环保不仅关乎信仰、道德,也是所有全体公民的责任。大自然对人类馈赠从来都一视同仁,不仅是生态保护区的人们,保护区以外的人们,都享受着生态效应的外部性,换而言之,不仅当地社区,外界也享有生态保护区的生态的服务。因此,保护生态不仅是当地社区的责任,外界也理应参与付出。外界对生态保护的投入不应作为慈善,或看作是交换,而应该是作为本身应承担的环保责任;同样作为社区的保护行动不应仅仅是社区为了发展的权宜之计,而且应该是为了子孙后代和外界其他人也能共享美好自然的努力。虽然公平的责任边界很难确定,但社区应当

---

[①] 张逸君,刘伟.协议保护手册.2011.

作为保护行动的主体,而外界应该在技术、资金和方法上投入支持,外界与社区共同投入,承担公平的生态责任,共同回报自然的馈赠。

(3) 契约的精神

多方合作的环保行动,需要注重契约精神。在协议保护模式中,要求不论是外界各方与社区间还是社区内部,都要以是契约的形式将保护行动中的责、权、利平等协商,落成契约,并以签订协议的方式形成具有法律效应的刚性准则。

(4) 包容地合作

保护与区域、职业、教育、性别无关,更与阶层、民族无关,因此,在保护行动中应尊重区域间、职业间、学历间、性别间,甚至阶层与民族间在文化、信仰、价值上的差异。在保护中还应坚持多方的公平合作,尊重多方的平等主张,倡导多方的理性妥协,更加接纳多方对保护认识的差异,充分理解保护行动的复杂性和多变性,努力推动保护行动模式的阶段成长。在包容合作、善意"妥协"的平台上,有助于环保公民的培养。

**3. 协议保护的特点①**

协议保护模式是社区保护模式的一种,在其"生态公平"及"环保公民培育"的理念下,与以往的社区保护模式相比,协议保护模式呈现出如下 4 个特点:

(1) 以社区整体作为保护行动和发展的主体

以社区整体作为保护与发展的主体,是经由漫长的社区项目摸索期后而获得的弥足珍贵的经验。其道理浅显,但能够真正做到,却着实不易。

早期的保护模式中,政府相应领域的主管部门是唯一的保护主体。所有保护行动均由政府保护部门执行。而社区以及社区居民成为被防范、需要限制的对象。此时,保护只是政府的权利和责任,社区是被"排斥"在保护这条"战线"以外的,而保护行动在行政体系内被"自上而下"推行。保护成效的好与坏,取决于政府对保护的投入力度。面对巨大的需被保护的生态资源,政府部门往往"鞭长莫及"。

近期的社区保护模式,社区能够在保护中发挥重要作用的观念已经深入人心。政府往往要求社区中的部分人员参与到国家主导的大型生态工程项目中,配合政府项目的实施。社区参与人员仅仅对项目的过程负责,但并不对结果负责。对于社区为整体参与保护,并没有要求。

协议保护模式中,社区必须作为整体以集体行动的方式开展保护。在有关社区保护地社会学分析中,我们知道在解决公共池塘资源问题时,不能把相关者排除。协议保护模式中,社区的主动保护是真正有效的、事半功倍的。此时,社区不再被动参与保护,而成为真正的保护主体。社区内部在不断提升社区保护权能的

① 张逸君,刘伟.协议保护手册.2011.

背景下,以"自主协商"的方式达成社会契约,采取集体行动来实现外界提出的保护要求。而此时,外来干预者则依据各自的优势通过授予保护权、投入资金、提供技术支持和能力培训、投入志愿工作等方式来激励和培育社区保护权能的提升,以此履行环保责任。

(2)基于保护行动和成效的社区营造

社区营造是协议保护模式中为了有效地发动社区为主体以及推动社区持续性的保护,而有针对性地提供社区生态补偿的具体过程性做法。社区营造的目标并不是简单地向社区提供"生计"来换取"保护"的交换做法,而是包含了帮助社区提升社区的公共性、协助社区发展生态友好型产业、生态文化建设等一切在同社区协商后确定的活动,这些活动有利于社区生态保护的社区能力建设、文化及产业发展活动。理想状态,是将社区营造成为生态保护与社区发展紧密挂钩的生态友好型社区。

早期的保护模式中,保护在政府体系中"自上而下"刚性推行,而行政主管部门在开展保护行动时很少将保护和当地的社区发展结合起来。近期的社区保护模式中,外界开始逐渐意识到保护与社区发展的联系,为了不让当地社区为了发展而破坏生态,外界开始帮助社区发展替代生计或者其他社区发展项目,期待因此可以减少社区居民对生态资源的依赖。然而,尽管保护和发展都开展,但由于二者并未有机结合,社区发展并不以社区保护成效的好坏为条件,保护和发展相脱节,保护成效难以保障。

协议保护模式中,在"生态公平"的理念下,外界与社区都有责任将社区营造成为生态保护与社区发展紧密挂钩的生态友好型社区。首先,外界参照社区因保护所进行的相应投入,设计对社区整体的社区营造投入的资金量及投入手段的计划作为生态补偿。其次,生态补偿的兑现与社区的保护行动和保护成效紧密挂钩,以保证社区营造投入必须是基于社区保护行动而获取的。再次,外界有责任同社区共同设计符合社区传统生态保护文化和社区发展实际的生态友好型社区营造方案,以保证社区营造的结果是符合生态公平的。另外,在社区营造的过程中,社区的"社区保护权能"的培育,也必须是社区营造方案的重要因素。经由这个过程,外界与社区的保护意识与保护能力也在不断地被增强,"环保公民"得以被培育。

(3)明确地以民法为依据对责、权、利的刚性约束

各保护方将责、权、利的契约化,是更加尊重彼此、尊重公平理念的做法。协议保护模式推动契约的签署,让责任在法律约束下更显公平与民主。而契约的签订,更是在原本行政法的基础上加入民法的保护,形成法律保护契约的"双重保险"。

　　早期保护模式中,保护主管部门与社区之间表现为行政法律关系。而行政法律关系的强制性,使得保护的责任、权利在法律关系上仅属于保护主管部门,包括社区在内的其他群体其实是被排斥在外的。又由于"保护要求"往往是"自上而下"地通过职能部门内部序列层层下达,至基层主管部门这一级时,往往采用行政指令加行政管理的方式直接要求和约束社区不得违反保护规定,否则以行政条例加以处罚。这一方面使得社区强化了保护"与我无关"的意识;另一方面,政府基层部门受到人力、财力的限制,反而为个体从生态保护中获取个体收益提空了可钻的"空子",保护变得困难重重。

　　近期的社区保护模式中,保护部门开始将保护的部分责、权、利让渡给社区。然而责、权、利的关系却不是十分清晰的。常常出现以下问题:① 社区没有被看成整体,只是部分个体,比如护林员参与保护,保护的责、权、利落在个别人身上,这样往往因破坏了社区的平衡而使得保护失败;② 即便有协商的过程,但协商带有比较明显的行政管理色彩,行政管理的强制性使得社区在协商过程中是被动的,所约定的责、权、利很难照顾到社区的需求,更难激发社区的保护动力;③ 主管部门与社区之间依然是管理与被管理的行政法律关系,只有个别被政府雇佣的护林员、协管员存在与社区之间雇佣与被雇佣的关系。

　　协议保护模式中,外界代表(通常为政府)与社区平等签订保护协议(缔约合同),将双方的责、权、利明确在协议文本中,协议对双方都有约束力。社区作为法人被看成是整体,而责、权、利的主体则不再是社区中的部分人。依据协议,社区有保护的权利,基于保护成效获得发展机会的权利,也负有开展保护的责任,并享有保护和发展的收益;外界有提出保护要求的权利,负有提供资金、权属和技术支持社区保护和发展的责任,同时享有保护的收益。参与保护的双方权属清晰,责任明确,利益共享。此时,外界和社区之间的协议,明确地受到民法保护。这样一来,保护行动不仅在以往行政法律关系的基础上,增加了民法的保护系数,在法律关系上形成"双保险",而且保护权利不再仅属于政府,也属于社区。更值得提倡的是,外界与社区之间因为民法的保护,而双方地位平等,权责明晰了。

　　(4) 不变权属,以灵活的方式设立保护地

　　在以往,设立保护地尤其是设立保护区,是一项可能牵涉"所有权"、"用益物权"等"物权"变化以及新的行政法律法规或新的行政指令设立等一系列牵扯面广而决定程序复杂且耗时的大型"工程"。因此,保护地和保护区往往被设立在保护价值突出、保护区域重要、保护意义非凡的重点区域。而这时,还有一些具备保护价值,抑或若不保护则会直接对保护区带来威胁的区域则很难被纳入保护地的管护范围之内;同时,在新保护地的审批过程中,这些区域的保护行动很难受到法律

保护。

协议保护模式,使得保护地的设立方式更加简单、灵活,协议保护以民法为法律依据。在协议所约定有效期内,协议保护模式可以将保护区域扩大到有具备民事法律行为能力的法人及自然人的任何区域。同时,已有"物权"无需变更,协议双方的责、权、利受到民法保护。这也就以民事行为合同的方式,客观且灵活地在协议期限内设立了新的保护地。

## 三、协议保护的操作步骤①

协议保护从保护国际引入中国,一共有 6 个步骤。北京山水自然保护中心组织实施人员讨论,并经张逸君和刘伟的提炼,演化为下列 5 个步骤:① 确定目标;② 寻找项目点;③ 协议准备;④ 协议履行;⑤ 成效评估。

每一个步骤都基于协议保护的理念、特点及逻辑,从理论到实践,探索解决社区保护的难题。在实践中,在每一个步骤都可以根据实际情况,结合前面提出的参与式工具,派生出若干小的步骤。

确定目标→寻找项目点→协议准备→协议履行→成效评估

通常走完五个步骤,即一轮项目的周期为两年,两年后基于成效评估的结果,以及协议双方对目标达成情况的评估,可以以续签协议的方式,实现项目的可持续。

### 1. 步骤一:"确定目标"

确定目标是这样一个过程,它搭建起包容合作的平台,整合资源形成外界保护力量,而外界各方对协议保护达成共识成为甲方,进而商议确定保护主题和项目目标。

外界各方有各自的需求和目标,例如,政府有政策、规划重点,如生态功能区建设,退耕还林还草工程,集体林权制度改革等;基金会有投资重点,如物种保护、水源保护、气候变化适应、人类健康、区域经济发展、保护部门能力建设等;企业有社会责任和自身利益,如履行企业社会责任,创造自然产品良好环境,树立企业公关形象等;保护部门有保护职能和需求,如寻找资源和有效方法保护特定区域和物种、解决保护部门与社区的矛盾等。

协议保护作为资源的整合平台,首先结合各方的不同目标和资源,形成外界保护力量,即甲方;然后甲方进一步对实现目标的方式——协议保护及其理念、方法、

---

① 张逸君,刘伟.协议保护手册.2011.

精要等进行深入地认识;之后甲方对保护珍稀物种、水源还是生态环境等具体的生物多样性保护主题达成共识,并对项目区域、时间、规模、管理等保护要求,以及预期项目效果达成共识。

第一步的经验及注意事项:

① 确定目标主要是通过会议、野外考察等方式反复磋商、充分交流达成的。其中野外考察协议保护示范项目点非常必要,能切实地了解到协议保护能解决的问题及解决问题的方式。

② 确定目标的过程中,甲方各方有必要根据需求和资源协商出合作方案。

**2. 步骤二:"寻找项目点"**

确定的总体目标中包括了项目区域,之后便是根据目标通过选点在项目区域内找出潜在项目点;运用可行性分析,进一步权衡潜在项目点是否适合开展协议保护项目。

(1) 选点

外界各方参与协商,得出潜在项目点的选点标准,主要考量: ① 项目点是否能开发出满足项目目标的价值,包括生态、文化、社会、经济价值等;② 该点实现项目价值的方式有哪些,例如生态产品等;③ 当地合作伙伴和项目实施者是否具备保护自然的意愿、责任以及能力现状及对其培育潜力的评估,包括当地政府部门、保护部门和社区,是否能承担起项目实施;④ 在该点开展项目面临的困难和风险,如是否涉及民族宗教等的社会不稳定因素,是否与政府规划有冲突,社区利益方关系是否复杂等;⑤ 在该点实施项目所需的投入是否合乎前期项目总体规划,包括人员、技术、资金,其中要尤其注意该社区的需求。然后通过项目招标的方式募集项目建议书,进行快速评估甄选出满足标准的候选项目点。

选点的经验及注意事项:

① 选点标准强调各方参与协商制定,然后对各项标准赋值以打分制选点。

② 选点需将政府和保护部门的推荐与实地快速评估调查结合起来,既契合政府和保护部门的规划需求,又契合协议保护的选点原则,并且快速高效。

(2) 可行性分析

虽然选点已有一系列标准,但是更精准地选出适合开展协议保护项目的点需要依靠更细致的可行性分析。可行性分析直接关联到项目设计中的威胁、指标、保护要求、补偿、评估等各方面,需要分析以下方面的有利、不利条件:生物优先性,生物多样性面临的威胁,资源使用者作为保护合作方所具备的意愿、责任感、能力,资源权属,法律条文,政策条文,实施者的能力,利益共享者和矛盾分析,项目预算,财政选择。首先要组建起专业团队,制定可行性分析方案,进行生物多样性和社会经济调查,然后根据调查显示的各方面有利、不利条件做出综合判断,决定是否继续进行具体保护协议的设计。

可行性分析的经验及注意事项:

① 可行性分析的结果是确定出项目点,项目点的条件直接影响到后期的项目设计、执行和效果,因此调查过程需要有耐心,时间根据情况从两周到半年不等。

② 没有哪个项目拥有完全有利的条件,切忌将某个单一的标准当成决定性的因素。最终应将所有因素平衡,得到一个结论。

③ 调查团队的组成很重要,应该找到对该区域的生态、社会经济较了解的人加入。

④ 可行性分析中社会经济和生物多样性调查需要互相配合和印证。

⑤ 在分析项目设计中的社区营造时,重要的是了解社区对当地生态的理解和态度,从而选择合适的切入点,并不局限于经济收益类投入,还可能是在文化、教育、权利等社区所关注的方面。

**3. 步骤三:"协议准备"**

协议保护中外界与社区合作开展保护的载体是融合了科学、公平、约束特点的保护协议,在项目点被确定后,就进入准备保护协议的阶段。保护协议需要外界与社区磋商确定,而事实上保护协议的雏形在可行性分析时就已经形成。在此基础上还需要通过确定基线、社区协商、设计协议三个环节。

(1) 确定基线

确定基线是在项目实施以前,对项目点生物多样性和社会经济情况进行比较详尽的本底调查,一方面寻找社区的保护价值与社区营造的可能性,作为设计保护协议的基础,另一方面收集将来作为衡量项目效果的基础数据,为项目评估建立基线档案。

确定基线经验及注意事项:基线的确定与项目成效评估是一脉相承的,指标和方案设计一定要顾及前面的目标和后面的评估。

(2) 社区协商

协议保护的具体操作中,多方公平协商是协议保护各理念的综合体现,而在准备保护协议的过程中,最主要表现为外界甲方与社区乙方的协商。首先,甲方和乙方本着包容合作的原则,对协议保护的理解、对项目的目标和要求以及对项目执行方案协商达成一致意见,防止因沟通不畅造成的误解和不认同导致的项目风险;其次,基于生态公平理念,各方都勇于承担自身的保护责任,甲方提出保护要求,社区提出社区营造需求,二者之间通过协商使保护和发展的具体计划切合实际情况,并进一步协商实施计划所需建立的管理机制。

社区协商的经验及注意事项:

① 甲乙双方要对项目事宜和协议设计达成共识需要经过多次协商,甲乙双方在协商过程中建立信任非常重要。

② 甲乙双方必须遵循平等协商的原则,保证协商的过程和结果公平。

③ 乙方是社区整体,因此所有的协议内容需要通过社区的民主决策,社区大会是很好的方式。

(3) 设计协议

设计协议并不是一个在时间上独立出来的步骤,而是从可行性评估开始包含了确定基线、社区协商的整个过程。契约精神和民法的约束力都基于这一纸协议。

最后成文的保护协议主要包括三个方面:① 保护要求,清晰定义协议双方要达到的保护成效和要采取的保护活动;② 社区营造方案,包括社区保护权能的培育方案、社区营造投入的总价值、类型、方式和投入时间等;③ 项目评估指标、方式与评估后的奖惩措施。

设计协议的经验及注意事项:

① 详细的协商之前,必须请律师确认甲乙双方具有合法的协议主体资格。

② 协议是双方履行项目责任、执行奖罚的依据,所以协议的条款一定要明确、细致,明确甲乙双方的责权利,大而粗的协议即使双方都无违约,保护成效也很难达到。

③ 设计协议是一个反复修改完善的过程,并且签署的协议中要明确指出还有改进的空间,如在项目实施过程中发现有必要修改或补充,可签署补充协议。

**4. 步骤四:"协议履行"**

甲乙方协商达成共识的保护协议准备好以后,一经签订立即生效,按照保护协议,乙方实施以社区为主体,采取集体行动的保护行动,同时甲方根据乙方的实施情况开展社区营造,项目由此进入正式实施阶段。

(1) 签订协议

一份协议要生效,甲乙双方的代表简单签字盖章即可,但是协议保护在此环节强调发挥仪式的作用,在社区召开大规模村民会议举行隆重的签字仪式,不但使协议在法律上生效,也使信息公开,各方更重视承诺。

在签字仪式活动里,邀请协议各相关方参与,包括甲方中的各方代表与乙方代表和广泛群众。活动中除了项目的说明,协议文本的公布和签订,还可以包括项目管理和监督组织的建立、村规民约的公布、文化庆祝活动的开展等。

签订协议的经验及注意事项：

① 签字仪式隆重，避免走过场，尽量让仪式活动丰富。

② 强调公开性，以大规模村民大会的形式进行；地点可选择在能让更多社区老百姓参与的地方进行，最好是村中心，这样有利于社区中建立起对协议的自豪感和认同度，巩固甲乙双方对协议的承诺。

（2）履行协议

协议中只写了条款，没有写怎么实现条款，因此，如何履行协议是协议保护模式的关键所在。例如，要进行组织建设来执行协议，包括甲乙方的管委会和乙方的监测巡护队建设；制定社区资源管理制度，从而让社区整体参与集体保护行动；制定监测巡护计划，保证监测巡护队的工作规范有效地开展；制定社区营造方案，明确外来资源在社区如何分配管理和发挥作用；设计各活动执行方案，参与方确认各活动的时间、人员、内容等。

履行协议的经验及注意事项：

① 保障各方信息通畅，甲乙双方定期交流和反馈，如监测结果反馈社区。

② 甲方监测乙方变化，及时提供技术支持，培育社区能力。

③ 保证项目执行方即甲方代表有专人负责监测管理此协议。

④ 充分发挥乙方社区的主观能动性，如参与制定保护计划，将其传统习俗、乡土知识应用于保护中。

⑤ 技术支持机构需要全程监督并支持协议实施，适时发现问题，协助协议双方提出整改方案。

5. **步骤五："成效评估"**

任何项目在最后都需要评估，判断项目执行后的成败。在协议保护中，成效评估承担的两重功能却有所不同：一方面考量协议履行情况，运作奖惩机制，约束督促协议得以进一步履行，即协议履行评估；另一方面考量项目的保护和社区营造综合成效，进而考虑项目的科学性与可持续性，即项目成效评估。

（1）协议履行评估

甲方对乙方进行协议履行即项目验收评估。根据协议中甲乙双方的权利义务，建立起评估指标体系，设计出评估方案。以期中评估来鼓励或纠正社区的保护行动，起到促使其再接再厉或亡羊补牢的作用；以终期评估判断项目执行方（甲方）评判社区（乙方）的履约程度及相应的奖罚程度。

协议履行经验及注意事项：

① 在协议履行的评估中,甲方代表可邀请甲方的人员参与,某些有争议的履行责任追究可由甲方做仲裁。

② 项目履行的情况是过程性成效,与最终的保护成效有直接或间接关系,需要在保护成效评估时深入调查和分析。

（2）项目成效评估

由出资方或项目技术支持方请生物多样性专家和社会经济专家独立对项目进行两方面的成效监测。根据项目在保护和发展上的目标,结合项目开展的具体活动,分别建立起生物多样性和社会经济成效评估指标体系,设计出评估方案。专家在项目可行性分析和本底调查时就开始收集涉及项目成效评估的指标本底信息,之后在项目过程中定期收集这些指标的信息,进行项目阶段性和终期的前后对比分析,判断成效结果。

项目成效评估的经验及注意事项:

① 项目成效评估由专家独立完成,只注重成效评估以及影响因素的分析和判断,结果直接交给出资方或项目技术支持方,不倾向于甲方或乙方。

② 项目成效评估并不是在项目终期时再着手考虑,在项目可行性分析和本底调查时,成效评估的关键性对比指标就必须确定并开始应用。

③ 环保项目本身很难量化保护成效,特别是短期的环保项目,因此成效评估不能操之过急,贵在长期坚持监测。

④ 评估后的产出应该及时向社区反馈,让社区了解因为他们的保护行动而带来的变化对今后保护行动延续是至关重要的,是培育其环保责任、激励其保护积极性、增强社区权能的重要活动,因此需要多花时间在反馈的内容、形式等细节上,甚至可以将评估后兑现保护成效奖励的活动结合起来,做成一项社区的重要的文化活动。

## 四、执行协议保护项目的经验分享[①]

了解协议保护的五个步骤,犹如知道了武术的拳谱,但如果同时获得要诀即修炼经验,则能更快地进步。以下介绍由北京山水自然保护中心所开展的协议保护的一些经验。

---

① 张逸君,刘伟.协议保护手册.2011.

### （一）认识目标和需求：“社区的生态—社区的人—社区人与生态的关系”

协议保护中应特别重视项目的选点、项目可行性分析、本底调查等项目基础性工作的成败，这将直接影响整个项目的成功与否。在基础数据收集时，了解“社区的生态、社区的人、社区人与生态的关系”这三点又尤为重要。

**1. 认识社区的生态，明确保护的价值和存在的问题**

视角一，外界看社区的生态。这种视角强调用现代的科学的眼光洞察社区的生态环境是怎么样的？社区中有保护价值（通常以保护名录来判定）的生态资源（如生态系统、物种、水源等）是什么？这些资源在社区中分布的时间和区域是怎么样的？这些资源与其他生态资源的关系是怎样的？它们是否存在问题，存在什么样的威胁？

视角二，社区看社区的生态。这种视角是用当地传统的知识和文化价值来看待的：自己的生态环境和生态资源是怎么样的？哪些是有用的？为什么？什么是理想中的美好自然生态？什么是生态保护？什么时候需要保护？社区的哪些资源是需要保护的？为什么？需要保护资源与其他生态资源的关系是怎样的？社区如何看待所处的生态环境、对生态的理解其实是外界培育社区环保责任的基础。

协议保护模式将两种视角结合。协议保护模式一方面看重科学的知识，依科学认识生态，建立评价标准；另一方面，也充分地理解社区自己对生态的认识，尊重传统文化，相信地方“米提斯”（源于古希腊神话，象征本土延续下来的复杂的民间知识和智慧）。在此基础上，协议保护模式不仅能提出满足两者的保护对象，还能较为精准地“瞄准”社区保护权能的培育方向。

**2. 认识社区的人，明确保护的意愿、权能和营造的需求**

（1）社区的保护意愿

协议保护模式坚持社区是保护的主体，因此，社区在开展项目前的保护意愿是协议保护模式首先关注的。根据以往协议保护项目的经验，社区在项目初始的保护意愿常常因为社区对自身保护责任的认识和社区对环境危机感的强弱程度而分成不同层次。一种可能是社区对生态好坏以及可否持续的标准与外界的科学标准不一致。换句话说，社区不认为这里的生态有问题，保护在社区看来是没有价值的事，这就需要在项目开展前期，开展一定针对性的可简易操作的宣传交流活动，而宣传交流活动的成效将会影响这里协议保护项目点的确定。另一种可能是社区认识到危机，但暂时没有意识到自己有责任投入保护。协议保护模式需要以各种社区营造类的激励性刺激暂时性刺激社区投入保护行动，并在社区大量开展宣传教育工作，在项目开展过程中，培育社区的环保意识，增强他们的环保公民责任感。

第三种可能是社区认识到危机,也认为自己负有解决问题的责任,但是由于能力不足,没有办法有效解决问题。这类社区将成为协议保护模式开展项目的最佳的理想社区。

(2) 社区的权能

协议保护致力于培育起"社区保护权能",这就需要在项目开展初期,对社区权能作出一定的评估。基于以往的协议保护项目经验,项目执行者往往会组织社会经济专家,考察社区在公共事务以及集体行动中的动机、过程、社区参与、方法以及最终解决问题程度等表现,来帮助认识判断社区权能。

"社区权能"(competence)指的是社区(这里强调社区整体)为了实现其目的而解决问题的能力。理想地说,当社区项目将行动的发力点聚焦在,通过项目的实施,社区居民能够广泛地参与到社区事务中去,共享决策制定的权利,并可通过自身力量解决社区事务时,社区的权能就得到加强,社区也得到了发展。在这其中,"社区作为整体主动地参与社区公共事务"、"社区作为整体有解决社区问题的能力"这两点被深刻地强调。很显然,在社区发展项目中,致力于这两点的实现,将是一项更有效、更根本、更具长远眼光、更加可持续的社区发展路径。

(3) 社区的需求

毫无疑问,社区对生态保护负有责任,它是保护行动的主体,并且是最重要的保护力量。然而,生态保护却不一定是众多公共事务中最被社区重视的一项。因此,外界经由科学的评估,充分了解到社区的生态与社区发展的需求,并基于此帮助社区设计并投入开展生态社区营造,如此一来,社区便将发展与保护的公共事务结合在了一起,保护便更加富有成效了。

然而,外界是没有责任支持社区营造的,所以,所有的这些支持是附有条件的:首先,社区营造需要建立在社区有效的保护行动和成效的基础上;其次,社区营造的方向应该有利于生态友好型社区建设;再次,保护各方在分工合作中的责任和权利要一并写入协议,以获得法律保障。

3. 社区人与生态的关系

(1) "靠山吃山"、"靠水吃水"

这一朴素说法揭示了社区依赖生态、利用生态、生产生活无时无刻离不开与生态的联系。经过祖辈延续,每个社区在历史上都形成了特有的社区内部管理自然(生态)资源的规则。千万不要小看并忽视这些社区天然形成的自然资源管理规则,他们不仅与当地生态环境的变化密切相关,是反映当地生态环境变化的"镜子",还极有可能是协议保护项目中社区可能采取保护行动的出发点。认识社区管理生态资源的规则。认识社区使用哪些生态资源,如何使用这些生态资源,哪些生态资源对社区必不可少,社区的主要经济来源同什么生态资源有关系,收集这些有关管理规则的信息后,描绘出一幅社区资源分布与管理的季节历。

(2)认识社区对待生态的态度、文化和习惯

认识社区对生态的态度和文化,可以通过了解当地社区的信仰中自然在人生命中的角色以及社区的对自然的禁忌与崇拜来作判断,也可以通过调查社区对生态环境的自豪感、收集有关自然生态的风俗活动来了解。

行动始于认识,合作始于共识。在协议保护模式中,认识社区的生态、社区的人、人与生态的关系都是对保护目标、保护行动的分工以及生态社区营造达成共识,协商订立协议的基础。

### (二)充分协商与遵守契约

#### 1. 契约一:外界与社区应为保护和发展的共同目标达成承诺

外界希望尽自己的环保责任支持社区保护生态,而社区依托自身保护生态的先天条件和优势,愿意尽自己的环保责任保护生态却缺乏能力,同时,社区还有获得发展的需求。因此,外界支持社区开展生态社区的营造、社区保护权能的培育,并与社区签订契约(协议),以明确生态保护的目标、分工合作方式,以及外界对生态社区营造的支持。

第一,外界与社区为协商提出各自需求。一方面,外界要了解社区的生态环境,获取社区对生态资源价值的评价和保护态度,在此基础上,为改善社区与生态的关系,与社区一起共同提出生态保护的目标。同时,外界还要了解和评估社区的需求,支持生态社区的营造。另一方面,社区担负起保护的责任,发挥自己熟悉地方生态、掌握地方知识优势,积极投入保护、提出保护计划。同时,社区基于发展的考虑,结合外界对发展所提出的建议,向外界提出帮扶其生态社区营造的需要。

第二,双方就相互所提的要求,各自考虑自身的能力,进行协商。经过协商,双方达成保护和发展的共同目标,同时以书面协议的形式承诺具体的责、权、利,评估指标以及违约责任。

第三,协商主体须是外界各方与社区整体。在大多数情况下,社区领袖往往作为社区代表同外界协商。尽管他们了解社区,拥有权威,但是在协议保护中,依然应坚持以社区为主体,无论做出保护行动的承诺,还是社区发展需求的决定,都由来自社区内部的全体成员大会通过,以此来保证社区主体整体性。

#### 2. 契约二:社区内部应为实现公共利益而达成一致的集体行动

首先,协议保护要求集体行动。协议保护模式特别注重寻找与生态保护密切

相关的社区营造项目(诸如生态旅游、有机农林产品等)。如若实在无法寻找到与生态保护密切相关的社区营造项目时,协议保护模式依然特别强调社区营造项目需要具备生态友好型的特征。而不论以上哪种情况,生态保护成效都将是最终的项目达成目标,更是评价协议履行成败的重要指标。生态的关联性决定了生态保护的集体性,任何一个人或一小部分人对生态的破坏,都可能导致全局的保护失败。因此,协议保护不仅倡议,更要求社区在保护时的集体行动。

其次,协议保护提供"公共利益"作为生态补偿,以引导社区的集体行动。在协议保护模式中,外界提供的社区营造补偿并不针对个人,而是根据对社区完成保护目标的评估情况,以整体的对个体有吸引力的"公共利益"形式提供给社区。因此,协议保护中无论是保护的要求还是从提供公共利益的指向上,都需要引导社区组织集体保护行动方能实现。

再次,社区内部集体协商,以保证集体行动。协议保护要求外界提供的生态社区营造项目必须是社区个体所关注和需求的公共利益。但社区个体成员深知,能否得到它们不仅自己需要投入行动,还受到社区其他所有成员的行为影响。所以:

① 社区内部须就社区公共利益的优先性如何排序、如何实现、如何分配这些公共利益进行协商,制定出公共利益的管理和分配规则。之后由社区代表带着内部达成共识的营造需求列表向外界争取最大的支持。

② 与社区内部就生态问题、保护目标协商,达成共识。社区代表带回外界主张的保护目标与社区进行内部协商。社区讨论哪些目标是切实可以达到的,实现该目标需要开展的保护行动,以及需要的外界支持。社区代表基于讨论的结果与外界协商,经过几次平等的主张、包容地听取意见,积极地协商后,外界与社区达成保护目标及就分工合作进行承诺。社区内部就保护目标和社区营造协商制定具体可行的保护计划和管理规则。

③ 这种社区内部自我组织、集体行动的能力并非完全来自外界的奖惩压力,而更多建立在之前公共事务成功管理的基础上。协议保护强调认识并培育社区保护权能,也强调社区全体成员公开、充分参与的内部协商过程。社区成员通过协商了解公共事务及公共利益,在平衡个人利益和公共利益的基础上,充分表达自己的意见,也有助于培育"环保公民"。

### (三) 社区保护权能的培育

协议保护在中国的执行策略中,将社区保护权能的发掘与培育作为社区工作的重点。而致力于对社区保护权能的培育,是在社区生态保护领域中对"授人以鱼不如授人以渔"这句话的合理诠释。

协议保护模式在"社区权能"概念的基础上,进一步提出"社区保护权能"概念。简单地说,社区保护权能是指社区以整体为单位,为实现社区主动保护的目标而具备的可以解决所面临的各种问题的能力。而协议保护作为一种社区生态保护方法,已不再满足于"发现在保护行动中社区是不可绕开的力量,需要努力促进社区参与保护";而是在此基础上,更进一步探索,如何在社区保护项目中,切实提高社区保护权能。

(1) 培育社区保护权能的难度

社区保护权能这一概念说起来简单,做起来难度却非常大。其中的奥妙之处在于,社区实在是一个极其复杂的空间。在社区中,各种利益的冲撞总是会让社区项目执行者的工作因为没有考虑到社区全盘受益,而受到社区中不满者们的阻碍。情况还不止于此,社区的复杂还表现在每一个社区都会因为地域、种族、信仰、经济发展水平的不同而差异迥然。社区保护权能仅强调社区整体主动参与社区事务这一条,就需要社区工作者们扎进社区,下足苦工。更何况,社区保护权能还进一步强调社区整体具备解决问题的能力,可见难度之大。

(2) 社区保护权能的提升

在协议保护模式中,通过签订具有民事权利关系的保护协议,政府部门同社区的角色实现了甲方与乙方真正的权利平等,这一举措在传统政府部门对社区保护采取行政管理的方式的基础上,创造性地提供了社区外界与社区之间展开平等合作与对话的新模式。提升社区保护权能除了需要做到外在激励社区形成保护动力、约束和促进社区整体地参与保护行动外,更为重要的要素是培育社区具备整体的行动能力。在协议保护中,社区需要外界提供相应的能力建设。而外界对社区的培训活动也将作为外界的责任条款落实在协议文本中。而社区内部在参与生态保护的形式上,是"被动地接受"还是"主动地参与",在很大程度上取决于社区是否有充分的利益表达渠道,是否掌握与外界平等的对话权。协议保护模式始终坚持推动社区成员共享行动成果的利益观。强调利益的获取必须通过集体的保护行动方能获得。所以,当社区开始主动地参与并组织保护行动,社区享有与外界平等的话语权和保护权,社区经由外界的培训具备了保护所需要的技术能力时,社区保护权能便得到了真正意义上的提升。

**(四) 严格的评估是对契约,更是对环保责任的承诺**

根据执行协议保护的经验,评估是极其重要的一个方面。尽管协议保护建立在对人、对社区、对社区与生态的深刻分析基础之上;尽管在协议保护中,保护分工与生态社区营造条款依据平等协商而得,并以契约的形式明确;尽管协议保护注重从社区整体行动的角度培育"社区保护权能"与培育社会各界环保精英,然而,对协议条款遵守状况的判断,对保护成效与社会经济发展状况的考量依然需执行评估。在协议保护的理念中,评估是协议双方对这份契约本身乃至对环保责任的庄严承诺。同时也是协议保护在历经项目期的社区工作后,反思成效的重要手段。在这一层意义上,评估工作不再简单地以评价项目执行过程及约定成果好坏为目标,而是考量"监督"、"约束"、"理念"传递走向是否偏移、保护目标与生态社区营造是否有效契合等一系列问题并贯穿于项目始终的"系统监测工程"。

## 五、协议保护法律思考

### (一)协议保护实施法律背景

对于发展中国家包括中国而言,自然保护区等保护机制虽经历了较大的发展,发挥着重要的作用,但却不能满足社会经济发展的需要。自然保护区的保护形式自身也存在着诸多问题,如:

① 保护资金单一,如仅仅依靠国家投入,资金十分匮乏,往往不足以满足保护区的正常管理需要;

② 保护区管理的职责不明确,管理部门繁多,由政府单方面的力量来保护,难以对广大的保护区域实行有效的保护;

③ 保护区的覆盖范围不够广,分布的地域不尽合理,存在着较多的空缺,还有许多重要的物种、生态区没有得到保护;

④ 保护和发展的矛盾日益突出,保护区的保护职能有让位于经济职能的危险。由于土地权属不明,保护区管理与当地社区的法定或习惯权利存在较大冲突。在经济发展、资源开发、生态旅游的大潮中,生物多样性以及可持续的资源管理被无情地边缘化,当地社区在抵制外来开发者和一些非法活动中,如对非法采矿、狩猎和采集等行为通常表现得软弱、无力和低效。即使是合法的开发经营活动,也并未形成明确的机制,对社区的损失也没有给予相应的补偿,致使社区的传统利益和保护愿望得不到满足,保护和发展的矛盾加剧,亟待法律的规范与保障。

正是在此背景下,协议保护应运而生。在尊重既有的政策空间和法律框架的前提下,协议保护旨在平衡资源保护和经济发展的关系,通过引入社会力量而进行自然资源保护的创新。其目标与诉求是多元化的,包括:引入新的保护机制,推动社会力量参与保护,弥补保护投入的不足;扩大保护面积,补充传统保护区保护区域的不足;发扬传统文化,促进当地社区参与保护;探索新的生态补偿机制等。

从已经开展的协议保护项目案例看,协议保护项目的指向在于社区权利。协议保护通过协议方式规定当地社区、政府部门的权利义务,由政府授权当地的社区进行保护并进行监督。社区发挥其优势和主动性对当地的自然资源进行管理;一方面,约束自身资源利用方式;另一方面,限制外来威胁对当地自然资源的破坏。资助者作为第三方提供资金和技术上的支持,发展社区项目使社区受益。其运行机制的核心在于:在不改变所有权的情况下,通过协议约定的方式,把保护权赋予进行资源保护策划的一方。

从法律的视角来看,这种定义较为模糊,争议亦较大:例如,保护协议的法律性质如何? 保护权的法律性质如何? 作为一项外来移植的制度,能否充分与中国的现实相融合? 有无明显或潜在的政策、法律风险? 因此,有必要进行深入的探讨,澄清这些困惑,为协议保护制度在中国的可持续发展奠定坚实的法律基础。

### (二)协议保护的法律思考[①]

协议保护尝试在现有的政策空间和法律框架下,提供一个切实可行的融执法、融资和管理于一体的制度框架。其基本制度要素和构造包括:

1. 当事人

外来干预者如民间公益组织、各级政府等和保护地当地社区参与协议保护机制的途径主要包括两种模式:第一种模式是自己作为申请人,向政府或者所有权人提出申请,成为被授权人,实施保护项目;第二种模式是作为资助人,资助他人向政府或者所有权人申请协议保护项目。第一种模式仅仅包括两个法律主体,即申请人和授权人。第二种模式则包括三方法律主体,即资助人、授权人以及被授权人。在第二种模式下,授权人与被授权人之间形成授权关系;资助人与被授权人之间可以签订环境保护资助协议,约定被授权人必须达到的环境保护目标、资助人承诺提供的资助和可以获得的其他权利(如社区发展所需的学校、医院等基础设施建设等);但是,资助人和授权人之间不发生直接的法律关系。

2. 协议

协议保护的最大特点在于:实施保护行为的人基于授权,取得在相关保护地上

---

① 中南财经政法大学环境资源法研究所陈虹、高利红、余耀军调查报告。

实施保护管理计划的权利。如果保护地是非国有土地,申请人与所有权人签订协议对该土地实施环境保护和有限的开发、利用,该合同具有民事契约的性质;如果保护地属于国有,当地政府根据当事人的申请而予以授权,该协议具有公法契约的性质。

协议保护这种新的保护概念和保护模式,将保护的权利和义务都通过协议的形式固定下来,以契约的方式约定了各方当事人应当做出的行为以及应当达到的环境保护目标,使环境保护结果具有很大的可预测性,对于各方当事人均具有重要的意义:协议保护资助人可以根据协议对被授权人进行绩效考核(同时也是对授权人的配合程度进行间接的评价),并且在被授权人违反约定的时候有权索赔或者拒绝继续提供资助;授权人可以根据保护协议预测环境保护的结果;而被授权人也可以预测自己在履行保护协议之后获得的收益。因此,协议保护有助于在扩大保护面积或提高现有保护区保护有效性的同时,协调保护与发展之间的关系,促使当地社会经济从保护中受益,实现二方或三方当事人利益的共赢。

**3. 保护权的实现:协议保护的焦点与核心**

在整个协议保护机制的设计中,保护权无疑是焦点与核心问题:现实中所有复杂的利益指向最终都会投射于权利义务的范畴。对于各方当事人而言,没有权利保障的行为是缺乏合法性支撑的;没有权利的能力是不完整的;没有权利的社区则无法承担保护的责任并分享保护带来的利益。

从第三章可以看出,保护权类似于现代企业经营中将经营权与所有权分离,将经营权交给有经营能力的一方。从保护地的归属权、管理权中分离出一个保护权,然后将保护权移交给承诺保护的一方。即行使对野生动物栖息地进行管理的权利的统称,包含宣传教育、巡护监测、制止和举报破坏栖息地的违法行为、将现行破坏栖息地的人员扭送执法机关等。

在"泛权利化"的权利需求中,朴素的权利观念逐渐生成。但是,依照法律的专业眼光予以审视,将以营利为目的的经营权与以生态保护为导向的保护权类比似乎并不适合。保护权属性不明,难以纳入既有的权利(力)体系中,并寻找到对应的权利(力)形态。

(1) 性质

梳理协议保护的法律文件与实践,可以大致判断保护权是综合性的权利(力)束,体现出权利与权力的集合。其基本构造为:

① 公权力(power)。其来源于各级政府相关职能部门依法享有的对于自然资

源的管理权。在协议保护的实施中,被授权方希望通过明确的立法授权或行政委托①,获得部分的行政执法权,其愿望极其强烈。

② 私权利(right)。其来源于土地所有权人、承包经营权人从土地所有权、承包经营权中分离出来的权能。作为权利的固有权能,土地所有权人、承包经营权人自然可以在法律的限度内行使自力救济的权利,制止违法行为。

③ 以实践为导向,明确保护权的性质。保护权体现出协议保护实践中,公共利益与私人利益、公法与私法的交融②。今后保护权可以以私权利为起点,尝试通过立法或行政委托,逐步增加公权力的元素,满足现实的需要。

(2) 手段与边界

保护权的实现与边界是一个不可回避的尖锐问题。如,在巡护过程中,村民、社区居民是否有权禁止不法分子的盗猎行为或其他不法行为? 即使赋予权力,有没有相应的执法能力? 协议保护能仰仗什么力量来保护生态环境?

依据法律的一般原理,协议保护本身并不能授予巡护人员以法律本身没有规定的权利(力),也不能委托社区、村委会、保护协会进行行政执法。在协议保护的能力范围内,协议可以详细列举巡护人员依法享有的权利,包括守林、巡山并阻止不法分子非法活动的权利。但是,协议保护实践仍将问题尖锐地凸现出来:在协议执行中,遇见不法分子正在实施盗猎等不法活动时,社区及巡护人员该如何行使自己的权利,既能保护生态环境,又能不逾越法律的界限? 对于不法分子正在实施的不法行为,每一位公民都有阻止的权利。但是,对不法分子进行惩戒的权力专属于具有执法权的行政机关、具有司法权的司法机关,因此,扣押、拘留不法分子,没收其作案工具与非法所得,对不法分子进行惩戒等应该交由具有执法权的行政机关、司法机关处理。在特殊、紧急的情况下,即使巡护人员自力救济,将不法分子短暂扣留,也应尽快通知有关执法部门,向执法人员报告偷猎等不法行为,并在执法人员到达后将不法分子、赃物和作案工具移送。需注意的是,盗猎国家重点保护动植物,情节严重构成犯罪的,巡护人员可以在保证自身安全的前提下,将犯罪嫌疑人扭送公安机关处理。

从已经实施的协议保护案例看,由于权属的复杂性、利益冲突程度以及地理环

---

① 与法律、法规授权的组织不同,受行政机关委托的组织,不具有行政主体的地位,其在委托范围内,不能以自己的名义,而仅以委托行政机关的名义实施行政执法,且不得再委托其他任何组织或者个人实施行政执法;其实施行政执法的行为受委托机关的监督,并由该机关对其行为的后果承担法律责任。尽管在学理上行政委托已成为通说,但委托的效力如何,主体资格要求如何,实践中如何操作,尚不清楚,仍很模糊。

② 在大陆法系(包括中国),存在一个基本的学术分类和认知视野——公法法域和私法法域。尽管分类标准有所争议,但多数认为:调整国家利益的法律规范、部门为公法,比如宪法、刑法、行政法;而调整私人利益的法律规范、部门为私法,比如民法。由此产生了许多制度的二分法:比如民事(私法)契约、公法契约。

境有所差异,各项目点对保护权的需求程度也有所不同,但几乎每一个项目点都困惑于保护权,这已经演化成为一个颇具共性的问题。

在青海措池村项目中,保护权的需求就十分迫切。青海措池村地处青藏高原三江源保护区的核心区,生物多样性保存较为完整,野生动植物资源丰富,外来盗猎者较多,利益冲突的频率和强度较为激烈。协议保护主要是以当地措池村的"野牦牛守望者"协会为主,当地的"野牦牛守望者"队员们自发组织巡逻制止盗猎行为。在制止盗猎者的时候,队员们十分希望他们的保护活动能够得到当地政府的认可与支持,以帮助他们更好地、更合法地开展保护活动。在项目的前期调查中,"野牦牛守望者"协会会长(同时也是当地活佛)被询问道:如果开展协议保护项目,当地最期望的补偿是什么? 活佛这样回答:有钱当然好,但是比起钱来,我们更期望得到的是能够保护这里自然资源的权力①。开展协议保护项目以来,措施村已经开展了十多次监测巡护,并成功地制止了两次外来人员的盗猎活动。有材料详细地描述了当时具体的细节与场景:"野牦牛守望者"协会 5 名队员在一次巡护过程中与十多名外来进入该村的盗猎者相遇。巡护队员立即上前将其拦住,并令其交出所盗猎的旱獭皮毛。当盗猎者们质疑巡护队员们的身份时,队员拿出了该村与政府签署的保护协议。在看到协议书上来自保护区管理局鲜红的印章及巡护队员们坚定的眼神时,盗猎者们畏怯了,交出了所盗猎的旱獭皮毛和盗猎工具。此外,队员们还没收了领头人的身份证,并对盗猎者处以 1500 元的罚款。就这样,盗猎分子被巡逻队赶出了协议保护地。事后,对盗猎没收的 1500 元如何处理? 队员们也很头痛。现实变通的方法是:处罚的方法由三江源管理局进行协商,目前由"野牦牛守望者"协会保存这笔钱②。如果对上述材料作一文本分析,对盗猎者予以罚款,是典型的行政执法——行政处罚。非行政机构只有在法律明确、有效授权的情形下,才能从事行政执法活动,且执法范围和强制手段的采用等都受到较大的限制,通常是不具有行政处罚权的。仅仅凭借村子与政府签订的保护协议,协会是无权对盗猎者处以罚款的;而没收身份证的行为,也是不太妥当的③。

---

① 北京山水自然保护中心.青海措池村协议保护项目介绍.

② 北京山水自然保护中心.社区交流项目文集,2007.

③ 其实社区居民也直观地感受到这个问题。按照他们自己的说法,应该给他们发比红袖标更正式的"证件",在对付偷伐盗猎者时才有"权威","能吓倒那些人"。对于这些形式化表征的需求,深层次映射出巡护队员"执法时"内心的不安感。

## 六、协议保护模式对社区保护地建设的探索

### 1. 打破二元保护结构是保护地保护建设的前提与路径

表 7-4 反映了自然保护区和社区保护地的社区保护地建设要素情况。

**表 7-4　自然保护区与社区保护地保护建设要素对比**

| 生物多样性保护产业要素 | | 自然保护区 | 社区 | 备　　注 |
|---|---|---|---|---|
| 自然条件 | | ＋＋ | ＋ | 刚性约束：其他要素在两者间必须均匀分布 |
| 劳动力 | 数量 | － | ＋ | 互补性很强 |
| | 质量 | ＋ | － | 都需要加强投入，但国家没有把社区纳入能力建设中 |
| | 组织和领导力 | ＋ | － | 社区很缺乏 |
| 设施设备 | | ＋ | － | 社区也有需求，但几乎没有 |
| 物质材料 | | ＋ | － | 相比而言，社区更缺乏 |
| 土地与资源权属 | | ＋＋ | | |
| 生态系统相关知识 | | － | － | 需要二者交流，有机结合 |
| 乡规民约 | | ＋ | － | 社区需要国家的授权 |
| 道义 | | － | ＋ | 社区保护开展的优势 |
| | | | | |
| | | | | |
| 激励机制 | 直接激励 | － | ＋ | 社区最敏感的要素 |
| | 间接激励 | ＋ | － | 是政府最容易做的，社区群众也很需要 |

"＋＋"，特别丰富；"＋"，丰富；"－"，贫乏。

可以看出，自然保护区与社区保护地的保护地建设要素有很强的互补性。可以从以下两方面来看待自然保护区与社区保护地的互补性：

首先，互补性表明了生物多样性保护的问题所在。依据第三章提到的"短板理论"，一个区域或流域的生物多样性保护需要各个要素都均衡地投入而不能有明显的短板要素存在。否则，短板的要素就会制约整个生物多样性保护成效的取得。不管是保护区还是社区，其要素短板恰恰是问题所在，因而就需要针对短板要素采取措施进行要素投入。

其次，互补性指明了保护地建设要素问题解决的途径。在表 7-4 中，自然保护区的短板要素往往是周边社区的优势要素，而社区的要素短板又往往在临近的自然保护区相对富集，后者通常来源于国家的保护建设要素投入，而由于二元保护结构的限制，自然保护区临近的社区是无法得到投入的。如果能打破二元保护结构，

就能就近地围绕同一保护目标(即为流域内的城市提供生态安全)培养保护建设要素在流域范围内增长,形成自然保护区与社区协同提升生物多样性保护成效的局面。

相反,如果二元保护结构不被打破,来自国家的生态补偿资金很难投入到社区,社区保护地的生态补偿机制则难以真正被建立起来。

**2. 协议保护促进社区保护地建设要素流动与整合**

(1) 协议保护与保护地建设要素流动

在协议保护机制下,甲方与乙方所签订的保护协议,有三个关键点:即乙方所采取的保护行动和将实现的保护成效,以及乙方因为协议执行而获得的受益与补偿。从生物多样性保护产业要素分析的角度,协议下的三个关键点都与生物多样性要素流动紧密相关。

首先,从保护行动看,为了开展生物多样性保护行动,乙方可能从甲方直接获得的支持包括如下一些方面:

① 为参加监测巡护或相关保护活动人员支付的劳动报酬,使更多的人员投入到生物多样性保护中(劳动力要素:数量);

② 为相关人员开展各种培训、参观考察等能力建设(劳动力要素:质量);

③ 提高乙方的组织性、培养乙方的领导人等活动(劳动力要素:组织与领导力);

④ 协议执行相关的设施设备添置(设施设备要素)和物质材料购买(物质材料要素);

⑤ 甲方给予乙方相应的授权,使乙方在资源管理过程中能够阻止来自第三方对资源的不可持续利用(土地与资源权属要素);

⑥ 为了判断协议执行情况双方共同认可的本底状况(生态系统相关知识要素);

⑦ 协议本身可以被看做是一种自然资源管理计划,即乡规民约要素。

当然,一个保护协议不一定把上面提到的所有要素都同时流转,甲乙双方可根据具体情况通过协商并结合其他两个关键点作出最后的决定。

其次,从受益与补偿看,依据目前已经实施的协议保护案例反映,甲方提供给乙方的补偿不一定都是现金,这是因为社区群众的需求是多样化的,可能是养蜂的技术和新式蜂箱(四川平武),也可能是远离乡镇中心小学的乡村小学的恢复(四川丹巴),也可能是传统赛马节举办(青海措池村),等等。协议保护机制给了社区群众灵活性,可以作为乙方向甲方反映自己的需求,并为此与甲方讨价还价,以得到两个方面的补偿:

① 能够建立乙方大多数成员与生物多样性保护成效联系的激励机制(激励机

制要素）。

②弘扬在社区群众中有着深厚基础的生态文化，一方面，满足社区群众精神文化需求；另一方面，也为生态保护成效的巩固打下基础，还呼应了国家生态文明的倡导（生态系统相关知识要素）。

在甲方通过协议向乙方提供了各类要素，并通过乙方采取促进生物多样性保护行动后，甲方将根据协商的保护成效评估乙方对协议的执行情况，客观上把保护建设要素与保护成效直接联系起来，为国家生态补偿项目的扩大和社会参与提供经验与案例。

（2）协议保护打破二元保护结构

在前文提出了保护地二元保护结构的观点，在实践中要真正打破二元保护结构，一方面，还需要政府对生物多样性的投资，即目前生物多样性保护的常量资源，以要素的形式投入到社区；另一方面，来自政府以外社会各界的资源，即所谓增量资源，也能投入到生物多样性富集区域，需要对我国现有的生态补偿机制不断地创新与探索。协议保护就是一种可能的创新方式，其创新的意义之一就是打破二元保护结构。

在中国，投资往往与所有制紧密联系，政府在生物多样性保护产业的投资，首先要考虑接受资金的主体是谁，然后才是考虑成效如何。虽然生物多样性保护的成效如何评估的标准是非刚性的，但却有很多刚性的财务、管理制度对资金的投入方向进行限制。相关部门在作出决策时，很自然地会优先考虑如何应对刚性的约束，也就优先甚至全部把资金投入给国有成分的生物多样性保护经营管理单位，如自然保护区、国有林场等。

中国《宪法》规定了土地属于国家所有的基本国策，因此，改变土地及其衍生出的自然资源所有权在实践中的可操作性是非常低的。需要探索的是在不改变所有制条件下打破二元保护结构的路径，而协议保护则是其路径的一种可行性。

协议保护是一种在不改变自然资源所有权的前提下，把自然资源的经营管理权和与之紧密联系的"收益权"，即从某个特定区域的土地和自然资源产出的"生态产品"中获取收益的权力和"排斥权"，在非经许可或未经授权的情况下不准他人获取从生态产品中获取收益的权力。

协议的双方，即甲方与乙方，可以是二元保护结构的两元。甲方通常是拥有某个生态区域所有权以及生物多样性保护产业及其他相关要素的机构，而乙方则是准备对生态区域进行经营管理的机构、社区甚至个人。作为协议的关键部分，甲方将自然资源的经营管理权和与经营管理活动相关的要素提供给乙方，并给乙方以相应的补偿;作为交换,乙方应该按照约定采取生物多样性的保护行动,在协议结束时提供约定的生态产品。

### 3. 协议保护促进社区保护地的建设要素全面增长

虽然国家在生物多样性保护上的投入不断加大,如国家环保总局副局长张力军就表示,西部大开发 5 年,我国仅在西部生态保护的投入上就达 1100 亿元;而在 2008 年为了应对金融危机,国家在年底新增的 1000 亿元投资中,专项安排了 120 亿元用于加快节能减排和生态建设工程。

无论从历史角度纵向比较,还是与其他国家横向比较,国家投入生态建设的资金数量都是巨大的,但与需要解决的因城市化率提高而催生的大面积生态需求和历史生态欠账相比,这些投入依然不够。在生物多样性保护经费严重不足的情况下,如何为城市化发展提供生态安全? 这一问题是中国政府,尤其中央政府必须要应对的严峻现实。而国家任何生态补偿项目,都需要围绕这个问题寻求解决答案。

首先,根据生物多样性保护九大要素的关联性,国家可以通过对一些要素的投入,创造良好的机制或平台,激发来自社会对其他要素的投入热情,从而促进整个保护建设要素的增长。具体而言,在诸要素中,通过加大对生物多样性相关的自然科学与社会科学调查与研究,投入生态系统相关知识要素,减少生物多样性保护投资的不确定性;通过产权体制改革,解决中国土地与自然资源权属的问题,投入土地与资源权属要素;在党的十七届三中全会所出台的农村土地制度改革,以及更早推出的集体林权制度改革,都是对土地与资源权属要素的投入;通过完善相关的法律法规,使自然资源保护与利用政策更加透明、更具操作性,也更加吸引社会投资者;此外,在建设"生态文明"的战略指引下,对群众基于道德、宗教等意识形态领域的保护行为予以认可、规范甚至倡导,使生态保护因为受到道德与宗教支持而得以低成本运行。国家在资源权属、制度安排和生态文化方面的要素投入,更多地应从体制上着力,鼓励社会,包括私营企业和社区群众投入资源促进其他要素尤其是劳动力、设施设备和物质材料的增长,形成国家、社会共同促进保护建设要素增长的格局。

其次,准确找到"短板要素"并进行针对性的投入,提高生物多样性保护投资的投资效率。多年来,国家对生物多样性保护产业的投资,多局限于"设施设备"、"生态系统相关知识与技术"等两三个要素,忽略了短板要素的存在,导致了投资效率低下。因此,国家今后在生物多样性保护方面的投资,则需要更集中地针对"短板要素"投入,这就要求:一方面,在生物多样性保护投入的决策上更加分权化,让社会各界尤其是生物多样性富集区域的基层干部群众,都能参与决策;另一方面,让生物多样性保护资金更加具有灵活性,这是因为不同的区域,其"短板要素"是各不相同的。

# 第八章　社区保护地建设案例

........................................

　　本章的六个案例都是来自社区保护地建设的实践,无论是从主体建设、客体建设还是外来干预者与社区的互动方面,都是各有特点且在中国社区保护地发展历史上具有一定里程碑意义的。

　　应该看到,只有从批判性的角度对过往的社区保护地建设案例加以客观分析,才能真正使"闪光点"突出、可信,也使"教训"能够为大家分享,避免其他的社区保护地建设项目走同样的弯路。"成功"的经验背后都有一些不为其他人知道的机遇和偶然性,但"失败"的教训却是实实在在,可以力争避免的。因此,从案例分析的角度看,不足之处可能更加有分享意义。

## 第一节　贵州省威宁县草海项目

### 一、项目背景

　　草海位于贵州省毕节市威宁县,紧邻威宁县城,为全省最大的天然淡水湖,海拔约2170米,长期的水域面积大致为30平方千米。

　　草海既是一个生态系统概念,也是指草海国家级自然保护区的管辖区域。从生态系统角度看,草海是一个高原湿地生态系统,包括草海水域、浅水沼泽和莎草湿地、草甸等湿地生境,为黑颈鹤、白肩雕、白尾海雕等3种国家Ⅰ级保护鸟类和灰鹤、白琵鹭、红隼、雕鸮等18种国家Ⅱ级保护鸟类提供了良好的栖息地。

草海在"文化大革命"中受"围湖造田"政策的影响,大部分水域被排干成为耕地。20世纪80年代初期,在落实"联产承包责任制"的过程中,这部分耕地承包给了农户家庭,几乎湖边所有的家庭都根据家庭人口分到面积不等的田地。这部分土地由于土质肥沃,灌溉方便,且交通条件便利,是农户的承包地中最好的部分。

出于抗旱等水利考虑,1981年在草海的西北边缘修建了一条水坝,水坝蓄水使农民们的承包地季节性地被湖水淹没,虽然淹没面积不大,引起了农民们的反对。

1985年,草海保护区成立,把黑颈鹤等水鸟及其栖息地作为主要的保护对象。为了给黑颈鹤等提供更广阔的栖息地,保护区管理局通过控制水坝水闸的办法又提高了草海水体深度,永久性地淹没了农牧民的田地。

根据第三章的土地权属分析框架,淹没的田地所有权属于村民集体,使用权和收益权通过承包的方式授予给了小农家庭。草海保护区淹没承包的耕地且不给予农民补偿的做法,激起了小农们为了生存而反抗的道义,集体行动的焦点在于影响草海水位的大坝水闸。

在80年代中后期,农民与草海保护区管理局围绕大坝水闸的控制权问题几经冲突。然而,当时正是国家逐渐加大生态保护力度,加大对于来自社区的"干扰"的惩处的历史阶段。

在这个时期,个体利益必须服从国家利益,来自村民的反抗基本上被草海自然保护区化解,草海的水域面积得以扩大。但是如第五章提及,小农很自然地运用斯科特所称的"弱者的武器",虽然不再去水闸生事,却偷偷地猎杀黑颈鹤等草海保护区的保护对象,而草海保护区管理局则针锋相对地开展反盗猎,形成了草海自然保护区与农民新的冲突。

## 二、实施过程

1992年,草海自然保护区晋级为国家级自然保护区,保护区的管理水平较80年代中期有了很大的提升,反盗猎的力度也空前加大,与社区的摩擦也达到了前所未有的程度。在打击社区的同时,保护区尤其是管理局领导也深感难以长期地与社区保持敌对状态,但又需要履行自己的保护职责与使命。这种矛盾深深地困扰着整个草海自然保护区管理局。

(1) 国际鹤类基金会进入草海

20世纪80年代,国际鹤类基金会开始进入中国,寻找项目机会。国际鹤类基金会虽然也是国际性的民间环保组织,但相比于世界自然基金会等,是一个势力比较薄弱的机构,在当时也处于发展中的低潮期,全球年度预算仅为 20 余万美元。从筹资的角度来看,他们需要一个成功项目提升自己的影响力,拓展筹资渠道,从而渡过危机。

尽管面临压力,国际鹤类基金会并没有匆忙地开展项目:把资金立即用于开展一些社区保护地建设的客体项目,营造一些表面的成效。相反,为了寻找到合适的项目点与项目伙伴,花费了半年时间和相当宝贵的经费在安徽、云南等省区考察。最后在 1993 年的一次研讨会认识了草海保护区管理局领导,了解到草海自然保护区有缓解与社区矛盾的需求,寻找到一个需要解决问题的合作伙伴而不是一个为项目而项目的合作伙伴,这是草海项目取得成功的一个关键点。

(2)制定项目策略

国际鹤类基金会作为外来干预者,以帮助草海国家级自然保护区解决社区问题的形式进入草海,开展社区保护地建设项目。然而,这个项目以什么样的策略展开,是非常值得思量的,这也是任何外来干预性的社区保护地项目都应该严肃对待的。

制定策略的一个关键问题,是从社区保护地的主体还是客体入手? 国际鹤类基金会会同合作伙伴分析了草海保护区保护黑颈鹤所面临的直接问题是来自社区的盗猎,但背后的深层次原因却是社区与保护区的长期对立。要解决盗猎问题,需要改善自然保护区与社区的关系。

威宁县是国家级贫困县,虽然紧邻威宁县城,但草海周边社区农民的生活水平依然处于国家贫困标准之下,一些农民猎杀水鸟,也是为了食肉和出售换取粮食的需要。

基于这些发现,国际鹤类基金会选择的策略是通过草海保护区帮助贫困农民发展生计项目,摆脱贫穷的困扰,进而改善保护区与社区的关系,因为这是保护黑颈鹤等物种及其栖息地的最主要问题。

(3)针对最贫困的 10%～20%人群开展渐进项目

很快,国际鹤类基金会邀请了国际渐进组织(Trickle Up Program)共同在草海开展项目,形成了保护组织和社区发展组织共同合作的格局。国际渐进组织是一个总部设在美国纽约的扶贫组织。

渐进项目是一种扶贫模式:首先,是通过参与式评估(第七章)寻找到最贫困人群作为项目对象,并由村民小组成员投票选出,如在草海的标准是:① 人均年收入 300 元以下;② 人均缺粮 3 个月以上;③ 人均土地不足 0.5 亩。其次,是为项目对象提供 100 美元的赠款。赠款资金不是一次发放,而是分两次,每次都有条件。第一次资金发放 50%,条件是:参加由 3～5 户项目农户组成的"渐进小组"并以家庭为单位明确拟开展的生产活动和财务计划;第二次资金发放在 3 个月后发放另外的 50%,条件是:有盈利且 20% 利润用于扩大生产,所有小组成员共计工作 1000 小时以上。再次,为渐进小组开展培训,并从社区中挑选农民协调员为项目农户服务,这些协调员很多属于第五章提到的社区精英。最后,以行政村为单元开放式地评估项目农户的发展成效,形成来自社区内部对项目农户的监督与约束。

1993 年,第一批 12 个渐进小组在草海周边的 8 个村成立,到 2003 年共计启动了 572 个渐进小组,有近 600 户村民参与,其中很多项目农户多次参与渐进小组。渐进项目的辅导期是一年,辅导期结束时其中 567 个小组都盈利,平均每个小组盈利计划是 574 元,实际平均是 797 元[①]。

渐进小组很好地在草海针对最贫困的人群开展了生计项目,提高了草海自然保护区在社区的公信力。但是,由于仅仅针对最贫困人口,所以社区中大部分,尤其是社区精英们并没有能够从项目受益,保护区受到的压力甚至比实施渐进项目前还要大。

(4) 成立小组基金和村寨基金

在渐进小组的基础上,国际鹤类基金会直接支持成立面向所有农户开放的、集体参与的"村社基金"。渐进项目与小组基金和村寨基金的区别在于:前者是赠款,直接给予农户家庭;而后者对小组或村寨是赠款,但到农户家庭是借款,需要偿还本金并支付利息。

最少 10 户农户就可以跨行政村和村民小组成立"小组基金",也可以村民小组为单元成立"村寨基金"。灵活的方式得到了草海周边农民认真积极地参与,从1994 至 2001 年,共成立了 100 多个小组基金或村寨基金,基金面向内部成员开展借贷,利息收入由基金成员集体讨论决定如何使用。草海项目推广与复制获得了巨大的成功。在基金的组建过程中,管理细则也是由村民制定的,例如,利息的多少、借款时间的长短、抵押、违约还款的处罚等。这样,基金的运行管理可操作性强,可持续性也就增强了。

(5) 主导地位从国际鹤类基金会向贵州省保护局传递

从 1998 年开始,草海项目进入实施的第二期,贵州省环保局(现贵州省环保厅)从第一期的参与和技术支持的角色逐渐地成为主导单位,相应地,国际鹤类基

---

① 简小鹰,刘胜安,李晖,刘社教. 如何更有效地帮助最贫困的人口? ——草海渐进项目的运行经验与启示. 内部报告,2007.

金会也转为参与、策略制定和技术资金支持,尤其提供紧密围绕黑颈鹤等鹤类保护的监测和科研技术。

草海项目平稳地实现了主导单位从国际民间组织到地方政府机构的转换。草海项目的经验在第二期大面积推广复制,得益于众多民间组织、科研机构纷纷前来添砖加瓦、锦上添花,但如果继续由一个国际民间组织主导,没有当地政府机构的吸引,很有可能不会得到多渠道资金与技术支持以及政府资金的配套。

(6) 引导从生计发展向生态保护努力

在不断推广复制小组基金和村寨基金的同时,草海项目开始尝试让一些通过合作经济的形式被组织起来的农民从事黑颈鹤及其栖息地的保护活动,即广泛地开展社区保护地建设的客体类型活动,提高保护活动的针对性。

尝试过的保护活动包括: ① 巡护,在草海这样的湿地生态系统就是瞭望,并专门修建了瞭望台;② 在水源涵养区域种树,进行植被恢复;③ 种花,美化农民庭院;④ 环境意识教育等。在第五章第二节社区保护地建设客体中提到的很多客体类型活动,草海项目都做出了一些尝试。

但这些尝试与生计项目相比,参与农民数量少,活动开展时间不长,活动形式单一,不具有体系化,影响力也比较小。

(7) 后续工作

从2001年开始,草海项目二期的各项活动逐渐收尾,草海项目大规模实施期也进入收尾阶段。后来虽然国际鹤类基金会等组织与草海自然保护区也零星地开展一些合作项目,但规模较小,仅限于自然保护区或社区保护地建设某个技术领域的合作。

2012年11月,笔者与草海项目的主要参与者之一———贵州师范大学任晓冬教授共同前往威宁县,了解在第二期项目结束(2001年)11年后的项目持续性:

① 尚有10%以上的小组基金或村寨基金在没有外来人员(包括草海自然保护区人员)的帮助和监督下仍继续运行,其持续性非常值得称道。其中运行得最好的是一个村寨基金,该基金成员为一个村民小组的所有村民,都姓祖,他们很好地借助家族的力量进行了基金管理。

② 种树、种花等环境意识类的项目活动虽然与黑颈鹤及其栖息地保护联系不够紧密,但在随机的社区调查中至今仍然能够被农民们回忆起来,而所种的树木现在已经成林,老百姓颇为自豪。很多时候外部评估者认为环境意识类活动缺乏成效,但从农民记忆的角度看持续性却是比较高的。

③ 在草海项目第二期尝试在黑颈鹤常常出没的区域开展一些直接的保护性

措施,如建立瞭望(看护)台并树立"簸"、"箕"、"湾"、"观"、"鸟"、"台"六个字的标牌和鸟禽繁殖区。11年后,鸟禽繁殖区的水域已经全部成为耕地,当时的设施荡然无存;而瞭望台房屋虽然破败,但被所在行政村作为唯一的村级集体资产加以利用和维护。当时的六个字仅仅剩下"簸"、"湾"、"台"了。与种树等社区群众能够参与并直接受益的保护活动相比,这些直接性的保护活动的尝试,都没有取得持续的效果,在项目结束后没有外界的持续干预,很快就消失了。

## 三、经验讨论

草海项目从1993年开始实施,2001年结束,8年的时间取得了良好的实施效果。在90年代已经是中国生态保护与社区发展的旗舰项目,其经验在2000年左右被多次总结并得到多个组织学习应用,至今也是自然保护区开展社区保护地建设项目的典范。

结合前面几章关于社区保护地建设的理论框架,重新把草海的案例总结为如下的几点。这些经验虽然来源于近20年前发生的案例,但对今天很多的社区保护地建设项目,依然具有很重要的借鉴意义。

经验一:从简单到多样化,从发挥农民自利的积极因素到建设社区公共性,从公共财政资源建设过渡到公共自然资源保护,草海的"渐进性"项目策略为外来干预性社区保护地建设项目进入社区摸索了可行的路径。

① "从简单到多样化"。是指草海项目在开始仅针对贫困人口,然后逐步扩展到其余的社区成员;最开始的模式局限于提供赠款,然后逐步变为借贷,再后来发展为种树、瞭望等各种环境保护活动。外来干预性项目进入社区应该是从简到繁,逐渐深入。可是当前很多的项目一开始就承载了太多的理念,设计内容多种多样,结果反而常常陷入顾此失彼的困境。草海项目主要的"成效"如渐进小组、村寨基金等都是一期项目取得的,正是项目活动比较集中的时期,但二期项目活动开始多样化后,其成效反而不如一期突出。

② "从发挥农民自利的积极因素到建设社区公共性"。是指草海项目在第一年的渐进项目实施中,虽然建立了渐进小组,但所有的经济活动包括20%利润强制性地投入再生产都是以家庭为单位的。其道理如同家庭联产承包责任制,就是充分调动小农自利特征的积极因素,保障项目初期的成功。而建立小组基金、村寨基金等都是在自利因素的积极作用充分发挥后再开展的。反观当今很多项目,认识到农民一盘散沙的问题和建设社区公共性的重要性,但项目一开始就试图把小

农组织起来,结果是欲速则不达。

③ "从公共财政资源建设过渡到公共自然资源保护"。是指草海项目虽然是由环保组织发起的社区保护地建设项目,但在项目一期并没有太多直接涉足生态保护的项目活动,而是给予农户自己成立的小组和有项目意愿的村民小组以赠款,从实质上要么新建了社区的非正式组织(小组基金),要么强化了已有社区正式组织,如村民小组(村寨基金)。这些来自项目的赠款属于社区的各种组织,从外部促进了社区公共财政资源的增长。社区公共性包括公共自然资源、社区公共财政资源和公共社会资源三个方面,很多社区保护地建设项目往往仅仅针对社区公共自然资源设计活动,结果导致小农的参与积极性降低。草海的经验表明,从增强社区公共财政资源入手,提高社区整体的公共性,然后再具体到公共自然资源保护,更能提高小农的参与度。

④ 国际鹤类基金会和草海自然保护区都是环保机构,在社区保护地建设中能够做到不急功近利,坚持渐进性的项目策略是非常难能可贵的。这也是深刻认识社区保护地建设长期性和阶段性(第五章)的具体表现,很值得其他的外来干预者认真学习。

经验二:巧妙地处理规模问题,把"项目规模"和"技术规模"区分开。一方面严格限定"技术规模",另一方面动员项目规模的力量来支持和监督技术规模,发挥社区正式组织、非正式组织和社区精英的积极因素。

① 规模是社区保护地建设的关键点,小的规模更容易激发小农的道义,形成集体行动。在不同的项目阶段,草海项目都针对规模问题有比较恰当的安排设计。

② 渐进项目把2~3户贫困户组成一个渐进小组,小组基金规定了10户农户的下线,但允许农户跨行政村建立小额信贷小组,而村寨基金则直接把规模确定为村民小组。从项目初期的单个农户,到2~3户,再到可以跨区域的10余户,最后是几十户但严格限定在聚居于同一地域且差序格局高度重合的同一村民小组。项目没有以整个行政村为单位开展最关键的项目活动——小额信贷。

③ 从草海项目深刻地认识到,要提升社区公共性来保护自然资源,必须认真对待规模问题,尤其不能贸然把项目的技术规模上升到整个行政村。这里运用了"技术规模"一词,是指项目主要运用的保护模式的开展规模,如在草海项目就是小额信贷的规模,以小规模为主。"技术规模"区别于"项目规模",项目规模可能是出于项目管理的角度而设定的,行政村就是通常的项目规模。但项目规模不应该等同于技术规模。草海项目的成功经验就是把二者很好地区分开来。

④ 虽然确定了技术规模并严格执行,但草海项目调动了项目规模的力量来支

持和约束技术规模,例如,挑选部分社区精英为渐进小组协调员,整个行政村的人共同评估参与渐进项目贫困户的经济成效并作为发放第二笔赠款的依据。社区保护地项目的一个关键问题是如何监督社区,而社区自我监督就是依靠巧妙地区分技术规模和项目规模,让行政村的干部作为监督者而不是直接的项目实施者。

⑤ 技术规模应尽可能多地利用社区已经存有的、能够激发小农道义的社会经济结构,即各种正式组织或非正式组织。草海的村寨基金是以村民小组为单位,而小组基金虽然由小农自发并被允许跨行政村组成,但恰好可能利用到了一些非正式的组织力量。

经验三:在社区保护地建设的客体类型活动中平衡好保护与发展关系。

① 当面临社区保护地建设主体和客体多种活动选择时,草海的经验是先发展替代生计,同时建设社区公共性(第一期);然后再开展巡护、植被恢复和环境意识活动(第二期)。

② 第一期的活动非常成功,极大地缓解了草海自然保护区和周边农民的矛盾,提高了自然保护区作为当地的外来干预者在围绕社区保护地建设方面在社区中的话语权,尤其是培养或改造了自己能够充分影响的社区组织(村民小组、渐进小组、小组基金等)以及社区精英(农民协调员等)。不仅为公共社会资源的积累,还为公共自然资源(黑颈鹤及其栖息地)的保护营造了公共财政资金(小额信贷本金与利息)。应该说,草海一期项目的成效绝不仅仅是发展农民生计,而且通过提高社区公共性为二期开展生态保护直接相关的活动奠定了比较坚实的基础。

③ 然而,二期项目除了继续巩固一期打下的基础,尝试的生态活动,如瞭望栖息地干扰情况、建立水禽繁殖场等很多都停留于形式,虽然当时也有一些农民"认真"保护黑颈鹤的场景照片,但项目结束后与村寨基金等相比,几乎没有存续,不能不猜想社区精英们的"摆平"策略。

④ 社区生计发展项目一试点就建立了 12 个渐进小组,先后共计成立了 500 余个小组。小额信贷类的小组又建立了 100 多个,简单的数字背后是各方外来干预者们大量的心血和努力。相比之下,巡护等活动却以行政村的名义,以大规模但少人数的方式开展,更多的是社区精英们的配合。外来干预者们资金投入多于技术投入。

⑤ 在逐渐积累的社区公共社会资源和公共财政资源的基础上,在第二期加大力度开展一些与信贷小组的成员生产生活更相关的客体活动,如植树等,其成效的持续性会远高于马上就直接开展针对黑颈鹤,但社区基础还不够的保护活动。而针对黑颈鹤等的保护活动应该留待第三期、第四期。可惜的是,很少有外来干预者

能够这样忍耐和等待,对于国际鹤类基金会、贵州省环保局、草海保护区等而言,可能有上千条理由使他们急于迅速转到保护的核心领域,但欲速则不达的道理是难以逾越的。

⑥ 湿地生态系统保护受到项目外影响的因素可能远高于森林生态系统,多种原因如气候变化导致水域面积减少、路途和其他栖息地原因导致候鸟类型的黑颈鹤不在项目保护区域栖息、快速城镇化导致水体污染等等,都会影响保护成效的实现和评估。

⑦ 当社区保护地建设的保护目标过于复杂且受外部干扰因素太多,就很难避免沦为"摆平"游戏的结局,草海项目也不例外。如果能够超出保护范围,把建设社区主体、提升公共性也作为阶段性目标,或许在实践中更容易被社区和参与第一线工作的外部干预者们领会和接受,创造性地发挥能动性,并转化为具体的行动。

⑧ 在推广过程中,其他自然保护区学习的并不是如何保护黑颈鹤,而是如何与社区共同工作这样的"浅层次"技术。很多外来干预者的梦想主要是通过试点示范而推广经验,但如果把积累的经验包装得越全面、越综合,可能推广性也就越低了。

经验四:搭建平台让多个外来干预者平等合作,优势互补。

① 社区需要的帮助是多种多样的,一个外来干预性公益项目成功实施,无论是生态保护还是社区发展,都需要提供2~3种甚至更多的核心技术,单凭一个组织是难以满足多样化技术需求的。同时,公益组织资金募集往往具有脉冲性的特点,往往难以在同一个项目点针对一个目标提供4年以上的长期稳定的支持,而社区工作又具有长期性的要求,因此,需要在组织之间展开接力。

② 草海项目在实施中,国际鹤类基金会擅长保护与社区发展相结合理念的实际运用以及宣传动员;国际渐进组织擅长通过"渐进项目"的模式开展参与式扶贫;云南参与式 PRA 网则擅长参与式调查与规划;草海自然保护区非常了解当地村民的文化与诉求;贵州省环保局擅长参与协调各方政府资源;等等。这些机构组织密切配合,充分发挥各自的优势,使草海项目能够满足社区项目综合性需求。

③ 草海项目从开始就没有一个强大的组织来垄断和主宰项目方向,即使是贵州省环保局,在 90 年代也是一个新成立的政府机构,与林业部门相比,相对弱势。无论是国际鹤类基金会还是其他合作伙伴,对于草海项目都有很强的拥有感,但又不是垄断性地排斥其他组织的拥有感。每个组织在草海的平台上,都寻找到精炼优势技术、实现价值理念、获取公益声誉并进一步募集资金的机会,反过来也促进了草海项目在探索中的推进。

④ 随着公益项目资金环境改善,单个公益组织在一个项目点能够动员到的资金不断增加,数量可能达到百万甚至千万量级。大量的资金虽然有可能从科研院所等组织动员到技术力量,但不一定能够让参与组织具有拥有感,甚至有可能因为其自身垄断地位而降低其他组织参与的积极性。草海项目多组织平等合作的经验,也为没有大量资金开展好项目提供了良好的案例。

**经验五:培养人才并激发人才的主观能动性。**

① 项目成功的一个重要标志是有"人",即通过项目实施培养出一批当地的人才,这些人才有热情、有能力继续为巩固和拓展项目成效服务。当评估总结一个项目成功经验时,人们常常感叹,这些优秀的人士如何被发现,又如何聚在一起的?如何才能主动地寻找到这些人才。

② 为项目地引进先进的理念和技术,直面现实问题,从而激发真正有公益心、事业心的人才。针对草海自然保护区与周边社区的矛盾,国际鹤类基金会带来了社区共管的理念,在90年代初的中国是非常先进的。其合作伙伴也引入参与式规划、"渐进项目"、"村社基金"等社区发展技术,使草海自然保护区的管毓和先生(现贵州省社会科学院副研究员)、邓仪先生(阿拉善等多个民间组织项目官员)以及贵州省环保局的黄明杰先生(处长)、贵州师范大学任晓冬先生(教授)等一批人被激发出来认真学习,并把所学与各自的优势充分结合加以运用。他们不仅对草海项目做出了重大的贡献,而且在项目结束后各自也在其系统中成为参与式专家,把草海项目经验带到更多的项目中。外来干预性项目在苦于没有当地人才的同时,也应该反思自己是否带来了与当地问题相关的先进理念与技术,还是只有资金。

③ 宽松的环境有利于当地人才专注于细节并创造性地解决项目所针对的问题。在草海项目的第一期和第二期,在项目设计和项目的投入上有比较大的灵活空间,项目更注重过程和行动,在监测上比较严格和制度化,但较少要求有形式上的或者机械的项目报告,这样就激发了项目人员的创造力,也比较符合当时项目人员的能力,以足够的灵活性来应对社区群众多样化的需求。项目人才感到被尊重,并被自身努力所取得的项目成效激励,从而进一步学习和努力,形成人才培养的良性循环。相反,在第二期项目结束后(2001年),相关国际组织的项目资金开始增加,项目管理也趋于严格,但从诸多当事人回忆中可以看到,项目反而开始走下坡路。

④ 草海项目培养的本地人才,包括贵州省和威宁县两个层次,前者如贵州省环保局的黄明杰先生、任晓冬先生,后者包括当时草海保护区管理处的邓仪先生和管毓和先生。值得引起注意的是,草海自然保护区管理处的项目人才先后离开了威宁县,

在贵阳甚至北京发展。虽然从个人发展而言是好事,但对于草海项目在本地的持续开展却造成了一定影响。如果草海项目在威宁县培养的人才不是过于集中于草海自然保护区,而是有来自多个单位的人员,尤其是帮助一些"村社基金"发展为农民合作经济组织、农民协会等农民组织,项目的培养人才持续服务于项目的效率或许更高。

⑤ 外来干预性公益项目与其花费大量资金聘请远距离的外部人才,不如通过先进的理念和技术及直面现实问题来激发和培养当地人才,并提供宽松的项目环境来激发人才的主观能动性。外来干预性公益项目,需要时时反思,是否具备这些因素以使当地人才能够脱颖而出。

# 第二节　四川省渠县梨树村六组集体林管护项目

相比于草海的黑颈鹤和湿地栖息地,集体林可能是权属最清晰、与农民的关联度最大、保护目标比较单一明确的生态系统。因此,理论上,农民们应该有最大的积极性把集体林管护好。然而,在 1998 年的渠县梨树村却不是这样。

## 一、项目背景

梨树村位于四川东北部秦巴山区,海拔约 800~1200 米,属于四川盆地边缘低山地区,温润的气候适于林木生长。但区域人口众多,渠县本身就是超过 100 万人的人口大县,人们的日常的生产生活,尤其是煮饭和养猪所需的薪柴,给森林资源造成很大压力。

### 1. 集体林经营模式:从统到分,再到统

在梨树村的 10 个村民小组中,六组的集体林资源比较多,面积共计 1000~1100 亩。1982 年,六组把集体林承包给了全组 40 余户(约 160 余人),但由于单个农户难以看管,经常发生偷砍林木的问题。村民们认识到只有重新把每个家庭的责任山统一管理,发挥规模经济的优势才能实现自利的目标,1992 年,六组的村民们经过讨论后,又把分到户的责任山重新收回到村民小组。

在 10 年的时间里,六组的集体林经历了从统到分、再到统的一个轮回,村民们也获得了宝贵的经验:

① 六组村民对于自利、道义和集体行动有了充分的认识;② 六组的公共性具有

较好的基础,主体能力良好,村民们得到了通过共同讨论来解决问题的成功经验。

为了管护好集体林,当时的村民小组组长把林地划分为 3 个片区,指定了 3 个护林员分别管理。每个护林员每年的管护工资是 100 元,由全组村民集资。此外,组长还参照行政村相关制度,制定了本组的林地管护制度[①]:

① 松、柏、杉木,每盗伐 1 根罚款 30～50 元,盗伐者若是护林员,每盗伐 1 根加倍处罚。

② 每盗伐 1 根杂木罚款 1 元,护林员盗伐 1 根罚款 3 元。

③ 护林员发现偷砍树木者,其木材收缴给组里,罚款的 30% 归护林员;若村民发现偷砍,可得罚款的 70%。

④ 每个护林员管护的片区,每年允许有 10 根树木的损耗,超过 10 根的每根罚款 5～10 元。

六组在 90 年代初进行的集体林管理活动,由村民自我主导,有管护人员、管护资金和管护制度,已经具备很好的社区保护地雏形,与很多外来干预性的社区保护地相比,更具有生命力。

**2. 集体林统一经营后的新问题**

大约 1～2 年后,六组的村民们又发现了集体林统一管理产生的新问题:

(1) 与放牧、薪柴采集冲突

1992 年的集体林管护制度主要针对的问题是盗伐林木。但没有考虑到以前一些农户把牛羊放牧于自家的责任山上,而集体统一经营山林后,护林员不允许在林中放牧牛羊,与放牧农户经常发生冲突。

此外,六组中的贫困农户由于无财力买煤做燃料,其家庭所需燃料基本上靠责任山上采集的薪柴,集体林统一经营后,主要采取严格的封山保护模式,贫困农户无法获取所需的薪柴资源,只得到邻近的大竹县境内采集薪柴,不仅造成与护林员的冲突,也影响了六组与周边村民的关系。

无论是放牧还是薪柴采集,都只是部分而不是村中所有农户的经济行为,这部分农户从经济条件等方面看,在六组村民中处于弱势地位。在集体林统一经营前,这些部分农户都是合理合法地在自家责任山上利用自然资源。制定集体林管护制度过程中,出于某种原因这部分村民的经济行为没有被照顾到,但他们采取"弱者的武器"的方式,不在讨论过程中为自己利益争辩,而是在讨论会以后继续自己的放牧和薪柴采集。

---

① 　中国西南森林资源冲突管理案例研究项目组.2002.冲突与冲突管理——中国西南森林资源冲突管理的新思路.北京:人民出版社,2002.

（2）第三方缺位，导致护林员与六组其他村民的冲突

"在集体林管护制度刚开始执行的一段时期里，护林员比较尽职，树木被盗伐现象很少。但随着时间的推移，被盗伐的林木有所增加，农户认为护林员拿了工资却缺乏应有的责任心，一些人表示不愿意再为护林员出工资；而护林员则觉得每年每人100元的工资太少，不能调动他们的积极性。"[①]

在护林员与村民之间，缺乏第三方来对护林员的工作绩效进行考评，当双方出现纠纷时，没有一个仲裁机制来解决冲突。这种机制，在奥斯特罗姆有关社区保护地建设的八项原则中也有提及，即"低成本的地方公共论坛"。

（3）信息不公开透明

"1995年，经卷硐乡政府同意和渠县林业局审批，六组对部分集体林实施了间伐，间伐收入1000多元由组长掌握，未给村民分配，收入主要用于护林员工资、修水塘和接待费。村民对此很有意见，他们认为：第一，村民不清楚间伐收入究竟是多少以及是如何开支的；第二，集体收回责任山统一经营后，村民在遵守林木管护制度和筹集护林员工资方面作了大量贡献，却没有获得经济利益。由此导致村民对集体林管理的积极性下降。"[②]

"按照林木管护制度，组长应对护林员工作及其森林进行监督检查，但当时的组长在坚持一段时期后，逐渐放松了此项工作，因缺乏必要的监督检查，林木损失现象不断发生，管护效果也愈来愈差，村民觉得组长没有尽到责任，对此非常不满。"[①]

信息是乡村治理的关键，要形成小农的集体行动，必须使小农们具有充分的信息，并围绕获得的信息建立相应的沟通机制。而社区精英们，包括村干部和村民小组，都可能依靠垄断信息而获取更大的权威[①]。

（4）缺乏林木抚育技术和经济林栽培技术

由于缺乏林木抚育知识和技术，六组对集体林很少进行必要的抚育，导致林分质量比较差，效益低下。另一方面，除杜仲、黄柏、竹子外，社区很少有人懂得其他经济林栽培技术，更不知道本地适宜栽植什么品种，长期以来，该组集体林几乎都是单一的用材林，农民们从集体林中获得经济利益的愿望难以得到实现，导致对集体林管护制度的不满。

---

① 邵文，徐薇.渠县卷硐乡梨树村6组集体林资源管理利用冲突案例：冲突与冲突管理.北京：人民出版社，2002.

② 邵文，徐薇.渠县卷硐乡梨树村6组集体林资源管理利用冲突案例：冲突与冲突管理.北京：人民出版社，2002年.

### 3. 社会林业项目进入本地化阶段

渠县于 1992 年被选为第一批社会林业项目(第六章)四川试点县,项目主要集中在另外两个乡镇,通过提高社区的公共性和造林来恢复森林植被。六组所在的卷硐乡并没有被纳入实施。在此过程中,来自四川省林业厅、四川省扶贫办和四川省社科院等政府部门和科研机构的四川省本地专家多次前往渠县,一方面在实地向国际专家学习;另一方面也与渠县林业局等基层林业部门官员形成了长期的信任和友谊。

1998 年的长江洪水,使政府认识到农牧民在生态保护中的巨大作用。在一些具有全国战略性生态意义的林区如天然林区、渠县所在的长江中上游防护林区等,如何调动农民的积极性管护好现有的森林是一个新的现实需求和经验盲区。

福特基金会社会林业项目培养的四川本地专家们,敏锐地意识到需要将自己学习的参与式理念和工作方法从造林向更广阔的区域拓展,为四川的生态保护服务,他们纷纷利用各种机会开始新的尝试。

四川农业大学的教授谭经正[1]于 1999 年 2 月到渠县,与渠县林业局社会林业项目主管官员唐才富商量,共同选择一个新的项目点开展"参与性社区森林资源经营管理"项目。这个项目实施期短、资金投入少,但由于真正地做到了激发群众的参与性,是社区保护地建设中的一个经典案例。

## 二、实施过程

### 1. 选点

项目首先制定如下的选择标准:① 社区集体林资源在社区的生产、生活和环境保护方面具有重要的地位;② 社区自然、社会和经济条件在西南集体林区有一定的代表性;③ 社区村民对经营管理社区森林资源有兴趣和需求[2]。

根据这个标准,项目从渠县 86 个乡镇中选出了卷硐乡,进而从该乡 6 个行政村选出梨树村作为"低山用材林、经济林经营区"的代表。进入梨树村后,通过访问、座谈和正式的小组讨论了解,将社区森林资源的数量、社区对森林资源的依赖性、村民对森林资源经营管理的积极性、开展森林资源经营管理的迫切性和可能性等作为选定试点社区的主要标准。经综合分析,选定梨树村六组为项目的"试点村民小组"[1]。

---

① 谭经正,1956—2011,原四川农业大学教授。
② 谭经正,唐才富,罗勇.参与性方法在社区集体林经营管理中的应用.四川林业科技,2002,1.

社区保护地建设与外来干预

很多外来干预性社区保护地建设项目，在当地县级政府部门的推荐下就匆忙地选定一个行政村作为项目社区，而该项目有所不同，谭经正和唐才富在选点时了解到，六组村民们已经经历过了集体林经营从统到分再统一的过程，是一个对于集体林管护具有意愿和经验的社区。

**2. 五次村民小组会议建立管理的框架和制度**

(1) 通过参与式调查与第一次村民小组会议发现问题

1999 年 4 月初，项目开始在六组运用参与式的调查工具进行社区调查，并组织第一次村民会议讨论，发现六组现有的集体林管护制度主要的问题是：

① 现有林木管护制度不健全，尤其是林木间伐收入的使用方面，没有明确的规定；

② 缺乏林木管护的组织机构；

③ 个别护林员缺乏责任心；

④ 缺乏集体林资源管理和发展规划。相应地，村民们也讨论出了针对性的对策：例如，改选护林员，规划一定面积的柴山和牧地，成立森林资源管理小组，完善森林管护制度等。

(2) 第二次村民小组会议改选护林员，成立"社区森林资源管理小组"。

1999 年 4 月，项目组织六组村民进行了第二次会议，会议的目标是改选护林员，成立"社区森林资源管理小组"。这次会议几乎每家都有代表参加会议，有的家庭还来了几人，参会人数超过了第一次会议。

由于有前期的充分了解，谭经正和唐才富组织村民严格按照民主程序开会：第一步，由村民推选出管理小组成员和护林员人选，每位村民写出 8 名候选人；第二步，村民对推选出的人选进行投票表决；第三步，在项目人员和村民代表现场监督下计票；第四步，根据得票多少(以超过实际到会人数一半为准)公布当选者名单，选出社区森林资源管理小组成员 6 名(其中包括 2 名护林员)；第五步，村民举手表决，选举出社区森林资源管理小组组长、护林员和出纳、会计；第六步，新当选的森林资源管理小组组长和 2 名护林员分别向村民发表就职讲话。

原来的预期"社区森林资源管理小组"的成员是 5 人，但当投票表决时，一名妇女忽然发现候选人全部是男性，她当即提出，森林管理小组成员没有妇女，妇女的利益就不会受到重视，管理小组成员必须要考虑 1 名妇女代表。她的建议得到村民的响应和支持,大家认为可以增加 1 名妇女,于是,村民又推选出 1 名 30 多岁、具有高中文化的妇女作为候选人。选举结果,这位名叫冯佳琼的妇女成为社区森林资源管理小组 6 名成员之一,并担任会计。

通过这个选举,使六组中愿意为大家服务和有能力的村民进入"社区森林资源管理小组",人的因素,往往是一个项目最重要的因素。

(3) 第三次村民小组会议讨论制定森林资源管护制度

在 4 月 20 日,新成立的"社区森林资源管理小组"组织全体村民讨论制定了《卷硐乡梨树村六组森林资源管护制度》(见本章附件)。认真研究这些规定可以发现:① 针对存在的诸如弱势群体利用自然资源问题、护林员的责权利问题进行了详细的规定,如在每一片区划出专门的林地供放牧和薪柴使用;② 制度体现了充分的弹性,既照顾了弱势群体的利益,考虑了护林员的述求,还制定了奖惩办法。奥斯特罗姆的集体行动八项原则在其中都能寻到一些踪影。

(4) 第四次村民小组会议讨论制定《卷硐乡梨树村六组森林管理经营方案》。

4 月 26 日,召开了第四次村民小组会议,制定了《卷硐乡梨树村六组森林资源管护制度》(见本章附件),对于边界、放牧、砍柴、间伐等事项做了具体的规定,使"资源占用和供应相一致"原则再次得到体现。

(5) 第五次村民小组会议讨论制定护林员职责和森林资源管理小组章程。

4 月 28 日,再次召开了村民小组会议,通过了《卷硐乡梨树村六组护林员职责》和《卷硐乡梨树村六组社区森林资源管理小组章程》(见本章附件)。根据管护制度和经营方案,这次会议把前期的讨论成果具体落实到了森林资源管理小组以及护林员身上。

1999 年 4 月的参与式调查和五次村民小组会议,是整个项目集中发力的一段时间,有经验的外来项目专家能够有一个月的时间,保持高频率地在社区引导、协助和督促村民们召开这些会议,听起来简单,在实践中还是比较少的。很多专家往往可以在社区集中工作一周,但这样的工作方式并不一定适合农民,后者需要一个反复讲解、充分消化、多次讨论的过程。

**3. 森林管理小组的运行**

(1) 组织间伐获取森林经营收入

1999 年 11 月,六组根据森林管护计划向县林业局申请并获得批准,间伐了部分集体林。据中国社会科学院农村发展研究所调查报告[①],从 1999—2002 年,六组

---

① 中国社会科学院农村发展研究所社会林业课题组.试论社区林业的效果和普适性——四川省渠县案例研究.内部报告,2003.

共获得 10 581 元林业收入,其中 3220 元用于分红,1710 元用于扩大再生产,2150元用于社区成员从事林业活动的劳务费,1745 元用于护林员补贴,1000 元用于基础设施建设,756 元用于管理小组的运行。

管理小组在村民监督下,按照制度及时张榜公布了收支情况。由于村民亲自参与社区森林资源管护制度的制定过程,因而在对护林员工作和森林资源管理小组落实制度的监督方面,其针对性强,效果比较好。

(2) 协调冲突

管理小组还根据村民意愿,定期或不定期地召开村民大会,讨论村民提出的问题并商议解决办法。如有的村民提出,森林经营管理方案中,规划了第二年春季在疏林地补植树苗,但春季正是农忙季节,劳力安排上有冲突。大家对这一问题商议后,提出了具体的解决措施:当年 11 月红薯收获后有一段农闲时间,可以先组织劳力挖好树苗坑,到第二年春季时就可大大节省劳力,既不影响农活又可按期栽植树苗。这一措施实施后,效果很好。

森林资源管护制度规定,每年由集体付给每位护林员工资 300 元,护林员考虑到间伐收入不可能每年都有,便主动提出降低自己的工资水平,使村民很受感动,也更加支持护林员的工作。

据梨树村村干部回忆,社区森林资源管理小组为村民办实事,通过民主协商制度,把全组村民紧密团结在一起,增强了社区凝聚力,消除或缓解了一些冲突,受到六组村民的赞扬和拥护。

**4. 项目持续性**

2013 年 1 月,笔者在唐才富的带领下来到梨树村进行访问,了解森林管理小组、管护制度等的运行情况。

(1) 社区森林资源管理小组依然在运行

冯佳琼这位在选举中依靠临时增添妇女名额被选入社区森林资源管理小组的村民,在 2000 年小组第一次换届后就被选为管理小组的组长,后期又因为有公信力被选为六组的组长。管理小组至今仍然有 6 位成员参与工作。

管理小组每年组织一次对森林资源的核查,核查中聘请普通村民担任监督员。在 2007 年,经监督员核实,集体林里共有 11 棵树被砍,需要罚款 50 元,由于 3 位护林员不好平摊,管理小组决定处罚金额没有减少,反而将罚款总额增加 10 元,最终每个护林员罚款 20 元。

(2) 与天保工程、退耕还林等项目有机结合

每年的支出主要有两个部分,一个是 3 位护林员年度工资支出共计 300 元;另

外是包括聘请监督员(20~40元/人)等支出共计700元,全年的管护费用是1000元。

冯佳琼主动地与村委会、乡镇政府和县林业部门联系,从2003年开始,每年的管护费用在天保工程、退耕还林工程等中解决,从而森林资源管护在没有社会林业项目的支持下至今依然运行。

(3) 聘请放牧农户为护林员

经过大家推选,村中3位放牧的农户被选为护林员,其好处在于:① 给予放牧农户荣誉和责任,并在大家的监督下很好地解决了放牧和森林管护的冲突;② 放牧农户长期在山中,可以把自己的生产和森林管护结合;③ 放牧的农户家庭经济都比较弱,100元的补贴相对而言比较重要。

(4) 管理小案例

一个案例是有村民向管理小组汇报,本村民小组有村民在林地里砍树,管理小组立即上山现场抓住该村民。经质问,其砍树理由是家里猪圈塌了需要一根木头做梁。虽然管理小组认为村民砍树真实目的是采集薪柴,但最终没有罚款,对该农民给予了警告。

另一个案例是有人发现村民在集体林里砍伐松树丫枝,报告给管理小组,虽没有当场抓住,但护林员核实后经当面对质,该村民承认了破坏行为,但原因是没有认清边界。最终,管护小组因为该村民家庭是贫困户,也仅是警告,没有继续追究。

虽然这两个案例处罚力度不大,但说明森林管理小组对于六组护林员和村民的监督是实实在在发生的。虽然处罚的力度可能被认为是"软弱"的,但从奥斯特罗姆提供的存续上百年的社区保护地的案例看,社区对于内部成员的处罚都是这样的,以教育和防治为主,惩罚为辅。

## 三、经验总结

经验一:生态文化薄弱的农村社区同样能够形成管护森林的集体行动。

一些社区保护地的专业人士"悲观"地认为只有在具有浓郁宗教信仰的民族地区,才具有深厚的生态保护群众基础。而在其他区域尤其是受市场经济影响深远的汉族农村,已经很难开展群众自发的社区保护地建设工作。

梨树村六组的案例是非常令人鼓舞的。谭经正、唐才富等外来干预者运用福特基金会社会林业项目所学到的参与式理念和技巧,寻找到真正有愿望管理好集体林资源的村民小组,然后协助村民们公平而有效率地召开村民小组会议,识别问题、进行选举、制定制度,其结果是村民们在没有外界强力支持的情况下至今仍持续进行社区森林管护集体行动。

经验二:社区精英的作用关键在于领导小农共同制定、执行和修改完善管护制度。

从外来干预者的活动看,谭经正、唐才富等在项目中主要做了三件事,一是认真选点,寻找到合适的村民小组;二是同村民共同找出森林管理中的主要问题;三是引导和协助村民们讨论出自己的管护制度。管护制度是贯穿整个项目的灵魂和核心:项目从制定管护制度开始,通过选举寻找到社区精英来承担责任,带领村民实施和修改管护制度,项目在管护制度正常运行后结束,最后项目的成效通过管护制度来得到保障。

在 1999 年前,六组的集体林是通过村民小组组长来进行管理的。村民小组组长虽然肯定是村民小组精英,但在管理集体林中其公信力和能力都受到村民们很大的质疑,需要有新的精英来带领"社区森林资源管理小组"维护管理制度。

在几次前后衔接的全体村民会议中,让潜在的社区精英们充分地表现自己,从众多的小农中脱颖而出,从而承担起执行和修改完善管护制度的责任,使这些制度能够不断地适应社区外部和内部的各种变化。冯佳琼就是这样涌现出来的,她本身并不擅长进行巡护,但她能带领"社区森林资源管理小组"和全体村民,能把村民们召集起来讨论问题,还能在护林员和普通村民之间承担起沟通和纠纷调解的作用。

很多外来干预性项目强调发挥社区精英们的作用,但往往是借用社区精英的个人能力或权威完成项目活动,而不是围绕制度来组织社区成员形成集体行动。社区精英个人或权威的影响是短暂的,只有不断完善修改的制度才是长久的。

经验三:真正落实民主选举、民主决策、民主管理和民主监督。

从梨树村六组案例看,只要把《中华人民共和国村民委员会组织法》中规定的民主选举、民主决策、民主管理和民主监督能够认真贯彻落实,社区保护地建设就既能得到村民们的拥护,又能节约项目资金还具有持续性。

冯佳琼的涌现说明民主选举的重要性。在包括合作经济组织的多个案例中,能力和公心往往是社区精英们的悖论,很难在同一个社区精英身上体现。但成功的社区项目必须要有一个在能力与公心两个方面比较平衡的社区精英来领导。唐才富和谭经正等项目人员把寻找社区森林管理小组组长的权力交给村民,认真设计程序,让村民选举出这个人选,可能是唯一有效和持续的办法。而被选出的这个社区精英与被外来干预者指定的不同,他(她)要对选举人负责,而不是对外部项目负责。认真选举也是社区精英行为内生化的有效途径。

《卷硐乡梨树村六组社区森林资源管理小组章程》(见本章附件)则充分地体现了民主决策和民主管理的理念。有意思的是,在1999年4月五次全体村民小组会议中,这个章程是在最后一次会议,在有关森林资源管护制度、森林资源经营方案的基础上,为了确保管护制度和经营方案落实而制定出来的,它不是一些空洞的条文。

由社区森林资源管理小组每年来组织村民代表对森林资源状况进行监督,而不是由资源管理小组自己来监督,在社区内部体现了民主监督的精神。而民主监督和监督信息被全体村民获知是促进管护员的道义,从而更加认真管理集体林资源的重要保证。

经验四:社区内部的管护责任人、普通村民和村干部之间应该有一个如"社区森林资源管理小组"的缓冲机制或平台。

"社区森林资源管理小组"的角色是值得寻味的:它并不直接和具体承担护林工作,而是制定和修改方案、制度,组织选举和监督护林员等工作。

管理小组是护林员和村民之间的纽带和桥梁,村民们对于护林员的要求和抱怨可以向管理小组提出,而护林员的委屈和困难也反映到管理小组。设想如果没有管理小组,村民们和护林员或者直接针锋相对地碰撞,或者相互回避而不解决问题。

村干部可能成为双方的申诉对象,但与管理小组相比,还是不同的:首先,管理小组被选举出来,代表村民们专门负责森林资源管理的事宜,所以在群众中更有代表性;其次,村组干部负责多项工作,森林管理只是其中的一件事务,但从平衡各方力量的角度考虑,会把森林管护与其他的事务混在一起来处理,把一些问题复杂化,在制度制定和纠纷调解中难以令村民们信服。

奥斯特罗姆提出长期存续的自然资源集体行动需要在当地有一个"低成本的公共论坛",能够使不同的利益方在一些讨论沟通,并及时简单地处理纠纷。这种论坛在一些民族地区可能是大家聚在一起喝酒聊天,也可能是赛马射箭等体育文化活动,妇女们在一起拉家常等。

社区森林管理小组的设置并有效运转,是本案例取得成功的一个创举,最值得外来干预性社区保护地建设项目借鉴。

经验五:小农组织起来,具有针对问题适度地精细化管理自然资源的能力。

从1999年至今,梨树村六组在不断修改完善中坚持执行管理制度。仔细研究在管理小组领导下制定的《卷硐乡梨树村六组森林资源管护制度》可以看出,在管理中直接针对火灾、放牧、林木盗伐、薪柴采集等问题,并根据六组的具体情况提出了管理措施或奖惩办法。

奥斯特罗姆提出"使占用和供应规则与当地条件保持一致",村民们制定的管护制度虽然只有 10 条,恰好体现了这一原则,不管是专门为放牧和薪柴采集等划定区域,给予一定的空间;还是同意每年可以有 10 株林木损失量;以及组织村民监督员来参与年度保护成效评估等,都体现了社区的智慧和平衡技巧。而 14 年的保护成效,是这些制度能够高效运行的最好证明。

经验六:重视项目中有经验的专家参与,但仍然保持项目的简单性。

从财务角度分析,项目总成本很低,其中大部分用于项目工作人员在梨树村调查、会议等费用,几乎没有用于支持巡护补贴、发展替代经济等的费用。

当然,这个案例比较特殊之处在于谭经正等自身有意愿在梨树村做一些森林资源管理的前沿性探索。但是,在项目实施前期聘请有经验的专家来参与社区调查、设计项目策略和活动是非常有必要的。然而,当前很多项目都倾向于压缩项目前期的社会经济调查经费,导致社会经济调查的结果只是一种形式,不能对项目实施有帮助;这样的结果反过来进一步加深资助者和项目管理人员认为前期调查意义不大的印象,形成恶性循环。

虽然强调专家的参与,但应该要求专家把每个阶段的项目活动设计简单,使农牧民能够参与。例如,在梨树村六组的案例中,连续召开 5 次会议,但每次会议的议题都只有一个,而且整个项目都围绕着管护制度为中心开展。只有简单的项目,才能与农牧民真正地互动参与,否则很可能变为相互配合的游戏。

项目简单的关键是直接针对从小农角度能够感受到的问题。在梨树村六组的这个案例中,一个关键环节是项目人员同社区村民一道围绕集体林经营管理这个项目主题找出本社区的问题,如放牧、薪柴采集、信息等问题,针对问题制订解决办法,使社区真正的需求和行动体现在项目中。

## [相关附件]

### 卷硐乡梨树村六组森林资源管护制度
(1999 年 4 月 20 日村民大会通过)

为了合理保护和开发利用本组现有森林资源,改善社区生态环境、增加经济收入,造福子孙后代,特制定本管护制度,希望本组各位村民、护林人员共同遵守,相互监督,自觉执行。

第一条 为防止森林火灾,严禁任何人在林内用火。引起火灾或火灾隐患者将按国家森林法、森林防火条例的有关规定依法惩处。全体劳动力均为义务扑火队员,发生火警时要无条件地参与灭火。

第二条 各户村民应在划定的范围进行有人守护的放牧。任何人的牲畜如啃食、践踏或毁坏集体和其他农户的林木,照价赔偿,并损一栽五。

第三条　严禁盗伐或无审批手续砍伐集体或他人房前屋后及自留地、责任地中的林木。如有违者,达到《森林法》处罚标准的,移交林政执法机关处罚;达不到《森林法》处罚标准的,每偷砍或盗伐 1 株成材树罚款 30～50 元,杂树每斤罚款5 角。

第四条　组内的用材林统一封山,严禁进山割柴放牧。各户村民可在划定的柴山和放牧地砍灌木和割草放牧。如有违者,每斤柴罚款 1 角。

第五条　本组村民必须尊重兄弟社队和国有林场的山权、林权,遵守其他村民小组和林场的管护制度。

第六条　全组的集体林由村民大会选择 2 名护林员负责管护。每位护林员每年由集体付给工资 300 元。其经费首先从森林经营活动的收入中支付,不足部分由村民按人头自筹,记股分红。

第七条　由组与护林员一起事先核查林木现状,规定每年树木损失量不超过10 株。每超过 1 株罚款 5～10 元。由群众代表和组长与护林员一起每月检查一次。

第八条　护林人员必须坚持原则、尽职尽责,如全年检查后无林木损失,由集体给予奖励;如内外勾结或监守自盗,按制度规定加倍处罚。

第九条　全组村民必须支持和监督护林员的工作。对干扰护林员工作,殴打护林人员者,要报村委、村支部和上级有关部门,根据情节进行处理,严重者要追究其法律责任。

第十条　由护林人员抓到的乱砍滥伐者,所得罚款的 30% 奖给护林员,其余70% 归集体。除护林人员外,无论任何人检举揭发经查实或抓到乱砍滥伐者,得罚款的 70%,其余 30% 归集体。

## 卷硐乡梨树村六组森林经营管理方案

### (1999 年 4 月 26 日日村民大会通过)

一、现有用材林的经营方案

1. 马尾松中幼林的抚育间伐:地点——灯盏窝至梭石槽,鹰包,团堡,凤凰咀;由组向乡政府和林业部门写申请间伐的报告,待批准和设计后实施。

2. 林地的补植补造:在鹰包补植马尾松;杏树梁补植杉木;火烧包补植马尾松、杉木、柏木。

3. 有幼林抚育:对杏树梁的幼林地实施砍抚,清除杂灌,促进幼树生长。

二、牧地、柴山的规划

经实地规划和 4 月 26 日村民大会讨论通过确定：农户可在罗家沟至狮子包和小沟水库两旁成林地内按森林资源管护制度的规定放牧和取柴。

三、林地边界问题

本组与林场和邻近组的林地边界，由"管理小组"另外安排时间，会同有关单位和组共同实地踏勘确定。

四、集体林的利益分配

经讨论，农户有两种主要方案：一是集体林的收益前 5 年不分，用于扩大再生产和支付护林员工资等；二是留足集体扩大再生产资金后，剩余部分分给群众。

经充分协商，达成一致意见：集体林纯收益的 50% 用于扩大再生产，余下的 50% 分给农户。

五、下一步工作打算

1. 认真落实社区村民制定的各项规章制度。

2. 森林资源管理小组尽快写出马尾松中幼林抚育间伐的申请。

3. 森林资源管理小组进一步落实疏林补植补造的时间、种苗、方式、资金和规模。

4. 森林资源管理小组进一步了解现有杜仲林经营管理中的主要问题。

5. 森林资源管理小组征求农户对发展庭园经济林的意愿和建议。

6. 乡村和本组森林资源管理小组向邻近的单位和社区宣传本森林资源经营管理的制度。

7. 在交通要道处建立护林碑。

## 卷硐乡梨树村六组护林员职责

（卷硐乡梨树村六组村民大会，1999 年 4 月 28 日）

一、宣传护林防火，检查火灾隐患，发现火警即时报警，组织和参与扑火；

二、及时向森林资源管理小组报告森林病虫害的发生及危害情况；

三、制止本村和外村村民偷砍盗伐本村集体和农户的林木，经常巡回检查；

四、及时向森林资源管理小组报告偷砍、盗伐、毁坏集体和农户林木的人和事；

五、定期向森林资源管理小组报告林木管护情况及存在的问题；

六、协助森林资源管理小组处理、处罚偷砍盗伐、毁坏集体和农户林木的事件。

## 卷硐乡梨树村六组社区森林资源管理小组章程

（1999 年 4 月 28 日村民大会通过）

### 第一章 总 则

第一条 "卷硐乡梨树村六组森林资源管理小组"（以下简称森林资源管理小组）是梨树村六组全体村民自发组织、自愿参与，以林业为主，综合发展乡村经济，为村民脱贫致富奔小康的社区群众性生产合作团体。

第二条 "森林资源管理小组"坚持农村基层党委、政府的领导，遵守国家法纪，严格执行党和国家的方针政策。

第三条 "森林资源管理小组"以村民自发参与的积极性为基础，发扬团结合作、自力更生、艰苦奋斗的精神，依靠科学技术，走以林为主、农林牧综合发展的道路，加速梨树村六组全面实现荒山绿化、改善生态环境、提高经济收入、促进社区社会发展，为最终实现环境优美、社会文明、经济富裕、持续健康发展的社会主义新农村作出贡献。

第四条 "森林资源管理小组"的主要工作及活动：

1. 组织村民制订、修改社区林业发展计划、方案；

2. 组织村民制订、修改社区森林资源管护制度；

3. 组织村民建立、改建本组护林队伍；

4. 监督森林资源管理制度和经济林发展项目的实施；

5. 反映村民在林业生产、管理活动中的技术需求；

6. 向村民传递有关的技术及市场信息；

7. 组织村民开展技术培训活动；

8. 协助村组及上级有关部门调解与本组有关的林地、林木边界、权属、利益分配等方面的纠纷；

9. 加强与上级有关部门及外界有关技术部门的联系；

10. 管理"森林资源管理小组"的集体资金，定期公布账目。

### 第二章 成 员

第五条 "森林资源管理小组"由 6 人组成（女 1 人）。设组长 1 人，文书 1 人，会计 1 人，出纳 1 人，护林员 2 人。

第六条 成员的基本条件

1. 组长、文书、会计：25 岁以上，具有读写能力，大公无私，坚持原则，热心社区森林资源管理及社区公益事业，能团结群众，身体健康的本组村民。

2. 成员：大公无私，坚持原则，热心社区森林资源管理及社区公益事业，能代表村民意愿，身体健康的本组村民。

第七条 "森林资源管理小组"成员职责

1. 组长：

(1) 组织完成森林资源经营管理小组的各项任务；

(2) 召集和主持小组会议；

(3) 向村民报告小组的工作情况；

(4) 及时解决村民在森林资源经营管理中反映出的问题；

(5) 财务收支的核签。

2. 文书：

(1) 协助组长完成森林资源经营管理小组的各项任务；

(2) 参与解决村民在森林资源经营管理中反映出的问题；

(3) 做好各次会议和活动记录，及时公布小组决策等活动情况；

(4) 整理和保管小组档案资料。

3. 会计：

(1) 协助组长完成森林资源经营管理小组的各项任务；

(2) 参与解决村民在森林资源经营管理中反映出的问题；

(3) 管理好小组的财务账目；

(4) 定期公布小组的财务收支情况。

4. 出纳：

(1) 协助组长完成森林资源经营管理小组的各项任务；

(2) 参与解决村民在森林资源经营管理中反映出的问题；

(3) 管理小组集体资金。

第八条 产生办法。由本组村民提名或自荐，全组农户代表通过。

## 第三章 管 理

第九条 本组森林资源经营管理中的一切重大决策由村民大会集体研究决定。在全体村民的监督下由森林资源管理小组组织实施。

第十条 森林资源经营管理小组成员的任职期限为1年。期满后由上届小组成员主持换届选举，其方式按第八条进行。上届成员可以连选连任。

第十一条 议事制度

1. 每月召开一次村民大会，如遇重大事情可根据需要随时召开村民大会；

2. 小组成员会议根据工作情况决定。

第十二条 监督制度。每位村民都有权利和义务对小组成员的工作根据其职责要求进行监督。如有 10 户村民对任一小组成员的工作不满意,可召开村民大会进行表决,超过一半的农户同意即可罢免。

## 第四章　经　　费

第十三条　资金来源

1. 集体林产品销售收入;

2. 村民自筹资金;

3. 可能的上级拨款或外界捐助。

第十四条　经费开支

1. 办公用品;

2. 场地租用;

3. 护林员工资;

4. 小组成员误工补贴;

5. 集体项目发展资金。

第十五条　经费管理

1. 所有的财务收支均按村级财务管理制度执行;

2. 每月向村民张榜公布财务收支状况。

## 第五章　附　　则

第十六条　本章程经村民大会讨论通过之日起施行。

第十七条　本章程由村民大会负责解释。

# 第三节　四川省雅江县扎嘎社区人兽冲突项目

草海和梨树村都是因为在自然资源保护与利用中已经面临问题,导致外来干预性项目的介入。还有很多保护案例,外来干预性项目并不是因为问题而来,而是因为有较高的生物多样性价值和当地有能力的合作伙伴,扎嘎社区的人兽冲突项目就是其中的一个①。

---

① 本案例在写作过程中得到李梦姣和荣燕的大量帮助,在此深表感谢。

## 一、项目背景

1. 扎嘎社区简介

扎嘎社区位于四川省甘孜藏族自治州雅江县麻朗措乡境内,由唐足行政村(辖唐足、热日两个村民小组)、麻朗措村(辖麻朗措、塔日河、麻日河三个村民小组)组成,共计 710 余名村民。虽然分别属于两个行政村,但所有扎嘎社区的村民都信奉藏传佛教并接受扎嘎寺的影响。归认于共同的寺院和活佛,是扎嘎社区最大的公共性和凝聚力。

从生态系统角度看,扎嘎社区属于川西暗针叶林原始林区向高原草原过渡地带,生物多样性非常丰富,具有较高的保护价值,格西沟国家级自然保护区的部分缓冲区与实验区就位于扎嘎社区境内。

从经济角度看,扎嘎社区属于藏区典型的半农半牧经济区,村民们的现金收入主要来自于采集虫草和松茸等林副产品,而基本的生计则来源于养殖牦牛和种植洋芋、青稞和萝卜等高原作物。在扎嘎寺的教化下,村民们尽管生活不算富裕,但几乎没有其他形式的自然资源利用形式,因此生态保护的群众基础很好。

由于道路简陋,村民们与相距 30～50 千米的县城联系并不紧密,大部分村民都不会汉语。

2. **两个上升期的当地机构:格西沟自然保护区和扎嘎寺**

有两个对扎嘎社区村民具有影响力的机构,一个是格西沟自然保护区,另一个是扎嘎寺。

(1) 格西沟自然保护区

由于格西沟具有较高的生物多样性价值,于 1993 年建立自然保护区。然而,在以木材生产为工作重点的背景下,格西沟自然保护区的管理长期处于停滞状态。1998 年天然林停伐后,格西沟自然保护区建设重新受到重视,在 2003 年升级为省级自然保护区,2012 年进一步升级为国家级自然保护区。总之,在过去 10 余年中,格西沟自然保护区与扎嘎寺一样,也保持了一个上升的态势。

为了实现从省级自然保护区向国家级自然保护区的跃进,需要从国家的宏观角度来看待格西沟自然保护区在全国 2000 余个自然保护区中的特色,尤其对一个没有大熊猫、金丝猴和湿地等"热点性"保护对象的保护区,更需要独辟蹊径,展现自身的特色。

格西沟保护区管理处在与保护国际基金会合作的过程中,认识到保护区内外社区信奉藏传佛教,具有浓郁的生态文化是格西沟保护区的特色和优势。利用这种优势,发动周边社区群众开展社区共管可以使格西沟自然保护区的管理在全国具有特色和示范意义。

(2) 扎嘎寺

扎嘎寺是一个格鲁派寺庙,最大的特点是有两个个性突出、团结互信、分工有序的领导。云登活佛年纪在 50 岁出头,在 90 年代由于带领僧众反对砍伐原始森林而深受当地村民们的拥戴。进入 2000 年后,随着工作重心从木材生产到生态保护转变,雅江县林业局对云登活佛的态度也转变为赞赏和支持。嘉措活佛年纪在 30 岁出头,善于学习和接受新鲜事物,拥有新浪微博粉丝达 225 万。两个活佛为了扎嘎寺的发展,齐心协力,相互理解和包容,形成了良好的合力。

拥有两个优秀的领导人,扎嘎寺的管理和影响力最近十余年一直处于上升的势头。然而,由于外部宏观环境的影响,传统的生态文化在本地藏族信众中的影响力不断下降的趋势在扎嘎社区亦不能避免。从管理角度看,如何弘扬传统生态文化是扎嘎寺面临的一个迫切而且复杂问题。由于很多的影响来自于外部,就不能封闭式地加以应对,而需要借助政府和外界力量(机遇)。

生态保护不仅符合藏传佛教的基本教义,而且与扎嘎寺从 90 年代以来反对滥砍森林的传统契合。更重要的是,扎嘎寺的活佛们敏锐地观察到生态保护是上至中央政府下至格西沟自然保护区、还有各种社会公众人士的关注重心,与外界合作开展生态保护可能会给扎嘎寺提高影响力带来良好的机遇。

扎嘎寺需要通过生态保护获得新的力量来扩大自身的影响力,而格西沟自然保护区则需要寺院的帮助以加强社区共管的群众参与性。因此,在扎嘎社区最具有影响力的扎嘎寺和格西沟自然保护区分别从各自管理的需要,虽然基于不同的目的,但都需要围绕生态保护进行合作,实现优势互补。

**3. 前期的保护项目**

2005 年,保护国际基金会在四川启动新建自然保护区能力建设项目。格西沟自然保护区成功申请到保护国际基金会的资金、技术支持,应用参与式理念和工具在保护区的区划调整中充分考虑社区的保护意愿,从而调动村民的保护积极性。在项目实施过程中,得到了扎嘎寺云登活佛的大力支持,保护区与寺庙的相互合作得以启动。

2008 年,基于前期良好的合作,保护国际基金会又与格西沟自然保护区合作,实施了协议保护项目(第七章),格西沟自然保护区分别与扎嘎寺和另外一个行政村(下渡村,村民们信奉另外一个寺庙即郭萨寺的活佛)的 3 个村民小组签订了保护协议。格西沟自然保护区作为协议的甲方,负责提供保护技术培训、生态保护知识、巡护设施设备和奖励性质的资金以满足不同社区灵活性的需求；相应地，扎嘎寺和各个社区则负责开展巡护、向社区内和周边农民宣讲生态保护的意义和知识、收缴猎套和制止森林砍伐等保护性活动。

雅江的协议保护项目虽然进行了前期的生物多样性调查和社会经济调查，但由于语言、文化殊异，加之有限的项目时间和较大的地理范围，项目并没有能够真正了解社区的主体情况、农牧民面临什么问题、他们应该如何被组织起来。在很多信息不明朗的情况下就较为匆忙地开展。例如，把扎嘎寺和下渡村拉在一起来开展同一个项目，不但不能最大限度地发挥扎嘎寺的作用，还可能在寺庙之间造成一定的负面影响。项目设计的很多活动，到底对于当地生物多样性保护如何促进，如何满足了社区群众的要求，其间的逻辑和支持性信息都显得粗糙。

幸运的是，在扎嘎社区生物多样性的威胁并不大，雅江协议保护项目也通过了成效评估，并于 2010 年顺利结束。

通过项目实施，进一步加深了扎嘎寺和格西沟自然保护区之间的相互认识，使双方都感受到合作的意义，为后续深入开展人兽冲突项目打下了基础。另外一个项目意料之外的成效是两个合作伙伴都发现扎嘎社区农民们最关心的问题——人兽冲突问题，即野生动物侵害农作物，造成农民经济损失；同时，农民为了制止和报复野生动物，也发生了猎杀事件。而这个人兽冲突问题对于格西沟保护区而言，是猎杀野生动物；对于寺庙而言，则是在神山圣湖杀生，直接导致寺庙弘扬佛法的影响力降低。

在保护中发现问题，使扎嘎寺和格西沟自然保护区又寻找到新的合作目标可以算是前期协议保护项目的最大成果。

### 4. 解决人兽冲突，国家赔偿陷于困境

人兽冲突属于社区保护地建设的客体范畴(第六章)，是在中国山区比较普遍的一个生态问题。由于野生动物"属于"国家所有，农牧民们不能猎杀野生动物，相应地，野生动物给农牧民造成的财产和生命，也理应由国家进行赔偿。

国家给农牧民的赔偿面临两个困境。首先，地方政府代表国家实施对农牧民的赔偿，但类似雅江这样的地方财力贫弱县，能够用于赔偿的财政资金非常有限；其次，人兽冲突的现场往往位于偏僻山区，政府调查农民是否受损失和损失金额困难，而政府与受损农牧民之间围绕损失情况也缺乏基本互信，即政府可能给农牧民提出的损失金额大打折扣，而作为应对，农牧民则不断夸大损失金额，这样造成政府与受损农牧民缺乏互信的恶性循环。

不管是出于解决山区农牧民的困难，还是保护野生动物免遭农牧民的报复，都

急切地需要探索解决人兽冲突问题的办法。

虽然减缓人兽冲突,还可能采取更主动的办法,即通过生态监测了解野生动物的行为习性,并通过种群控制等手段对野生动物的分布进行干预。然而,由于生态监测手段、对于野生动物习性了解不足等严重制约,这样的设想目前还处于早期阶段,离实际运用为时尚早。

## 二、实施过程

### 1. 解决人兽冲突的思路

2010年,北京山水自然保护中心开始在扎嘎社区启动人兽冲突项目。山水的项目团队几乎全部来自保护国际基金会,经历了扎嘎社区前期的所有项目,可以说在保护国际基金会项目的基础上,开始了新的探索。

基于前文分析的解决人兽冲突的困境,新的项目思路为格西沟自然保护区、扎嘎寺和扎嘎社区的村民们共同出资建立一个人兽冲突补偿基金①,并由三方的代表共同组成"人兽冲突项目管理专员"工作小组。当发生野生动物侵害案件后,村民们迅速向专员们汇报,由专员核定损失,然后在秋季种植季节结束后统一从基金中支付补偿金额。与此同时,利用扎嘎寺在外界的影响力,鼓励日益增加的放生人群来捐资于该基金,以实现基金的可持续运作。

项目思路直接针对现有政府补偿的两个困境:首先,利用村民们信奉藏传佛教、不向寺院说谎的特点,把寺院作为特殊的社区精英的优势发挥出来,解决定损过程中的诚信这一最大的难点;其次,面向社会多方筹集资金,弥补单一依靠政府资金不足的问题。

### 2. 2010—2012年项目简述

(1) 2010年

扎嘎社区人兽冲突开始启动,鉴于协议保护项目的教训,项目没有把不信奉扎嘎寺的下渡村纳入项目区。为了保证项目成效,仅从扎嘎社区唐足行政村的两个村民小组试点,即唐足和热日,共计49户,265人。

项目的一个关键活动就是建立人兽冲突补偿基金,共筹集到42 514元,其中山水自然保护中心投入40 000元;寺院投入2000元;村民们按人头每人投入2元,其中有2户人家8人因故没有参加,收集到514元。

另外一个关键活动是建立协管员队伍。经过保护区与寺院商量,由扎嘎寺云

---

① 命名为赔偿基金是与只能由政府行使的野生动物肇事赔偿区分开来。

登活佛指定了 3 位人兽冲突专员,其中 1 位来自寺庙,另外 2 位分别来自唐足和热日村民小组。

当发生野生动物侵害后,如果损害面积在三分地以下,由该村民小组的专员会同寺庙专员来核定损失,并报告给格西沟自然保护区委派的工作人员;如果超过三分地,则保护区工作人员必须到场,三方共同定损。

当时遇到的最大问题是由于唐足村民小组所处地势较高,距离野生动物栖息地相对较近,受到的损失粗略估计接近 30 000 元,远远超过热日村民小组。由于专员们只能确定农户是否遭到野生动物侵害,没有能力定量地估计损失,所以很难面对来自热日社区有关公平性的质疑。为此,当时的解决办法是有损失的农户,每户补偿的上限是 500 元;没有损失的农户,每户补偿 100 元。实际支付补偿资金 9100 元,其中唐足 6160 元,热日 2940 元。另外,还支付专员工作补助 500 元/人,一共从基金支出 10 600 元。

在召开全体村民的补偿大会前,格西沟保护区专门就项目补偿情况在村庄中进行了一周的公示。

(2) 2011 年

第一年的试点,出现了两个问题:一是难以定量地评估损失,导致有关公平性的质疑;二是保护区发现一些村民由于有了补偿项目,而不认真种植庄稼。此外,扎嘎社区的另外三个信奉扎嘎寺的村民小组纷纷要求加入项目,但格西沟自然保护区以项目经费、人力资源和经验不足为由,没有同意,为此扎嘎寺受到了来自没有参加项目村民小组的很大压力。

针对新出现的两个问题,格西沟保护区下渡保护站站长江卫与山水自然保护中心的志愿者一起采取的解决办法是,丈量土地、检查是否认真种植农作物和每家在地块建立围栏等。

① 丈量土地。2011 年初春,格西沟保护区工作人员和人兽冲突专员开始着手丈量 49 户农户的土地,用时 3 天,统计到共有土地地块 243 块,228 亩。这是从 2005 年开始,外来干预者第一次走访全体的项目村民,而没有通过寺庙或由寺庙住持的全体村民大会来与村民们交流与沟通。

经过丈量土地,比较准确地掌握各小组全年受野生动物侵害的土地面积,其中唐足 25.2 亩,热日 7.5 亩,分别占土地总面积的 19.5% 和 7.6%。

② 修建围栏。项目团队制定新的规定,要求农户修建围栏,而且把围栏按质量划分为三类,好的围栏补偿损失的 80%,中等的围栏补偿 60%,而差的围栏仅补偿 30%。其实质是对参与项目的农户提出了更高的门槛要求。几乎所有的农户

都兴修了围栏,但唐足村部分偏远的地块没有修建,所以在实际补偿中仅按照30%进行。

③ 检查是否认真种植农作物。在播种后,格西沟保护区和项目专员们到每个地块内检查出苗率,试图把出苗率作为计算补偿的一个参考依据,但由于涉及的因素太复杂,在当年的补偿计算中并没有纳入。

在这三项工作的基础上,项目团队设计了一个补偿的计算公式,使补偿更加客观和透明:

$$补偿总价 = 作物受损面积 × 亩产量 × 作物补偿价 ×$$
$$补偿比例(依据防护程度评定) + 防护奖励$$

2011 年,人兽冲突补偿基金共收到来自山水自然保护中心的追加资金 20 000元,从村民那收到资金 1718 元。当年支出补偿 10 940 元,其中唐足 7155 元,热日3785 元。另外,3 位专员的补贴共 1500 元,基金结余 41 192 元。

格西沟保护区和山水自然保护中心的驻点志愿者的费用均没有在基金中列支。

在 2012 年寺庙没有出资于人兽冲突补偿基金,但嘉措活佛开始积极联系外部的放生基金支持。

(3) 2012 年

2012 年,山水自然保护中心在雅江的投入基本结束:即没有资金补充到人兽冲突补偿基金,也没有派出志愿者在扎嘎社区驻点工作。整个项目完全依靠格西沟自然保护区和扎嘎寺来推进。

由于在两个试点村民小组没有出现新的问题,所以项目实施方案并没有新的改变。但是在活佛的要求下,麻朗措村的 3 个村民小组终于加入了人兽冲突补偿基金。

这次云登活佛没有指定人兽冲突专员,3 个村民小组采取抓阄的形式选出了各自的专员。但是,这些专员们并没有如唐足和热日的专员般配合,导致格西沟保护区的工作人员拒绝收取 3 个小组缴纳的基金款。但年终补偿时,经过云登活佛的斡旋,按照每个村民小组 2000 元的标准发放了补偿款,引起了唐足和热日的村民们的不满。

2012 年人兽冲突基金收到来自唐足和热日两个村民小组的缴纳的基金 1718元,支付 13 730 元补偿款,其中唐足 4790 元,热日 3940 元,新增的 3 位村民小组6000 元。扣除人兽冲突专员的补贴 1500 元(新增的 3 位专员因为工作不力而没有给予补贴),剩余 26 680 元。

在 2012 年,格西沟自然保护区承担的各种项目日益增加,原有主要的 3~4 个项目人员能够投入到项目实际工作的仅仅剩余 1~2 个。围绕新增 3 个村民小组,保护区和寺庙之间也产生了很多的分歧和冲突。虽然缺乏外界扶持,人兽冲突项目在保护区和寺庙的冲突和妥协中,继续蹒跚前行。

**3. 项目的持续性**

2013 年 2 月,山水自然保护中心组织扎嘎寺、人兽冲突专员、村民代表和格西沟自然保护区项目人员前往云南考察。这次考察对于项目的维系至关重要,尤其是极大地鼓舞了热情逐渐耗尽的江卫等项目人员。

已经离开山水的原项目志愿者荣燕出于对项目关心,于 2013 年 4 月返回扎嘎,与江卫和人兽冲突专员共同制定了 2013 年的项目实施方案:① 继续收集唐足和热日缴纳费用 1718 元,新加入的三个社区按人头征收 2012 年和 2013 年的缴纳费用 12 元/人,共计 5364 元;② 由于最近两年发生多起人员增减情况,重新丈量唐足和热日的土地面积;③ 丈量新加入的 3 个村民小组的土地面积。

2013 年 5 月,嘉措活佛专门来到山水自然保护中心,要求山水自然保护中心继续支持人兽冲突项目,并表示寺庙愿意把 2011 和 2012 年没有投入人兽冲突补偿基金的钱补上,并争取将新成立的慈善基金所筹集的资金的 3%~5% 用于支持人兽冲突基金。

扎嘎社区人兽冲突项目是否能够在 2013 年继续延续,在今后如何发展演变,都充满了不确定性。但江卫、荣燕等项目志愿者和活佛们继续在努力着。对于保护国际基金会和山水自然保护中心,这依然是一个非常了不起的成就。

# 三、经验总结

经验一:如何看待项目的成效。

① 首先从经济角度看,扎嘎社区的人兽冲突基金在山水自然保护中心停止注入资金后,到 2012 年底,仅剩余资金 26 000 余元,如果加上 5 位村民小组缴纳的资金,以现有规模还可以支撑 2 年,但面临较为紧迫的持续性问题。

② 2010—2012 年,唐足与热日的村民每人为项目贡献 14 元,从项目获得的补偿平均每人是 105 元,从简单的数字来看是收益大于付出。

在过去的三年中村民们每次向人兽冲突专员缴纳 2 元或 6 元的年费时,都是对于社区公共财政资源的贡献,而每次从基金领到补偿款时,都是实实在在感受到从社区公共财政资源带来的好处。

③ 格西沟自然保护区与扎嘎寺的关系，保护区和村民相互间的了解和沟通，寺庙对于社区的影响力这三重关系切实得到了改善。扎嘎社区的公共性得到切实提高。

④ 据保护区和寺庙反映，三年中没有发生一起村民们因为野生动物侵害事件而报复性伤害野生动物的事件，然而这种说法由于缺乏有力的证据支撑而较为单薄。

经验二：在当地建立合作伙伴群体比单一的合作伙伴更具有可持续性。

扎嘎社区的项目从 2005 年开始至 2013 年，持续了 8 年尚未结束，在诸多的外来干预性社区保护地建设项目中，应该算是比较具有持续性的。

正是因为扎嘎寺和格西沟自然保护区在 8 年中逐渐加深的合作，才使扎嘎社区在保护国际基金会和山水自然保护中心淡出后仍然把项目坚持到 2013 年，甚至进一步扩大社区的受益范围。在 2012 年，保护区提供技术、寺庙组织动员村民，两者的结合使项目"撑"过了"断奶"的第一年。寺庙帮助筹集来自放生人群的公益资金、保护区提供技术和运营费用是扎嘎社区人兽冲突项目继续持续的关键。

很多外来干预性的社区保护地建设项目在当地往往只有一个合作伙伴，而不是建立一个当地合作伙伴的群体。首先，通常基层的机构如自然保护区、寺庙等的特点是优势和劣势都比较突出而且短期内难以改变，如让喇嘛们学习土地丈量，让保护区在社区发动群众等。如果没有外来干预者的介入，单一的当地合作伙伴是很难满足项目继续所必需的条件的；其次，社区保护地建设最重要的是坚持，有一个项目伙伴群体相互间鼓励和互助，度过每一个机构都面临的脉冲式瓶颈期，更可能使社区保护地建设的成效持久。

保护国际基金会和山水的成功在于在扎嘎社区项目中促进了保护区和寺庙双方对于对方价值的认识，形成了优势互补的合作伙伴关系。如果没有保护区与寺庙的合作，2011 年的项目已经举步维艰，不可能在 2012 甚至更长久的时间内持续的。

经验三：公平、效率与"精细化"。

公平与效率问题是社区保护地建设通常都会遇到的问题，需要在二者之间寻求平衡：小农们在二者之间往往更加注重公平性，所谓"不患寡而患不均"，很多外来干预性项目则讲求效率，希望在短时期内实现生态保护或社区经济发展。

人兽冲突基金按人头收取 2～6 元不等，但在补偿时唐足总是高于热日，这个公平性问题给项目人员带来很大的压力，所以在第一年只能设定每户 500 元的上限和 100 元的下限，即使全部的庄稼被野生动物损失，也只能补偿 500 元，而没有受到损失,也能得到 100 元,这明显是一个公平与效率折中的结果。如果不是单纯地算经济利益,而充分考虑社区公共性建设和项目持续性,在第一年这样折中是非常睿智的做法。这是保护区、寺庙、人兽冲突专员和志愿者代表各方利益平等协商的结果,体现了集体智慧平衡公平、效率矛盾的优势。

但是,人兽冲突基金如果长期采用 100～500 元的折中性补偿标准,可能也会使受损农户感觉不公平,而很多外来的干预者和资助者也可能因为项目的效率低下而感到挫折。但如果对庄稼损失情况不能有一个比较准确的了解,做再多的工作也难以向着平衡公平与效率迈出更深入的一步。丈量土地面积就是在这样的背景下于 2011 年被提出并实施的。

丈量土地是一个"技术活",尤其是在扎嘎社区,坡地多,地界不规则,丈量并计算土地面积需要的数学知识还是较多的。丈量土地也是一个风险活:土地丈量的结果有可能与国家登记的包产地面积不符合,同时引发社区内部对土地丈量结果的质疑。这也是在江卫和荣燕等一线项目人员提出要丈量土地,受到笔者这样在办公室的管理人员的质疑和担心的原因。

但是在江卫和荣燕的坚持下,丈量土地工作得以开展,江卫他们以极大的热情花费 3 天时间得到了唐足和热日 49 户村民所有的土地面积。也许从科学严谨的角度看这些面积数据很容易受到怀疑,但由于这个过程中每户村民都参与了诸如拉皮尺等工作,加上人兽冲突专员中有喇嘛这样代表公信力的人员,整个过程得以顺利完成,得到的不仅是社区群众的理解,其实质效果是深入到每一户进行了项目宣传,交流沟通,提高了项目的群众基础。

完成土地丈量后,根据受损土地面积、受损作物价格、参与项目积极性(围栏修建情况)等因素制定了补偿计算公式并严格执行。这个公式在项目人员、代表寺庙和两个村民小组的人兽冲突专员之间热烈讨论,在社区有公示并严格执行,标志着人兽冲突基金向着透明化运作迈出了关键一步。而信息公开透明也是平衡公平和效率的有力手段。

丈量前补偿情况是唐足 6160 元、热日 2940 元,丈量后唐足 7155 元(2011 年)和 4790 元(2012 年)、热日 3785 元和 3940 元。相比于 2010 年,2011 年两个社区获得的补偿金额都有所增长,因为野生动物在社区土地的活跃度提高。2012 年唐足的补偿金额较 2011 年减少了 33%,而热日却增长了 4%,一增一减,表明人兽冲突基金针对野生动物肇事损失的补偿效率提高,而唐足的村民并没有对公平性提出较大的质疑。

扎嘎社区的案例表明了丈量土地这样的"精细化"技术工作在社区保护地建设

中的作用,但同时也说明精细化技术工作至少需要社区代表的参与,同时整个过程让村民们能够理解。如果不看重过程而仅仅聘请外部专家来完成测量,可能又会是另外的结果。

经验四:驻点志愿者在项目后期的贡献不容小视。

如果把扎嘎社区项目的开始时间从 2005 年保护国际基金会新建保护区能力建设算起,从 2012 年山水逐渐淡出作为结束,并把建立人兽冲突基金和探索基金管理模式作为项目的主要成效的话,驻点志愿者在项目后期的作用很值得外来干预者重视。

从项目成效看,新建自然保护区能力建设项目(2005—2007 年)使格西沟自然保护区和扎嘎寺结为合作伙伴,而协议保护项目(2008—2010 年)在扎嘎社区实验了多种保护客体类型的活动,同时进一步提升了格西沟自然保护区和扎嘎寺的能力、激发了两者的主动性,使云登活佛、李八斤、江卫等人把人兽冲突基金确定为社区保护地建设的主要深入点。扎嘎社区的社区保护地建设项目最主要的成果来自于人兽冲突问题的试点和经验积累,前期资金较多的两个项目反而是打基础。

细节的突破是项目放权的结果。一个外来干预性社区保护地建设项目的后期,随着资金量逐渐减少,项目伙伴关系趋于成熟,实施机构的高层管理人员的参与度会逐渐减少,其很多精力都忙于筹集资金,开拓新的项目。李八斤[①]、李晟之[②]等都莫过于此,但同时也给予了江卫、人兽冲突专员比较大的空间和灵活性,在人兽冲突基金管理的很多细节上的研究和创新,最后形成突破性的项目成果。

荣燕、李梦姣先后作为驻点的志愿者代表山水参与项目的管理。志愿者们与资深的项目管理人员相比"缺乏"权威,所以志愿者管理的项目通常给予当地的合作伙伴更大的自主权和灵活性。同时他们作为新鲜力量表现出的活力和奉献精神能激发江卫等项目人员,后者很多被如资金减少、很多项目比较注重表面、成效难以经受住检验等诸多问题困扰而疲态彰显。在很多项目后期,合作伙伴之间的沟通没有项目初期密切,但志愿者的存在,加强了正在弱化的项目交流和沟通。

一个项目从项目理念到真正落地并获得持续的成效,项目后期也非常关键,但这个时候由于项目行将结束而往往不被项目实施机构重视,很多高层管理人员已经不再如前期投入精力与时间。如同在种植水稻过程中,如果在前期播种和管理时期项目管理人员倾注了大量努力,却不重视收获期的付出,最后也很难获得好的收成;如果后期高层人员还是与前期一样重视该项目,而且又不放权给已经在项目

---

① 格西沟自然保护区实际负责人。
② 时任山水野外项目总监。

实施中逐渐具备能力的第一线人员(如江卫)等,激发他们创造性,项目也难取得突破性的成效和持续性。这也许是一个悖论。

如果没有荣燕和李梦姣作为志愿者参加,可能扎嘎社区项目就会在上面提到的悖论影响下销声匿迹。由于志愿者给项目所作的 3 个贡献:① 激励当地疲惫项目人员的热情;② 增进合作伙伴之间日趋减少的交流;③ 代表外来干预者的放权,扎嘎社区的保护地建设项目在后期反而进入了一个丰厚的收获期。

## 第四节　四川省平武县关坝村熊猫蜂蜜项目

社区保护地与自然保护区的一个区别是前者应该具有更高的灵活性以兼顾保护与发展双重需求,从而更有可能在保护与发展之间建立起"有机联系"。如果保护与发展的"有机联系"能够存在,保护理念就很可能被内生于社区,社区的小农就会有动力持续地、低成本地开展各种保护活动。

基于这个假设,迄今为止很多机构或出于生态保护或出于资源可持续利用的目的,纷纷开展试图建立保护与发展"有机联系"的项目。然而,这些被外来干预者建立起来的联系,却很少是"有机"的,虽然项目同时开展一些保护性活动和生计发展性活动,并牵强地把两种活动联系起来,称为"有机联系"。一旦项目结束,所谓的"有机联系"就迅速地瓦解。

但是,保护是为了人类更好的发展,封闭式的保护只能是短期的权宜之计。长远地看,保护必须与发展紧密结合。因此,对于保护与发展"有机联系"的尝试是前仆后继的,关坝村的熊猫蜂蜜项目就是山水进行的又一次勇敢尝试。

### 一、项目背景

1. 以保护与发展"有机联系"为目标的项目存在的主要问题

试图建立保护与发展"有机联系"的项目通常会遇到下面的问题,如果不能有效地加以解决,这种联系就是"无机"且脆弱的。

(1) 如何让自然资源产品能够增值

只有通过一些"额外的"活动,使某种自然资源产品的价格能够比现有的价格提高,即发生增值,才能使小农更加重视对该自然资源的保护。增值活动可能是通过加工环节使现有的自然资源产品的品质改善,也可能是开展一些保护性的活动使自然资源能持续利用,也可能是挖掘附加在自然资源产品中的文化或公益价值,或者缩短某些中间环节使小农获得更高的利润。

小农在市场中的竞争劣势是成本高、产量品质不稳定。生产地点分散、规模小、地处偏远导致成本(包括生产、包装、物流、宣传等)增加,难以面对大众市场,或处于价值链的底端而导致亏本。要在激烈竞争中的市场中获得增值,把小农组织起来开展这些增值活动,除了知识、技能、资本等要素投入外,形成集体行动是一个关键。很多前期的试点性项目能够提供知识、技能甚至全部的资本,但无法让小农形成集体行动,导致增值活动失败。

生态保护项目的增值活动需要与生物多样性保护建立联系,应该清楚说明增值活动是如何促进生态保护的。但是,现有的科学研究水平往往不能够清楚地说明某种活动与资源保护的关联性。

(2) 增值如何得到市场的持续认可

开展增值活动不一定就能实现增值,关键是在市场能够实现马克思所说的"惊险的跳跃",通过各种营销手段找到愿意支付增值自然资源产品的顾客,为他们提供服务并实现增值。最关键的是,一次、两次成功地推销只能是开始,如果不能够持续就只能算是试点,甚至是作秀。

很多擅长于设计和实施增值活动的机构并不擅长于营销,公益组织往往缺乏营销人才,社区更是缺乏营销能力。虽然一些国际组织利用自己的品牌优势可能会在短期的营销获得订单,但很少看见长期的成功案例。

此外,在增值活动与生态保护成效之间关联性难以讲清的情况下,如何进行诚实的营销也是一个难点。

(3) 增值如何公平地回馈社区,并有效率地激励村民们履行保护承诺

从市场中成功地推销增值的自然资源产品后,需要把自然资源产品的收益在社区进行合理的分配,既要考虑公平性,又需要从效率出发实现在市场承诺的成效。

由于市场追求野生和纯天然,生态资源产品很多来自社区公共自然资源,因此,从公平的角度考虑需要使社区中的村民们都能够分享这部分收益,否则就可能因为不公平而引发新的自然资源破坏行为;为了实现承诺的活动,需要讲求效率,直接给予社区中为承诺活动多付出的村民以激励,否则所承诺的活动可能无法开展,或者即使开展也无法实现承诺的成效。

因为上述三点困难不能解决,使很多致力于建立保护与发展"有机联系"的项目黯然而退。

**2. 社区对大熊猫栖息地干扰日益加大——以关坝村为例**

大熊猫是中国生物多样性保护的旗舰物种,主要分布于四川西部和陕西南部

的天然林区。从 1956 年建立卧龙、王朗等自然保护区以来,大熊猫保护一直受到政府生物多样性保护项目的重点关注,迄今为止建立了约 41 个自然保护区,覆盖了超过 1/3 的栖息地面积。

1998 年启动的天然林保护工程基本把大熊猫栖息地都纳入了保护范围,大熊猫栖息地受到来自政府主导的发展项目干扰显著减少。继 50 年代大型森工采伐后,农村社区的各种经济活动在大熊猫保护所面临的各种威胁中的作用不断突出,四川省平武县关坝村就是一个典型的例子。

平武县位于四川省西北部岷山山系的腹心地带,拥有全国数量最多的野生大熊猫,号称"天下熊猫第一县"。关坝行政村面积约 87 000 公顷,但退耕还林后的耕地仅为 1.5 公顷,其余大部都是林地。在林地中属于乡、行政村和村民小组三级的集体林加起来不足 5%,大部分都属于国有林。

虽然大熊猫栖息地主要分布于关坝村境内的国有林区,但村民们长期以来都顺着山沟进入国有林利用自然资源,即使在天保工程实施后政府也很难加以管理。关坝村境内大熊猫栖息地面临的主要威胁包括:① 村民采挖一种被称为"鸡血石"的矿石资源,部分运气好的村民一年甚至可以获得 10 万元以上的收入,开矿导致森林植被破坏,野生动物被惊扰;② 薪柴采集和烧炭;③ 在小溪中投毒捕鱼;④ 零星的盗猎;⑤ 放牧干扰。

虽然关坝村设有天保工程管护站开展保护工作,但这些管护人员大都来自平武县城的森林企业,被临时性地派驻村中,俗话说"强龙难压地头蛇",天保人员很难对村民们干扰栖息地的行为进行约束。

关坝村辖 4 个村民小组共 414 人,虽然藏族占总人口的 84.85%,但由于离平武县城较近(30 千米)、交往频繁,从语言、生活方式等方面看很难区别于周边汉族社区。2010 年全村外出务工者占劳动力总人数 70% 左右,务工收入也占总收入的 56.16%,而包括养蜂在内的养殖业收入则占 40%。外出务工和养殖业是村民们收入主要来源。

从 2010 年开始,一些长期在外务工的年轻人逐渐返乡,开始考虑如何利用村中自然资源发展家庭经济,对于大熊猫栖息地保护既带来了威胁,但也给创新性地建立保护与发展的有机联系提供了潜在的社区精英。

3. 蜂蜜是承载城市人群对于健康、环保生活的追求和公益附加值认可的自然资源产品

随着相当数量的城镇居民视野拓展和购买力增强,在消费理念上越来越注重健康、环保等品质要求,并愿意为此付出一定溢价,这是当前中国社会的一个深刻

变革。

与此同时,由于生态环境不断恶化和社会责任感不断增强,城市人群中愿意参与生态保护、为自然环境做出贡献的比例也不断增加。但现有的环保公益模式对资金不多、没有时间到野外的城市人群参与生态保护能够提供的方法少之又少。通过健康环保的自然资源产品可以很好地寻找到这部分人群,并使他们以比较方便的形式满足他们参与生态保护的途径。

蜂蜜属于保健性功能食品,通常随着生活水平提高,人们对于蜂蜜的需用量也会增加。蜂蜜的消费者,既可触及富豪,也可包括城市中产阶级。与一般的西蜂蜂蜜相比,关坝村的蜂蜜全部来自在大熊猫栖息地采蜜的中华蜜蜂,具备天然、野生的概念,是很好的承载健康、环保食品和大熊猫保护理念的自然资源产品。

#### 4. 山水在平武的前期积累

1997 年开始至今的 16 年间,山水团队在平武未间断地从事大熊猫保护,对于大熊猫的习性、关坝村及周边地带的大熊猫分布有深入的了解,在大熊猫栖息地质量评价、组织村民开展大熊猫巡护监测等与"增值活动"相关领域具有深厚的经验积累。

此外,山水与平武县林业局建立了多年的合作关系,后者能够很好地理解山水开展社区保护地建设项目探索的意义,按照山水的想法进行选点,放手让山水根据自己的步骤和节奏来开展项目。

基于机制创新的现实需求,结合前期的经验与人脉关系积累,山水决心在平武县关坝村继续进行建立保护与发展有机联系的探索。

## 二、项目过程

#### 1. 保护与发展框架雏形

2009 年,在平武县政府大力发展山村经济的背景下,乡政府出资 2 万元在关坝村建立集体蜂场,并主导成立了关坝村养蜂合作社。合作社虽然号称有 9 户农户,但真正比较活跃的只是唐虹和另外一个金姓蜂农。唐虹长期在外务工,返乡后被选为关坝村村主任,急于寻找一些项目打开工作局面。

2010 年 3 月,保护国际基金会在平武启动了"平武水资源保护基金",支持火溪河流域的水源地保护。平武林业局推荐关坝村成功地申请到 8 万元的综合性赠款项目,内容包括 3 个方面:① 购买新式蜂箱和养蜂培训;② 组织村民开展非系统性的大熊猫栖息地巡护;③ 补贴更换家庭太阳能设备以节约薪柴采集量。可以说,在一个行政村的范围内,这个项目既包括了保护又包括了社区发展的活动元素,初步建立了社区保护与发展有机联系的框架。

然而,这个框架中保护与发展的活动都是应外部要求而开展的,两者之间没有必然的联系,外来的资金中断后,项目活动也就停止。因此,这个项目是一个比较粗糙的保护与发展的框架,但为后面的熊猫蜂蜜项目打下了基础。

**2. 建设养蜂合作社成为保护与发展的平台**

为了寻求后续支持,唐虹找到作为"平武水资源保护基金"的技术支持力量的山水,开始在关坝开展熊猫蜂蜜项目。

熊猫蜂蜜项目与"平武水资源保护基金"的一致性是都认同合作社在保护与发展中的作用。合作社相比于整个关坝行政村,一来规模小更容易发挥小农的道义,二来所有成员都从事养蜂,更具有共性,相对容易达成共识。

在山水项目人员的指导下,2010年7月合作社很快得到了重组,包括唐虹在内的26户村民出资4.7万元,山水以4万元入股。山水出资是基于下面的考虑:① 帮助合作社迅速地壮大原始资本;② 提高小农的参与积极性;③ 合作社大部分成员不愿意把资金用于有机认证,但山水认为这是蜂蜜实现增值的重要一环,有机认证的资金正好4万元;④ 凭借投资人的身份参与合作社决策,督促小农们的集体行动并保证合作社朝着有利于大熊猫栖息地保护的方向发展,为保护与发展的有机联系建立机制保障。

扶持农民专业合作社,以合作社为平台建立农民保护与发展的有机联系在山水之前如世界自然基金会等已经有很多项目采用,但山水以投资人而非资助人身份直接参与到这个平台还是一个新的尝试。虽然山水的参与只按照股份行使决策权,并不参与分红,但作为外来干预者,还是从以前的教练身份转变为教练兼运动员的身份。

身份的转变,使山水与在以往的社区项目中超然于各个小农的利益不同,他们直接参与合作社发展的诸多环节中,合作社基本形成了"山水+唐虹"决策,合作社2~3个骨干社员出大力,一般社区出小力并按照出资额平等分红的格局。

为了做好蜂蜜的增值活动,山水项目团队尤其是陈临阳、冯杰花费了很大的力气,激发了许多智慧,从几个方面为合作社区提供了具体的指导:① 引入新式养蜂技术和设备;② 开展有机认证并形成对农户蜂蜜品质的倒逼机制;③ 在倒逼机制指引下,聘请外部技术人员通过"农民田间学校"的模式,进行技术培训;④ 健全财务管理制度和能力;⑤ 把农户分户散养转变为分3个区域集中养殖,确定同一区域内蜜蜂数量以充分利用蜜源,发挥合作社的规模效益。

在山水的强力帮助下,合作社逐渐克服了诸如自然灾害减产、成员间不信任、成员间对风险的忍耐度差异很大等多种困难,山水在合作社的话语权也得以进一步加强,关坝村蜂农的蜂蜜产量在 2010 年约为 1500 斤,2011 年达到 6050 斤,2012 年为 4000 斤;销售价在 2009 年是 8～12 元/斤,但从 2010 年到 2012 年的收购价逐渐涨为 25 元与 40 元,真正实现了稳步增值;参与合作社的蜂农数也从 2009 年号称的 9 人变为 2012 年真实出资的 33 人。可以说,合作社这一平台比 2009 年得到了很大的发展。

与此同时,在山水的倡导下,合作社在机构设置上成立了"生产部",下设资源巡护队,巡护队有 6 人组成并在 2011 年增加到 8 人。每月开展两次巡护监测。

护队员开展巡护工作每人补助 80 元/天,在核算中列入合作社生产成本。把保护经费纳入发展的成本,这是熊猫蜂蜜项目的一个创新,使保护与发展更加紧密地联系起来。2010 年,合作社开支保护经费 500 元,2011 年为 2080 元,2012 年则达到了 4240 元。

由于保护经费进入成本,影响了最后的分红数量,因此没有参加巡护队的合作社社员抱怨巡护工作太随意、不透明,反过来对于巡护队的工作形成了社区内部的监督。

**3. 市场营销与科学研究**

为了使大熊猫保护和蜂蜜生产的联系更加顺畅和持续,在养蜂和巡护之外还有两项关键的空缺需要开展,一是加强市场营销,二是研究清楚大熊猫保护与蜂蜜生产的相互关系。

(1) 培育稳定的熊猫蜂蜜客户群

在冯杰等为首的熊猫蜂蜜野外团队努力围绕蜂蜜的品质和生态保护开展增值活动的同时,山水引入了社会企业"北京山水伙伴文化发展有限责任公司",致力于营销熊猫蜂蜜。

营销工作首先是加工和包装。蜂蜜在割取的过程中往往混合有蜜蜂等各种杂质,需要用一定加工手段过滤。蜂农们的过滤往往比较粗陋,难以达到高端市场的要求。经过比选,山水伙伴选择了苏州的一家公司作为加工点。在高端市场,合适的包装,包括规格大小、包装材料和宣传信息是非常重要的。山水伙伴请了一位比较知名的设计师,反复研究确定了包装样式并付诸批量化生产。

山水伙伴认真研究了熊猫蜂蜜潜在的购买对象,提出了两种可能:一是围绕山水长期在保护实践中建立起来的"朋友圈",这部分人以成功的商业人士为主,个人财富较多,交友广泛,注重社交,而赋予大熊猫保护公益价值的蜂蜜往往可以成为他们社交的一个小亮点。在营销上他们注重朋友与熟人的口碑。二是购买力增长的城市中产阶级,他们更注重蜂蜜蕴含的健康品质,而营销上则比较接受项目提供的宣传材料。与加工和包装进展迅速不同,在确定目标客户方面山水伙伴花费了较多的时间,最终在 2012 年底确定以山水"朋友圈"为主要营销对象。

2011 年,山水伙伴销售蜂蜜 1418 斤,每斤销售价格 300 元,销售收入 42.5 万元;2012 年,预售蜂蜜 282 斤,每斤销售价格 500 元,销售收入 14.1 万元。可以看出,即使是山水这样在中国生态公益圈中具有较大影响力的组织,营销"增值"后的生态产品依然是非常吃力的,也给其他今后准备从事保护与发展有机联系的项目提供一个宝贵的经验。

(2) 大熊猫保护与蜂蜜关系研究

在营销中,客户群常常问到的问题有为什么购买关坝的蜂蜜就可以支持当地的大熊猫保护,能具体保护多少只大熊猫等。简单的回答是蜂农在获得养蜂收入后将组织起来开展巡护,减少对大熊猫栖息地的人为干扰。然而听众依然疑惑于蜜蜂到底和大熊猫怎么样能联系起来。为了回答这个问题,山水开展了大熊猫保护与蜂蜜关系研究。

蜜蜂采集花粉过程中作为媒质对大熊猫栖息地的部分树种的更替具有一定作用,但究竟哪些树种怎样受益于蜜蜂,这种树种对于大熊猫栖息地生态系统的作用如何,现有的科研知识并不能给出令人满意的回答。

2012 年,山水聘请了中国科学院的植物学家开展专题研究。然而由于需要大量的基础数据而不得不从第一手资料开始,研究工作进展也较为缓慢。

4. 超越合作社的平台

(1) 合作社规模过小不足以承载保护与发展的有机联系

尽管养蜂合作社是山水在关坝熊猫蜂蜜项目中投入最多、取得成效也最大的项目活动,但暴露出的问题也很明显:

首先,养蜂在关坝村不是一个优势与主导产业,没有形成具有重要意义的影响。2012 年参与养蜂合作社的户数为 33 户,约占全村总户数的 26%,从全村来看,家庭养蜂收入仅占不到家庭总收入的 10%[1],与务工、种植核桃等经济林木等产业相比,养蜂影响力有限。即使按照项目的假设,养蜂人都具有积极性来参与保护,但不足 30% 的村民和不到 10% 的经济收入在社区还远不能上升为全村的公共利益,要让养蜂人真正承担关坝境内的大熊猫栖息地保护,甚至阻止村中诸如盗猎、放牧,从经济角度看可行性很低。如果合作社一旦严格地开展大熊猫栖息地保

---

[1] 刘伟.北京山水自然保护中心关坝村熊猫蜂蜜项目社会经济本底调查报告.2012.

护,可能受到全村多数人的反对。

其次,虽然合作社下设巡护队把保护成本计入蜂蜜生产成本是项目的一个创新,也切实地把保护与发展有机联系起来。但养蜂人往往年纪较大,已经不太适合承担爬山等巡护活动,而一些善于承担巡护工作的年轻人,却没有加入到合作社。

通过三年的实践,从建立保护与发展有机联系看,合作社优点是能够保证以蜂农满意的价格和数量来收购蜂蜜,同时提供必要的技术服务,合作社成员是有意愿开展森林资源保护的。然而,如果合作社的人数在社区中不占有优势,养蜂不能成为全村的主导产业,合作社是有心而无力开展保护性活动的,即使合作社中有唐虹这样的村干部,也于事无补。小规模的合作社是不能建立起真正意义的保护与发展有机联系的。

山水发现,在关坝村保护好大熊猫栖息地,要么迅速地提高蜂农的经济收入,吸引更多的村民自愿参加合作社并接受合作社的管理制度;要么就需要寻找新的思路。

(2) 新思路

2012年底,山水反思了过去三年取得的经验与教训,经过内部的充分讨论,修订了项目思路:

① 继续加强熊猫蜂蜜的营销,力图使关坝村更多的村民参与到合作社的平台养蜂。除了北京山水伙伴文化发展有限责任公司外,重点加强合作社自身的营销能力。

② 把巡护和监测等大熊猫栖息地保护工作从合作社逐渐剥离出来,成为整个关坝村的公共事务。巡护队员的选择、职责和监督都在村中以透明的方式民主讨论决定。

③ 对熊猫蜂蜜的增值收入进行分配。合作社按照收购价结算,大部分增值收入返还给行政村作为村公共财政资源,主要用于保护村公共自然资源即大熊猫栖息地的保护,强调村民对于所返还增值收入的讨论和民主管理。

④ 尝试诸如核桃等新产业发展,使更多农户的家庭经济与大熊猫栖息地保护有机联系起来。

5. 新的挑战

进入2013年,冯杰等野外团队人员需要按照新的思路实施项目,主要的困难来自于如何一方面要继续帮助合作社发展壮大,不断帮助合作社成员增加信心,另一方面又需要将保护项目从合作社扩展到整个关坝村。在前期由于项目团队仅仅与合作社打交道,遭到了村中部分村民的不理解,现在要消除前期的误会,使更多的人参与到项目中，还要安抚合作社的成员，使他们打消被山水"抛弃"的疑虑。

唐虹因担任周边乡镇副乡长而离开合作社，因此，项目当前急需寻找新的社区精英来协助项目的开展。

# 三、经验总结

经验一：保护性的经费开支计入发展项目的生产成本。

关坝村案例创新在于把保护的成本直接计入蜂蜜的生产成本，并成为针对具有支持大熊猫保护意愿的潜在购买者的营销亮点，促进蜂蜜的销售。由于保护成本计入，减少了合作社分红数量，也引发了合作社成员对于巡护队工作成效的问责，这些都是对保护与发展有机联系的有益探索。

经验二：对合作社大力扶持的正面和负面效应。

山水在对于关坝养蜂合作社增值活动的投入力度，在外来干预性社区保护地建设中是很少有的。很多项目，对于增值活动的设计就是提供1～2次技术培训，培训本身是否具有针对性且不说，仅仅培训是远远不能使农户增值活动顺利开展起来的。

山水成立专门的团队在关坝进行了三年几乎不间断的技术扶持，并预见性地强力推动有机认证。正因为山水的连续和认真支持，合作社才能克服一个个困难，经历数个发展波峰和波谷的转换，实力不断增强，但也造成了"山水＋唐虹"的决策模式。在唐虹离开关坝村后，山水面临独自操控合作社的尴尬局面。

合作社理论上应该是渐进的，鼓励合作社员自主发展的。由于有山水强力扶持和诱导，合作社得到快速发展，巡护队顺利成立并持续开展工作，保护与发展得以平行推进，节约了一定的项目时间。

个人认为，山水3年对合作社的扶持，使合作社迅速地上一个台阶不是最佳但也是现实的选择，关键是山水应逐渐地退出，应切实加强合作社的制度建设，而不是在细节上过多地干预。

经验三：合作社的规模不足以承担保护与发展有机联系。

合作社在关坝村是一个小规模的经营单位，可以比较充分地发挥小农的道义，较好地处理公平与效率等矛盾，从而使保护与发展有机地联系起来。

然而，社区保护地建设的目标不仅仅是促进一个小团体的经济利益，还需要保护生态环境。合作社在行政村中是一个小的社区组织，其影响力与扎嘎寺是完全不同的。社区保护地建设需要尽量依靠村中的社区组织，熊猫蜂蜜项目在关坝村利用乡政府帮助成立的合作社这一已有的社区组织构建项目平台,思路是清晰的。但项目的保护目标是保护大面积的国有林,从习惯权属的角度来看,村中大部分村民都具有非正式的使用权和收益权。如果小规模的社区组织不能影响村中占绝对多数的村民时,再精巧的促进保护与发展有机联系的设计都只能停留于理论而难以付诸实践。山水团队现阶段面临的问题就是不得不把规模扩大,使更多的村民参与进来。

当然,规模到底是扩展到行政村还是村民小组,则是需要反复权衡和思量的。前文分析,以村民小组为单位组织农户集体行动的可行性更大,更有可能建立起保护与发展的有机联系,但如果将保护目标定位于整个关坝村都具有非正式权属的国有林(大熊猫栖息地),以村民小组为单位将面临规模不够的问题。因此,冯杰等急需考虑重新审定保护目标的范围,到底是一个笼统的大熊猫栖息地,还是一个村民小组能够保护的一片区域。

经验四:保护与发展有机联系是渐进且需要较长时间的,可能需要多个组织接力才能完成。

从 2009 年乡政府开始建立关坝养蜂合作社算起,经过保护国际基金会同时支持巡护和养蜂,初步尝试构建比较粗糙的保护与发展联系;再到山水 2010 年开始下大力气推进蜂蜜的增值活动;最后在一个小范围(合作社)逐渐强化保护与发展间内在联系,迄今为止已经四年。其间经过了三个机构组织的接力式合作。

急功近利是在社区建立保护与发展有机联系的最大障碍,而这也是当今最普遍的问题。虽然经过了四年的努力,关坝村现有的保护与发展联系依然是比较脆弱的:蜂蜜的营销还没有走上正轨,合作社需要逐渐减少山水的影响,做到自主发展,大熊猫栖息地保护需要在合作社之外更大的范围开展。

很多外来干预性的项目在项目开始一年甚至更短的时间就"宣布"已经建成了保护与发展的有机联系,在资助者眼中,山水在关坝的工作显得"笨拙而低效"。由于同行的"大跃进"、资助者的不理解,"劣币驱良币"的效应甚至可能使山水也最终不得不放弃在关坝的深耕。

或许单靠一个组织脉冲式的资金来源很难使项目度过资金枯竭期,从而使项目时间都不能超过 2～3 年,这也许是当前中国民间公益组织建设社区保护地项目的一个宿命。相信今后还有更多的组织会如山水一样,勇于探索社区保护与发展的有机联系。但如果凡事都自己从头做起,可能的结局就是在不同项目点反复经历类似关坝项目在 2009—2011 年期间所面临的问题和取得的成效,取得的经验与教训总是在低水平徘徊,难以获得新的突破。

很多好的商业项目是在多家公司之间接力完成的,其原因是有良好的退出机制,退出者的权益能得到很好的体现。但民间组织之间很少能相互接力,长期地在一个项目点围绕同一个主题深耕,通常是一个组织尽量回避另一个组织的项目点。长此以往,公益组织的成效总是在低水平重复,同时在大量环保资金涌入的压力下不断宣传取得的一个个新的成绩,导致大量的"环保泡沫"产生,这些状况值得公益组织深思。

# 第五节　四川省冕宁县大坝子村多重效益森林项目

气候变化是一个新兴而炙热的环保议题,减少碳排放和固定空气中的二氧化碳含量被广泛地认为是一个应对气候变化的有效举措,自然也吸引了日益增多的政府和社会资金投入。相应地,由于造林和再造林、沼气和节柴灶等活动被认定为应对气候变化的有效措施,传统的社区造林项目和减少社区薪柴利用项目由于被赋予了气候变化的意义而受到项目资金的青睐。

多重效益森林项目,就是指在一个造林或再造林项目中,同时体现应对气候变化的效益(固定二氧化碳)、生物多样性保护的效益(如保护大熊猫等珍稀物种)和促进农牧民增收的社区效益。

新的保护机制或手段作用于社区,但对于社区而言很大程度依然是"万变不离其宗",新的客体类型的保护活动依然需要与社区主体建设相互呼应、相互配合,但若做不好,则可能成为相互掣肘。

## 一、项目过程

### (一) 完成 500 亩造林

2012 年,在一汽大众奥迪品牌的支持下,北京山水自然保护中心联合冶勒自然保护区在四川省凉山州冕宁县冶勒乡大坝子村开展了"奥迪大熊猫栖息地多重效益森林恢复冶勒项目(一期)",下文简称为"冶勒项目",项目地块位于冶勒自然保护区[①]周边。

冶勒项目的目标是同时获取应对气候变化、生物多样性保护和社区三重效益。

---

① 四川冶勒保护区是小相岭大熊猫的唯一集中分布区,是保障贡嘎山国家级自然保护区、石棉栗子坪、冕宁彝海等区域大熊猫种群相互交流的关键走廊带,也是小相岭唯一发现有雪豹的区域。

作为当地合作伙伴,山水在冶勒自然保护区选定了一块紧邻大熊猫栖息地的 500 亩地块,按照碳汇林的标准和规程来进行造林。

2012 年 4 月冶勒保护区完成了造林任务,为了保证项目成效,特意采取了以下的措施:

① 选择了桤木和云杉两种当地适生树种,同时也在成林后一定程度上满足老百姓对薪柴需求的愿望,以增加大坝子村农民的参与性;

② 聘请专业的林业技术人员指导并参与造林,以确保科学、规范地种植树苗;

③ 为了防止牛羊对树苗的啃食、践踏,围绕面积达 500 亩的项目地块修建了 2500 米的围栏;

④ 聘请了 2 名大坝子村村民作为管护人员,负责围栏的维护和放牧监督。与此同时,山水也派出 2 名工作人员负责技术支持和项目监督。

2012 年 11 月冶勒保护区提交成活率自检报告,云杉成活率在 80% 左右,桤木为 45%,总体成活率达到了 60% 以上。

### (二)运用奥斯特罗姆的公共池塘资源理论进行评估

俗话说,"造林容易管护难",为了保证所营造的多重效益森林的管护成效,2012 年 11 月山水派出工作小组,尝试对 500 亩新造林地进行评估,力图发现问题并进行相应地改进,以尽可能地调动当地社区的积极因素参与林地管护。

山水团队运用了奥斯特罗姆提出的有关长期存续的公共池塘资源的八项原则(第四章)作为评估框架,主要的发现如下:

#### 1. 清晰界定边界

首先,社区保护地建设应该界定清楚保护地地块的四至界限。如果连四至界限都无法清晰地确定,保护方式一定是比较粗放的,除非在地广人稀自然资源富集的地区,否则很难应付各种自然资源利用冲突。其次,应该了解清楚地块的自然资源利用现状,可以利用奥斯特罗姆提出的公共资源土地权属分析框架,从所有权、使用权、收益权、排斥权和流转权五个方面来进行分析和描述。

#### (1)四至边界

造林项目地块的物理边界非常明确,即已经建好的木制围栏内的 500 亩造林地。在山水项目涉及的多宗社区保护地地块中,四至边界如此明确的案例是不多见的。反思许多社区保护地由于地块面积过大,地形复杂导致四至不清,且没有明显的标示,很难让社区采取有效的集体性保护措施。地界清晰是造林项目地块一个很难得的优势,很值得就此开展长期的、深入的社区保护地建设工作。

(2) 所有权

尽管评估小组做了较大的努力,但仍然难以对项目地块的所有权做出一个简单的判断,在此期间收集的信息如下:

从历史来看(新中国成立前),项目地块被大坝子村的村民作为种植荞麦和土豆的轮歇地使用,即每隔3~4年耕作1年。在20世纪80年代国家对耕地实行包产到户时,村里将这块地作为轮歇地分到各个农户家庭,家庭之间的地界至今仍然非常清晰,但农户的土地承包经营权证上并未包括这块轮歇地的面积。从南向北,项目地块内土地依次为二组、三组、一组所用,其中二组的面积最大,村民小组之间也有明确的界线。

当地彝族群众关于土地有一个谚语,直译成汉语为"一言九鼎"或者"亘古不变",意思就是每家的土地神圣不可侵犯,一旦土地划分到户后,不管这家人搬到哪里去,祖祖辈辈都继续拥有这部分土地。因此,从文化上村民们认为这片土地是私有的,不能不经同意剥夺所有权或随意使用。

图 8-1 项目地块、三个村民小组和冶勒水库位置图(底图来自© 2013Google)

项目地块紧邻冶勒水库最高水位线。冶勒水库建设时占用了大坝子村部分土地,并对村民进行了补偿。根据《大中型水利水电工程建设征地补偿和移民安置条例》(国务院令第471号)第四十三条规定:"大中型水利水电工程建成后形成的水面和水库消落区土地属于国家所有,由该工程管理单位负责管理,并可以在服从水库统一调度和保证工程安全、符合水土保持和水质保护要求的前提下,通过当地县级人民政府优先安排给当地农村移民使用。"水库占用的这部分土地已经明确归属于国有,且有定桩,但未与项目围栏内的土地有交集。

由于项目地块面积小,距离村民居住点(二组)很近,没有一个国有部门对项目地块宣示过所有权,但又没有明确给大坝子村集体所有。从国家的土地利用类型分类看,或可以假设项目地块为国有的"荒地"。国家与村民们对于这片土地的所有权都有自己的解释,这种土地权属模糊含混的状况在我国山区非常普遍。在没有巨大利益冲突的情况下,国家与村民们之间形成了一种维持土地利用格局现状的默契,但对于外来干预性公益项目而言,可能会破坏这种默契,凸显并激化矛盾。所幸冶勒保护区在圈地造林过程中措施得当(见后文"集体选择的安排"部分),与村内精英们形成了新的默契,没有造成剧烈的矛盾。

(3) 使用权

项目地块当前存在着两种使用权。

第一种使用权属于大坝子村 3 个组的村民。随着冶勒水库开始蓄水,对于村民们原来把项目地块作为轮歇地的耕作方式产生了重大影响:

① 由于从一组到项目地块的道路被淹没,三组只能沿着水位线绕行(见图 8-1,图 8-2),耕作和放牧都不方便,加之大坝子村土地资源比较丰富,因此一组与三组实质上无限期地放弃了在项目地块耕作和放牧的使用权,但保留了随时使用的权力;

② 二组是受到冶勒水库影响最大的村寨,不少村民的房屋也被淹没,乡政府作为负责机构给予每户 25 000 元的补贴并移民安置到很远的甘孜州九龙县,接受安置的农户基本完全放弃了使用权;

③ 二组有 6 户村民,由于家庭居住地没有被淹没,自身也不愿意移民,乡政府采用了"变通"办法,给予部分的补偿款,允许他们继续居住并使用原有土地。但这种"变通"办法没有履行国家规定的程序,也没有文件等书面形式的约定,只是"口头协定",因此这 6 户居民属于合理不合法地继续留居从事农牧业生产。由于距离项目地块很近(图 8-3),项目地块目前主要被 6 户居民利用作为冬季牧场,其使用权得到了乡政府、村干部和全体村民的认可。

**图 8-2　从项目地块隔远眺冶勒水库对面的一组**

**图 8-3　远眺项目地块与二组**

另一种使用权则属于冶勒保护区。冶勒保护区为了实施项目,精心选择了这片从政府角度理解为"荒地"的、立地条件良好的地块作为造林地,在 2012 年 5 月造林成功后,形成了事实上的使用权。

这两种使用权之间明显是存在有矛盾的,一方面老百姓的牛羊要啃食树苗,而用于保护树苗的围栏则限制了老百姓放牧。

(4)收益权

基于项目地块现存的两种使用权,派生出了放牧、营林、建造与修补围栏和管护四种收益,另外在村民们还有比较强烈的土地流转预期收益,具体情况如下:

① 二组 6 户村民的放牧收益。二组的 6 户村民利用充沛的草场资源在冶勒水库蓄水后牲畜数量得以迅速增加,其中有两户每户都有大约 200 余头牦牛,羊 100 余只,价值在 100 万左右,每年销售收入约 10 万元。维持这样庞大的牲畜数量,仅仅靠项目地块的 500 亩草地是远远不够的,他们在一年中大部分时节都把牛羊放在远离项目地块的高山牧场。但是这 500 亩草地由于海拔低,水热条件好,因此在最缺乏饲草的初春,对于繁殖母畜具有重要的意义。据二组一个专门从事放牧的中年妇女抱怨,围栏建成后由于饲草不够,她的 30 余只母羊中有 2/3 不能够正常产仔,还发生了 3 次以上牲畜在围栏中死亡的事件。

② 营林收入。2012 年 5 月,冶勒保护区组织冕宁县林业局的专业技术人员以及保护区职工在项目地块造林,营林收入也因此没有被村民们分享到。村民们自认为具备造林的技术,应该参与营林并获得相应的收入。冶勒保护区也认可老百姓的技术,表示由于项目准备期太短,无法及时组织动员村民,但在后期补植时可以考虑村民们的参与。

③ 建造和修补围栏收入。冶勒保护区在一组选择了一个护林员来承包围栏建设工作,围栏主要材料为竹竿和绳索,并要求在三年期间管护好围栏的质量。这是社区成员从项目中直接得到的收入,但受益面很小(只有一人),且选择过程并不透明,被大部分村民质疑公平性。

④ 管护收入。冶勒保护区从一组和二组分别选择了一人来负责围栏的管护。一组的人就是前面提到的围栏承包人,他其实也是一组社长的弟弟,二组的人则是二组最有威望的人①。从管护人员选择看,冶勒保护区考虑了管护人在村民中的地位。保护区答应给两名管护人每月几百元的工资,调查中我们分别追问保护区与管护人具体金额,都说现在只是口头答应,还没有具体确定,自然也没有按时支付了。

---

① 二组由于移民搬迁已经不再正式存在,所以没有组长。

⑤ 村民们的预期收入。村民们对于项目地块未来的林木收入还是有一定的预期的,这也是项目能够顺利造林并保持较高成活率的一个重要因素。保护区和村、组两级干部及一些社区精英沟通,口头告知林木收益在保护区与拥有地块所有权的农户之间五五分成。每一个被调查村民都强烈要求能够有正式的、书面协议而不是仅仅停留于保护区的口头协议。当然,当前还不能过高估计村民们的预期林木收入可能导致的护林积极性,毕竟林木还受到放牧的威胁,尚未成林,很多村民们更乐意"搭便车"而不愿意现在就付出努力来维护远期的利益。村民们更强烈的预期收入来自于土地流转。由于冶勒水库淹没土地的赔偿就发生在 5 年以前,村民们对于土地流转收入的预期非常高,尽管冶勒保护区努力解释冶勒项目的公益性质,但村民们依然要求保护区把 500 亩土地一次性购买流转。预期落空可能导致的不满今后不容忽视。

(5) 排斥权

如前文分析,村民尤其是二组的 6 户村民对于项目地块的使用权和冶勒保护区的通过造林项目行使的使用权具有一定矛盾,加之在收益权上不但没有缓解,反而由于操作不透明,信息不公开,又进一步加剧了双方的猜忌和矛盾。

冶勒保护区在项目地块建起竹编围栏(图 8-4),其实质就是行使排斥权,以排除村民们于项目地块内放牧。

在围栏修建过程中,一组和二组的村民分别都自发地采取了行动加以阻止,一度导致工程停工。冶勒保护区通过与两个村民小组的干部及精英们沟通,口头答应与村民签订协议保证村民的林木收益权而暂时解决了矛盾,使造林及围栏建设顺利完成。

一组、三组村民与冶勒保护区的矛盾主要是担心预期土地流转收益受到影响,而二组村民面临的矛盾却是围栏修建后不能进入放牧,这种矛盾是现实的、每天都可能发生的,加之与项目地块邻近,具有天然的地理优势,因此破坏围栏的事件时有发生(图 8-5)。

**图 8-4　项目地块保护区建立的围栏**

**图 8-5　被村民破坏的围栏**

冶勒保护区在造林地块建设围栏,行使排斥权,很容易受到两方面的质疑:其一,保护区作为后来强势进入的"使用者",在并未与原来拥有该地块使用权的村民们达成正式的补偿和收益分配协议情况下,就对原有的使用者进行了排斥,剥夺他们放牧等权力;其二,保护区取得该地块使用权的过程不透明、手续不完备,却就开始行使排斥权。

最开始,项目地块的围栏被建为一个完全封闭的不规则圆形,但二组村民抱怨这样的设计完全影响了放牧所需的牧道,保护区采取了一定妥协,把项目地块分割为两块,中间留出了牧道,缓解了与村民们的冲突(图8-6)。

**图8-6 项目地块中留给村民们的放牧牧道**

(6) 流转权

几年前发生的冶勒水库淹没占地使村民们对于土地流转权非常重视,一方面强烈希望通过获取土地补偿费的形式把项目地块流转给冶勒保护区,使远期不确定的林木收入变现为当前的土地补偿款;另一方面又担心项目地块被冶勒保护区通过造林形成流转的现实。

如果能够响应村民们要求,通过冶勒保护区与大坝子村的正式协议使项目地块信息更加公开透明,打消村民们对于土地所有权、使用权、收益权和排斥权以及流转权的各种疑虑,并回应存在各种矛盾,将使冶勒项目在现有成效基础上取得更长期的效果,并为社区保护地建设做出典范。

2. 占用和供应规则与当地条件相一致

因地制宜也许是对这一规则的最直接理解。社区保护地通常都是保护与利用兼顾的,不管是对于自然资源的利用还是保护,都应该有相应的制度来促进社区成员们的集体行动,而这些制度本身和其制定方式都应该与当地的自然资源特点、自然地理、基础设施、人力资源等一系列因素契合。

　　为了满足冶勒项目在合同期后还需要近30年的管护要求,最具有持续性和成本最低的方法就是建立依托于大坝子村村民自发的集体保护行动的社区保护地。为此,需要在长期的管护制度中,贯彻因地制宜的原则,尤其需要考虑如下的几个因素。

　　(1) 林木、牧草、牲畜、围栏之间的关系

　　在造林后的1～3年的时间主要关注点是因放牧导致牛羊啃食树苗和保护树苗的矛盾。从冶勒保护区角度看,要保护好树苗,就必须建立起坚固的围栏,把所有的牛羊全部排斥于项目地块之外,只要围栏有一个漏洞,就意味着保护的失败。围栏状况成为一个刚性的指标,但由于二组村民们的破坏,导致围栏无法做到坚不可破,致使冶勒保护区部分员工有挫败感,甚至游说保护区领导寻找额外资金用钢丝围栏来取代现有的竹围栏。

　　然而,评估人员看到的是:一方面,放牧道,也就是牛羊常常穿梭光顾的区域,树苗依然保持了较高的成活率(图8-7);另一方面,尽管围栏有不少漏洞,围栏内也有很多放牧痕迹,如牛羊粪便等(图8-8),但树苗成活率达到了项目设计的要求。

　　面对围栏质量的困惑和现实中尽管围栏状况不尽如人意但树苗依然较高成活率,使人不禁提出疑问,在项目地块的自然条件下,围栏是否必须是高大和没有漏洞的? 是否必须把项目资源大量投入以刚性地维护围栏的状况?

**图8-7　放牧牧道里树苗依然健康生长**　　　**图8-8　围栏内生长良好的树苗旁边的牛粪**

　　评估发现,由于很难去量化这500亩地块放牧量与树苗成活率的临界点,即所谓的合理载畜量是多少,因此,监督环节可以由大坝子村民和管护员在实践中去形成默契(如巡逻的强度,围栏修补的次数等)。这种弹性的管理是外来干预者诸如冶勒保护区难以把控的,而需要由大坝子村内部不断地调整修订形成,相对于外来干预形成的刚性约束(以强硬的围栏和管理方式来阻止放牧活动,进一步地激发草畜矛盾),弹性管理的成本更低,更容易与大坝子村长期共存,反而更可能让这片造

林地保存下去。

这给项目管理提出了重要的值得思考的问题：是不是只要有牛羊就会破坏树苗？围栏就必须要修建得固若金汤？是否有必要以此为项目的刚性目标采取针对性的活动(如,继续完善围栏,强化监督和处罚等)？冶勒项目作为外来干预性公益项目是希望长期在大坝子村开展的,而很多外来干预性公益项目没有持续的原因,并不是仅仅因为项目资金终结,而是由于外来干预性项目强势进入社区,没有建立长期的共生关系,而是采用类似"将围栏修建得更结实"的做法来高成本的维护项目目标。

所谓"与当地条件相一致",可以这样理解：通常外来干预性公益项目背后都有现代科学的工具、知识、理论的指导。这些科学知识包含了外界对于自然资源保护与利用关系的认识,例如本案例中碳汇知识、造林技术等。然而这些具有普遍意义的科学知识是否与某一个特殊的地块老百姓的乡土知识、生产生活习惯能够相互呼应,是一个非常值得关注的问题。如果这个关系处理不好,项目尽管花费大量的资源来进行干预以维护外来科学知识在当地的权威性,而不是对于老百姓传统知识的尊重,是很难得到老百姓的支持的,其结果很可能把社区变为项目的对立面。

类似于大坝子村,社区保护地本身是一个在既利用又保护视角下融合、兼顾的地块。在外来项目干预过程中,项目地块上的树苗成活量、牧草利用量、牲畜放牧量、围栏破坏量之间是可能形成共生关系的。假设项目不是追求树苗成活率这一单一指标并为此采取相应的强化手段,或许更有可能形成项目的持续性。

(2) 项目地块基础条件利于管护

从自然地理条件而言,项目地块易于管护,所以能够更好地围绕村民的保护性集体行动进行试点。首先是资源单一。项目地块历来是大坝子村村民的轮歇地,没有高附加值资源重叠(如,高经济价值的野生动植物),对村民没有太多经济利益的诱惑。项目实施以来,保护对象为林木,十分明确,对于村民而言,不需要专业的生物多样性保护知识就能够参与保护。其次地形开阔,便于管护员观察巡查,500亩的地块面积,管护员不但视域范围能够覆盖,而且步道较为平坦,围绕2500米的围栏巡查一周对劳动力要求也不高。这样地块的选择为项目后续管理提供了很大便利,自然不可控因素少。所选地块本身适合林木生长,选用的云杉、桤木也是公认最符合当地条件的树种。自然条件下,可以有效保障成活率,降低了造林的技术难度。再次,地块具有封闭性。项目地块与周边社区关系简单,只有二组离地块最近,由于修建水库搬迁移民,目前且仅有6户居住,远离其他社区,使得项目地块本身人为干扰少。

基础设施方面的有利条件包括：

① 围栏。首先在项目最开始修建围栏有益于保护成效，修围栏对于减少牛羊进入、提高树苗成活率起到了很好的作用。其次，建立围栏是一个与村民协商的过程。围栏需要多长时间？是木制还是钢丝围栏？应该注意的是，围栏的建立相当于宣布了保护区的排斥权，村民对地块也有排斥权，因此对围栏没有认同感是很正常的，除牛羊自行撞开围栏进入外，有些牧民也会亲自拆开围栏进去放牧。因此，项目需要承认双方对地块的权利同时存在。再次，长期来看，树木长成后可以拆除围栏，这时资源占用的矛盾将主要体现在林木上，鉴于大坝子村民对薪柴的需求量较大，这片新造林很可能成为村民的薪柴来源。

② 交通。项目区交通条件较好，汽车可以直接开到项目地块附近，路况较好，易于造林和管护人员步行巡护。

③ 通信。项目区手机信号覆盖，在管护员巡护过程中，发现问题可通过电话快速反馈保护区。

（3）项目地块缺少社区资源的参与

项目初期，冶勒保护区仅请了外来人员实施造林活动。通过与村民座谈发现，大坝子村民了解项目所种的树种（桤木和杉树），有村民以前参与过种树（天然林保护造林项目），有能力承担造林活动，以当地的劳动力和技术水平可以承担该项目的造林活动。

由于项目地块属大坝子村集体所有，参与性对于大坝子村民十分重要，村民有知情权，为了避免村民反映的"保护区在拿村民的地赚钱"的质疑，项目需要前期的宣传和沟通。村民的劳动力和技术资源更符合当地条件，操作成本会更低，这些都是可以充分调动起来的积极因素，村民在为项目地块供应资源的同时，会增进对项目的了解甚至拥有感，作为地块相关利益群体的村民，充分了解项目更有利于问题的协商，在解决问题过程中避免信息不对称造成的误解。

（4）项目地块缺乏乡村治理供给

目前项目地块的管理主要由山水的项目管理人员、冶勒保护区工作人员、大坝子村受雇佣的两名管护员负责。作为相关利益群体的其他村民、村组干部、乡政府没有参与到项目中来。冶勒保护区通过雇佣大坝子村民来完成围栏的管护活动，保护区作为监督者，即两名管护员只需就围栏的维护对冶勒保护区负责，树苗的成活需要保护区对山水负责，树苗和土地的归属又属于村集体，这样的"三角关系"，由于责权利不易界定，很难推动一个有效的管护制度产生。这是一个需要在集体层面协商解决的问题,即村组层面,而村组目前没有相应的治理机制来承接冶勒项目,保护区提供了这样的资源和机会,但仍需要"包办"后续的管护并为此供应更多资源(资金、时间、技术等)。

由于乡村治理参与不足,使得很多制度供给需要依靠保护区来完成,而如果是外部矛盾,如针对村外的人到大坝子村地块放牧,冶勒保护区可以请人看守管护,这样的制度供给是有利的。但由于放牧的主要是本村村民,由冶勒保护区雇佣本村村民来看守显然没有约束力,理性的管护员没有动力去"得罪"本村人而获得工资。针对村内矛盾的制度需要由村内部产生,保护区可以提供物资、技术等支持乡村治理的形成。

乡村治理供给不足首先是人力资源的供给不足。项目表面上看是社区来管护造林地,但是管护还只是两个村民的个人行为,实际上是保护区(支付工资)来做的。村组级层面没有人参与林地的管护,在这一层面上该项目还是一个外来干预项目,而内部化需要更多运用大坝子村的人力资源和社会资源,例如,村组干部、社区精英、家支①、毕摩②文化等资源是可以很好贡献于林地管护的,而这正对应与外来干预项目贯彻参与式的理念,并在造林地的管护方面推动协商出一个长效的管护机制。因此,在项目与乡村治理层面的一致性也体现在充分调动社区不同层面、不同利益群体的力量,充分参与、达成共识、最终形成集体保护力量的过程,乡村治理是长效的,但仍需要上述积极资源逐渐的推进。

### 3. 集体选择的安排

社区保护地最重要的长效机制就是使与保护地自然资源利用相关的人群都能够参与到制度的制定,并不断地随着社区外部和内部情况变化对制度进行修订。如果外来的干预能够通过行政、文化网络和宗族力量使资源占用者都能够参与到制度制定中,就有可能使资源得到可持续的利用。

### (1) 行政力量

大坝子村的村支书与村长两位主要的村干部长期住在冕宁县城,与村民们见

---

① 家支即家族支系,是凉山彝族社会组织形式,它是以父系为中心,以血缘关系为纽带结合而成的社会群体。以采取父子联名的办法来保持血缘关系的巩固和延伸,若干代以后形成一条家支链,凡是本家支成员都可以从这链条上找到自己的名字。

② 毕摩就是指专门替人礼赞、祈祷、祭祀的人,学界大多称他们为祭司。彝族民众从古至今都认为毕摩是"智者",是知识很丰富的人,他们识古彝文,掌握和通晓彝文典籍,通过念诵经文等形式和神、鬼沟通,充当人们与鬼神之间、祖先之间的矛盾调和者,并通过象征性极强的祭祀、巫术等行为方式处理人与鬼怪神灵的关系,以求得人丁安康、五谷丰登、六畜兴旺。所以说,毕摩既是彝族民间宗教活动的主持者和组织者,又是彝族宗教和信仰的代表人物。

面的机会很少。据村民们反映,村支书与村长主要的工作是完成乡政府和一些县级政府部门安排的任务,并不关心这些工作是否真的有助于解决村里实际存在的问题。除此之外,很少主动回到村中进行村务管理。相比于山水在成都周边、青海湖周边和三江源地区开展项目的一些行政村相比,大坝子村干部所代表的行政力量在村中的影响是非常有限的。

冶勒保护区在启动冶勒项目时,找到了村支书与村长,他们表示只要老百姓不反对,他们也支持这个项目,但不愿意亲自来实施这个项目。获得村干部的不反对,也是这个项目初期成功的重要保证。

与村级行政影响力有限的情况相反,三个村民小组的管理却非常活跃。例如,三组组长苏足约它子,曾经在深圳、苏州等地长期务工,开拓了眼界与知识,2010年返乡接替病故的哥哥担任组长后,担心属于三组集体所有的公共牧场出现因过度放牧导致草场退化的问题,带领全组制定了有关放牧的制度,并因此在全组建立了一定的威望。同样的,一组组长也是很有影响力的,冶勒保护区聘请他的弟弟为围栏建设承包人,也是考虑到利用他的影响力以减少村民们的阻力。二组虽然已经大部分移民,但剩余的六户中依然有一人在事实上担负着类似组长的职责。

目前项目地块是一个围栏圈进了三个村民小组的地,并聘请两个管护员统一管理,也就是说是以村为单位开展管护活动的。鉴于上面大坝子村村干部影响弱,而小组治理更加有效,如果把全村一个围栏改为各组分别一个围栏,由各组来制定自己的管护制度和方式,把社区保护地的经营规模从村级缩小到组级,或许能激发村民们更大的保护热情。应该把经营规模问题提交村民们讨论,由村民们作出选择后在保护协议中落实。

（2）家族力量

大坝子村所有村民都是彝族,分属于5～6个家支,其中苏家和鲁家最大,一组的村民大都属于苏家,三组的村民大都属于鲁家,而二组的村民则以苏家、鲁家和秋家混合而成。苏足约它子虽然属于苏家,但由于得到了鲁家精英们的支持,因此也在三组当选为组长,他在组级公共事务的管理中,非常注重听取几个苏家的精英们的意见,精英不是村、组干部,而是具有经验和威望并且积极参与公共事务管理的村民。

每个家支都有自己的领导人,他们被尊称为"苏伊",苏伊并非经过选举或指定继承等形式产生,而是在本家支的日常生产与生活中逐渐形成威望并获得的非正式权力。例如,三组的苏伊是鲁乌沙木,他大约50岁,得到了绰号叫"鲁班长"等5～6个同样是三组村民的家支精英们的支持。在苏伊的召集下,几个家支精英们的讨论形成的意见,能很有效地影响所有家支成员乃至全组成员的态度与行为。

冶勒保护区尤其是其中的彝族干部,非常了解彝族家支的作用,并在保护区管理的日常工作中,与这些苏伊和精英们保持着密切的联系和个人感情维系。以此为基础,在冶勒项目启动后,主动与三个组的苏伊和精英们沟通,建立了种树是造福于全村人的共识。在前文所提及的林牧冲突、村民们对于项目地块土地流转权疑惑的情况下,造林与围栏建设工作依然能够顺利完成,关键就是保护区动员了当地家支的力量。

可惜的是,在项目地块管护规则制定中,不仅苏伊和精英们没有组织村民们进行讨论和磋商,提高村民们对于项目的参与性并赢得他们的真正支持和积极参与,就是苏伊和精英们自己,也被排除于规则制定之外。仅仅依靠苏伊和精英们的解释和安抚,短期内可以帮助保护区完成项目"任务",但是没有全村人的有效参与,是否能有效保证造林地块的树苗不被牛羊践踏啃食,当树木成材后不被超出于造林设计之外的村民砍伐,是很值得怀疑的。

其实,大坝子村的家支力量非常活跃,要么家支领导同时是组长(一组、二组),要么与组长保持高度的一致行动(三组),在管理公共事务中很有效率。据"鲁班长"反映,他们这些精英们,甚至有时跨组参与村民矛盾的调解,在行政力量缺位的情况下,一定程度地替代村干部开展村级治理工作。如果冶勒项目继续利用好家支的力量,发挥苏伊和精英们的作用,引导所有村民们参与到造林地的管护,包括制度设计和实施,将使造林地块真正地成为社区保护地。可惜的是,在冶勒项目实施中,还没有把家支力量的潜力完全地发挥出来。

(3) 文化力量

彝族文化博大精深,由于我们知识与能力的局限远没有把其中与造林地块管护相关的内容很好地挖掘出来,仅仅收集了毕摩文化的信息。

在大坝子村一共有两个毕摩,分别属于苏家和鲁家,根据法事内容和聘请者的要求,他们两人有时同时作法,有时则单独作法。通过一定的仪轨后,毕摩们把诅咒赋予一定的地块资源,如果有人违反事前约定的规定利用该地块的资源,则会得到诅咒的命运。通常一次毕摩活动有效期是三年,在有效期内,对于大坝子村以及周边的村民们,具有较强的约束力。在四年前,一个来自四川蜀光社区发展咨询服务中心的民间组织的项目曾经请两个毕摩对于一个地块进行法事活动,较好地保护了其中的森林资源。

毕摩认为种树是好事,但表示只有在村民们都同意对造林地块进行保护的前提下,才愿意去开展法事活动,也就是说,在大坝子村宗教力量可以顺应多数群众的意愿,起到锦上添花的作用,但不能在没有集体安排的情况下影响村民们的行为。从毕摩的态度看,也反映出村民对于项目地块的态度。

4. 监督

如果没有严格的监督,任何精巧的制度设计和庄严的承诺都很可能流于形式或夭折。然而,正如奥斯特罗姆所说的,监督也是一项公共产品,人们都知道监督的意义,但因为要"得罪"人,理性的选择是"搭便车",即希望有其他人而不是自己进行监督。

从山水和冶勒自然保护区角度看,冶勒项目最关键的是对林木成活率和碳汇蓄积量两个指标的监督,这项工作目前由冕宁县林业局来实施。由于冶勒保护区作为项目实施单位,同时又是冕宁县林业局的下属单位,冕宁县林业局实际上是自己监督自己,这难免会被质疑。因此,需要来自冕宁县外的技术监督,以弥补监督制度上的不足。

林木成活率和碳汇蓄积量都是结果性的指标。如果没有对过程性指标的监督,问题往往只能在项目结束时才能发现,这时已为时过晚。因此,需要围绕项目建立过程性的指标。过程性指标由于具有持续性和长期性的特点,外部监督的成本非常大,而调动大坝子村的村民们来参与监督就显得非常重要了。

目前来自大坝子村村民对于项目地块的监督基本缺失。虽然冶勒保护区从一组和二组聘请了2人作为管护员,可以简单地认为已经有了社区监督,然而管护员们表示不愿意与村民们直接冲突,仅仅负责对围栏进行看护和维修,即使有牛羊在围栏里啃食树苗,也不在其责任之内。而其他的村民表示常常看见牛羊在围栏内,虽然这与自己的远期利益相关,但由于这是两个管护员的工作,与自己无关,也不愿意因此而得罪人。

此外,冶勒保护区与两位管护员签的管护合同只有3年,短短的项目期结束后怎么办?尤其是随着树苗成长为可被用于薪柴与木材的林木后,没有社区有效监督是不能应付潜在的盗伐的。

让社区了解监督对象的状态和行为有利于提高监督的有效性,村民对于项目几乎不了解,何谈监督?在大坝子村没有看到类似于内地公示栏之类的东西,信息的分析和反馈必须要用当地村民能够接受的形式,或许公示栏这种形式不一定就适合当地。如当地彝族人经常通过喝酒聚会的形式调解纠纷、沟通信息。冶勒项目可以借鉴这样的形式,比如2～4周开一次聚会形式的讨论会,大家一起分享项目地块状况、回顾发生的事件、讨论可能的解决办法并喝酒娱乐,通过这种村民喜欢的形式吸引和激励村民参与对项目的监督和管理。甚至可以考虑将村民集体讨论项目时杀牛宰羊和喝酒的经费纳入项目预算。

5. 分级制裁

伴随着监督的应该是对违反制度行为的制裁,如果没有后者监督也就失去了意义,没有人再愿意认真地履行监督责任。奥斯特罗姆发现,长期存续的公共池塘资源的制裁是根据处罚严厉程度分级的,而且多数处罚的案例都是选择了其中比较轻微的方式。

项目地块现有的两位管护员在为数不多的监督中也能发现一些在围栏中放牧、甚至破坏围栏的行为。然而,由于没有相应的制裁规定,而且通常的制裁规定他们也无力执行,因此他们采取的策略是回避矛盾,对围栏中放牧等行为视而不见,等围栏破坏到一定程度后再集中修理。

在大坝子村,其实存在着传统的分级制裁规则。以偷牛为例,牛作为当地社区居民的主要收入来源之一,是重要的生产资料。当村民甲偷盗了村民乙的牛并被发现后,村民乙会请村里有威信的人,即上文提到的苏伊和精英们来主持公道。苏伊们会根据村民甲过去的行为、是否初犯、是在围栏中偷牛还是放牧时偷牛、偷的牛的种类对甲进行惩罚。通常如果村民甲是年幼初犯,需赔偿乙同等价值的东西,并到乙家道歉;而若是再犯,赔偿则需翻倍;从围栏中偷牛比在牧场偷牛惩罚更严重;而偷种牛被视为最严重的行为。在大坝子村历史上曾出现过偷普通牛的行为,但从未出现过偷种牛的行为。

四川蜀光社区发展咨询服务中心在大坝子村开展森林保护项目时,曾请村中毕摩在需保护的森林中做法事,当地居民认为做过法事的树林绝不能进行砍伐,否则会受到诅咒。这片树林在法事后至今5年内仍被很好地保护着。这是借助毕摩文化进行的制裁。

在项目地块制裁措施的制定时可借鉴上述两种社区内生的分级制裁方式。项目地块制裁措施可能包括两个方面,即保护区对社区的制裁和社区内部的制裁。其中,保护区对社区的制裁包括对护林员监督行为失效的制裁和对社区破坏行为的制裁。社区内部的制裁同样包括对护林员和破坏者的制裁。

通过社区访谈以及与冶勒保护区人员的座谈讨论,对制裁措施的制定有如下建议:

① 项目地块的监督和制裁方式需在社区充分讨论后达成共识;

② 采取分级制裁的方式,使初犯者愿意继续遵守规则,同时起到威慑作用,避免过度制裁;

③ 经济制裁与精神制裁相结合,如果拿走社区居民的现有利益作为经济制裁的方式可能很难实现,可尝试通过项目为社区创造利益,并以部分收回创造的利益

作为惩罚的方式。

**6. 冲突解决机制**

社区保护地常常面临不同资源利用方式的矛盾和(或)资源利用与保护之间的矛盾,冲突越是在短时间、近距离、低层级的状态下解决,越有利于建立起社区保护地的长效管理机制。

村组干部等地方精英的治理职责最重要的是两个方面:一是帮助政府的农村治理目标和项目顺利实施;二是处理村内的各种纠纷,把矛盾及时解决在源头。

在大坝子村村干部长期缺位的情况下,苏伊等社区精英们承担起了调解村内冲突的职责,很好地解决了各种问题。他们调解纠纷的方式通常是当事人、调解人以及任何感兴趣的村民们聚在一起,在喝酒营造的轻松气氛中,既判断了是非曲直,伸张了公义,又顾及到了当事双方的颜面。

低成本冲突解决机制的建立,有利于项目地块上已建立的制度能良好地延续下去:

① 信息公开透明。信息的公开与传送可以增强项目地块上所有参与者的互相理解和合作,减少信息沟通成本以及缩短冲突解决的时间成本。

② 利用地方性聚会、仪轨。在大坝子村,存在着这样的传统,即有威望的人通过到各家喝点小酒、聚会,协调解决问题。聚会喝酒是当地习俗,很多冲突可以在这种场合得到解决,结果也能为村民接受,实施成本低。而重新建立新的冲突解决机制,存在着较高的转换成本、监督和实施成本,存在着不符合当地习俗以及不能解决冲突的风险,由此可能造成项目地块已建立的制度不能延续。

③ 建立村民利益诉求渠道。冶勒保护区只有充分了解村民的利益诉求才能维持项目地块制度的良好运行。

**7. 对组织权的最低限度的认可**

社区的组织权需要得到政府的认可,但很多时候并不能如愿,主要原因如下:

社区保护地长期的保护需要村民们被有效地组织起来,或者基于传统文化、宗教,或者基于血缘,或者基于现实中突出的问题。然而,当社区被组织起来后,即使是发端于保护,也不会仅局限于保护。一方面,出于乡村治理的原因,政府有可能对组织性强的社区心有疑虑,不支持甚至有意削弱其作用;另一方面,社区组织确实也有可能被外部的各种利益集团所利用。

一个社区的保护地有可能与其他社区的边界或利益发生冲突,建设社区保护地过程中也可能引发社区间的纠纷,这也可能是政府对于社区保护地持审慎态度的原因。

## 社区保护地建设与外来干预

外来干预性公益项目如果不涉及社区乡村治理而仅仅"专注"于做事,其结果往往治标不治本;但如果深度涉入社区乡村组织建设,则可能被政府"干预"。

此外,很多外来的干预性公益项目,不管是出于何种目的,往往是部门性的,例如林业、农业、畜牧部门等等。单一部门的项目,尤其是涉及类似公共池塘资源等长期性问题的项目,需要了解地方政府以及政府其他职能部门的态度,获取最低限度的支持,即不反对。

为了保证前面提到的改进建议顺利实施,尤其在造林地块建立社区保护地并有效地开展保护,需要来自以下几方面的认可或者不反对:

(1) 乡政府

虽然造林整体而言是有利于大坝子村社会经济发展的,然而乡政府并没有明显的支持行动。冶勒保护区在造林过程中,动用工作人员私人关系与当地乡长进行了沟通,获得了乡政府的默许支持。然而这种支持是脆弱的,一旦当事人发生工作变动,就会影响到这个造林地未来长期的管护,因此,需要通过协议加盖乡政府公章等形式加以巩固。

(2) 冶勒水库和畜牧局

项目地块紧邻水库最高水位线,从防治泥石流、保障水库安全以及水源林涵养角度,有可能在将来产生对项目地块的需求。当然,这种需求有可能把项目林地纳入水源涵养林并给予村民管护费用,给村民带来新的机遇;也有可能剥夺村民按项目合同规定可以砍伐林木的约定而造成直接的冲突。

造林地块在利用方式上属于畜牧用地,目前畜牧局在该地块上没有项目实施,也没有远期规划,在项目地块已经种上林木,成为事实的情况下,今后造成影响的可能性比较小。

(3) 林业局

冶勒保护区隶属于冕宁县林业局,目前冕宁县林业局把冶勒保护区周边的国有林都委托给冶勒保护区来管理。冶勒保护区在造林地块的活动,属于林业局整体的权责安排。

(4) 县政府

冕宁县政府对项目地块的支持态度不明朗。冶勒保护区当初已经启动了从省级自然保护区升级为国家级自然保护区的工作,并且受到了四川省林业厅的极力推荐,然而县政府终止了这一项工作。随着"十八大"后国家大力建设生态文明,对于自然保护区加大投入,如果项目地块建设成为一个真正意义的社区保护地,受到大坝子村民的积极参与,在整个凉山州乃至全国范围都具有示范性,对于冕宁县政府而言是一项重要的成绩,也许可能又能得到政府的支持。

（5）对于毕摩文化的认同

与藏区的神山保护不同,彝族的毕摩文化政治敏感度不高,在大坝子村社区保护地中加入一些毕摩元素,从之前四川蜀光社区发展咨询服务中心项目案例看,受到政府干预的可能性不大,这也是冶勒项目的一个机遇。

（6）与周边社区关系

项目地块虽然地跨大坝子村的三个村民小组,但并不与其他村交界,没有涉及与其他社区的地界与自然利用纠纷问题。

#### 8. 嵌套式组织结构

"嵌套式"可以肤浅地理解为"多层次",如果社区保护地管理制度融于行政村、村民小组两个乡村治理层级以及当地的农民合作经济组织、宗教文化架构、家族管理中,它将更加具有持久性。

以上提到的八项原则既相对独立,又密切关联。不同的组合方式会导致完全不同的绩效结果。而嵌套式组织结构强调的是前七个方面在适应当地社区自然、社会、经济条件下的有机组合,将涉及占用、供应、监督、制裁、冲突解决的相关治理活动放在最适宜的层级。层次的组织和设计受着多种因素的影响,即社区中人员的能力和素质,工作内容和特性、工作基础和条件,社区组织环境和组织状况等。通过层级的组织和设计形成的对资源管理的权力特性对社区成员具有很强的约束力和合法的权威性,并由此形成使管理得以顺利进行的权威——服从关系。

虽然保护区也利用社区精英和家支的力量来解决占用土地的冲突和矛盾,但只是针对问题解决的权宜之计,没有形成社区解决冲突和矛盾的机制和制度。实际上,调查的社区存在将占用、供应、监督、强制执行、冲突解决在不同层级进行有效组织的社会基础。

前面提到的四川蜀光社区发展咨询服务中心在大坝子村三组建立了社区基金,用于三组成员之间的小额借款。至今项目结束已两年,该基金仍然在运行,资本金额从最初的 40 000 元增长到了 47 000 余元。究其持续性原因,很大程度是充分将各个治理要素（如家支在社区事务中的力量、冲突解决的方式和制度等）有效组织起来进行基金管理。

### （三）项目调整

根据评估结果,山水项目团队在 2013 年 3~4 月前后三次与冶勒保护区员工共同进入大坝子村与社区精英们进行讨论,并签订了新的管护合同。

合同的甲方为冶勒保护区,乙方为大坝子村二组苏足铁古等四位村民,要点为:

① 明确造林地块的林木属于大坝子村三个村民小组的村民所有。

② 造林地块由四位村民共同管护。

③ 管护期限从 2013 年 4 月—2014 年 4 月。

④ 冶勒保护区负责把项目地块围栏重新修复并移交给管护人。

⑤ 管护人的责任包括宣传护林防火、防止牛羊马和人为因素等进入新造林地损毁幼苗幼树。

⑥ 四位村民形成轮流值班制度。

⑦ 每月月底冶勒保护区对幼苗情况进行定期检查,同时不定期抽查。

⑧ 若检查发现围栏中有牛羊马等牲畜,对于当班的责任人罚款 100 元。若一月内发现 3 次,则扣除当班人员当月工资。

⑨ 冶勒保护区每月给 4 位管护人员提供 2000 元管护工资,但管护责任包括两个地块,一块是前文提及的 500 亩造林地(一期),另一块则是同一项目二期的 1100 亩造林地。这 1100 亩林地紧邻一期的 500 亩地块,但属于紧邻大坝子村的另外一个行政村。

⑩ 在签订合作后预付全部管护工资的 40%,剩余 60% 则在管护期满后发放。如果完成管护任务,另外给予一定的奖励。

新的管护合同最大的意义在于明确承认了林木属于大坝子村三个村民小组所有,虽然对于土地的所有权、使用权进行了回避,但在 1～2 年内打消了村民们的短期顾虑。从新管护合同可看到:

① 调整了管护人员。把距离项目地块最近的二组四位村民,而不是原来一组的村民确定为管护人员。在 3 年左右的时间内,二组村民的放牧是项目地块面临的主要威胁,把威胁的主要来源者转变为保护人,这是一个非常睿智的管理举措。

② 短期合同突出针对性。管护合同主要针对的问题是放牧问题,因此以 1 年为期,至于在树木长成后可能会面临的新问题,如盗伐问题等,留待今后解决。这样安排的优点是针对性强,管护举措比笼统的巡护等更具有效率。

③ 体现明确而分级处罚。处罚的行为明确、量化,并且区别一次、三次实行分级处罚,如果奖励机制能够更加明确,或可能起到更好的效果。

④ 管护责任落实到人,但只针对放牧干扰,不针对树苗成效值得商榷。四位村民轮班负责的好处是可以把责任明确到小农个体,但不利于形成管护中的集体行动。而且村民们可能会形成侥幸心理,认为只要运气好,该自己轮值的时间就不会被抓到,还可能认为树苗的成活率问题有如击鼓传花,只要鼓停时花不在自己手

里,就万事大吉了。

⑤ 在春季草荒时期管护依然可能存在隐忧。前文提到,放牧对于项目地块的压力在一年中是不平均的,理性的四位管护人可能在一年中多数季节努力管护,获取管护工资,但在最关键的春季,则可能"放弃"工资而放任牲畜进入围栏。

⑥ 地块捆绑管理使处罚更加复杂。把一期和二期两个项目地块捆绑在一起进行管护的优点是资金量比较集中,但可能使管护问题变得更加复杂,处罚和奖励影响管护人行为的效率也会降低。

⑦ 目前的合同没有让大坝子村更多的村民参与进来。前文分析,如果要使造林地的林木长期存续,就需要让更多的村民尤其是在大坝子村的非常活跃的社区精英们参与进来。作为补救措施,也许在每月的定期评估中可以邀请村民们参加。

从上面分析可以看出,新的管护合同就问题的针对性而言有了很大提高,但从使林木长期存续的角度看,则偏于简单。当然,社区保护地建设项目讲究渐进性,长期性问题很难在短期解决,而山水也需要考虑不能把当地合作伙伴的弦绷得太紧。

在今后的一年中,山水作为外来干预者需要不断地参与定期和不定期检查,并多与大坝子村非管护人员沟通,及时发现问题并组织社区的"公共论坛"讨论解决。

## 二、经验总结

经验一:奥斯特罗姆"八项原则"在评估社区保护地建设的可行性和方向性中具有较大的使用价值。

奥斯特姆提出的公共池塘资源长期存续的八项原则,从土地权属、管理制度与当地自然和社会经济条件的相互适应、传统文化、社区精英、社区组织等多角度审视小农形成公共自然资源管理的集体行动,有助于引导外来干预者深入了解社区主体与自然资源的关系,判断社区主体参与社区保护地建设的客体性活动的可能性。

在实际的评估中,八项原则可以与参与式调查工具配合使用。参与式调查工具主要用于收集信息,了解社区的想法。当外来干预者与社区内部的各种意见不一致该如何协调?外来干预性的社区保护地建设项目都具有一定的干预目标的,如保护大熊猫或者长期管护多重效益森林等,如果仅仅通过参与式调查,社区也许提出 100 条意见,都不会涉及大熊猫和森林保护。面对外来干预者和社区之间不同想法的问题,八项原则如同一座桥梁把二者联系起来。如在冶勒项目中八项原则把多重效益森林如何才能长期存续这一山水的目标和大坝子村二组村民关于放牧的诉求结合起来一起进行综合性分析。

八项原则梳理出的信息往往都针对存在的问题,很容易就转化为项目活动在外来干预性社区保护地项目中开展。此外,八项原则还优于把各个不同的社区保护地不同的个性抽象成为共性,对项目人员的能力建设或有较大的帮助。

经验二:低成本地方公共论坛的作用。

大坝子村的几个村民小组组长、苏伊们和一些社区精英们常常在一起聚会,在喝酒与聊天中调解村中的纠纷和矛盾,在村民中也非常具有影响力。

奥斯特罗姆非常强调"低成本地方公共论坛"的作用,其他的几个原则的实现,都需要通过"地方公共论坛"组织社区精英多次讨论,不断试错,才能真正寻找到因地制宜的、具有弹性的解决办法。

在渠县梨树村案例的一个经验就是,社区自然资源的管护人和村民之间应该有一个缓冲机制,即社区森林资源管理小组。管理小组作为年度森林状况的检查者,在村民和管护人之间起到了沟通和协调作用。

地方公共论坛没有固定的形式,在梨树村可能是社区森林资源管理小组,而在大坝子村的彝族社区,则变成为了社区精英们喝酒的聚会。在喝酒之中,项目地块检查结果、出现的问题和可能的解决办法,都可能是这个论坛上的议题。

在该项目中,这个论坛能够很好地把项目地块由二组四位村民管护这件事与一、二、三组全体村民联系起来,一方面动员全村的力量来监督和激励四位管护人,毕竟这是为全村的村民管护林木;另一方面也为三年后林木面临新的问题时寻找解决办法打下基础。

经验三:社区受益并不仅仅局限于经济补偿,了解真实社区需求迫切需要提高外来干预性公益项目前期社会经济调查的质量。

除了围栏和远期可能的林木收益外,冶勒项目几乎没有给予大坝子村村民任何经济利益。但村民们并没有强烈反对造林,反而要求从长期管护出发进行制度安排,通过书面协议澄清疑问,明确土地未来的责权利。

大坝子村村民们对于项目地块并没有"增量"要求,更多的是项目实施不要影响已经拥有的权益,如二组村民要求不对放牧产生影响,全体村民要求不影响未来土地可能的征占用。但在冶勒项目的社会经济调查中,完全忽略了二组的存在。外来干预性公益项目需要在前期努力评估项目带给社区的各种影响,尤其是对于二组村民这样的村中弱势群体的负面影响,这是冶勒项目很大的不足。

很多基于市场的生态补偿案例,包括冕宁造林项目,作为创新性的公益项目,需要投入较高的资金于前期的"产品研发",虽然理念在于补偿社区,但真正能够直接"补偿"村民的资金非常有限。但如果能够充分了解老百姓真正关心什么、需求什么,外来干预性公益项目有限的资金可以起到"四两拨千斤"的功效。

因此,对于外来干预性公益项目很重要的是在项目设计阶段高质量地进行社会经济调查,发现问题,而不是流于常规性的本底调查或者仅仅满足于有一个电子版的社会经济调查报告。本案例的目的,也是探索通过学习、摸索应用奥斯特罗姆教授等"巨人"们的经验,以更加"精准"地在社会经济调查中收集到能满足外来干预性公益项目建设社区保护地需要的信息,而不是做一个笼统的数据收集。

经验四:能力强的领导人与好的社区制度的关系是短期与长期的关系。

很多有经验的外来干预性公益项目在选点时非常注重项目村村干部的能力,认为调动有威望和领导力强的村干部参与积极性,吸纳他们对于项目的意见,可以帮助项目很快地启动,并顺利完成各项产出。当面临资助者的外部审计时,村干部也可以代表全体社区来回应各种问题。

应该看到,村干部在村中也是一个特殊的群体,紧靠其自身权威而没有村民们的参与和认同,其长期的影响力是很有限的。在帮助外来干预性公益项目实施的同时,村干部们也在分配项目资源、宣传项目成果过程中进一步巩固自己在村中的治理权威。

奥斯特罗姆在分析长期存续的公共池塘资源案例中,尤其是其中的八个原则,并没有把领导人或者领导力专门地提出,相反地,她更强调制度建设以长期性地解决公共池塘资源问题。

冶勒项目与很多外来干预性公益项目不同,在项目中并没有一个强有力的村支书或村长出现,取而代之的是几个村民小组组长、苏伊和社区精英们。这样的一群人,依托于村中的文化、宗教以及乡规民约等成文或不成文规定来治理大坝子村。虽然他们也帮助冶勒保护区在短期内"摆平"了项目要求,使外来的干预性公益项目能够给捐资者一个交代,但他们同时也代表村民们向冶勒保护区提出了长期管护、明确责权利的要求。

# 第六节　青海省曲玛莱县措池村社区保护项目

农牧民是保护的主体和保护地最好由政府与农牧民共同建设的观念从 1998

年以来逐渐被政府和社会各界认识。相应地,天保工程、协议保护等项目不断在实践中探索如何使政府的生态工程项目、自然保护区建设项目与社区农牧民的保护行动协调互动。

　　在很多实践案例中,政府与社区虽然都有保护的意愿,而且在很多区域甚至二者同时采取保护行动,但并没有形成合力,因此,如何协调互动还需要在实践中不断摸索。

# 一、项目背景

### 1. 措池村神山圣湖保护和三江源自然自然保护区管理

　　神山圣湖是一种基于生态文化(道义)的社区保护机制(第二章)。在中国西部的很多偏远区域,当地的藏族、彝族、苗族等不同民族出于不同的宗教信仰,都把生态环境和神祇敬畏联系起来,并在社区宗教精英的引导下,自发地开展保护活动。

　　措池行政村位于青海省玉树藏族自治州(后简称玉树州)曲玛莱县曲玛河乡,辖区面积 2240 平方千米,平均海拔 4400 米以上,是典型的地广人稀的高原草甸荒野生态系统。全村有三个村民小组 147 户牧户(共计 619 人)。措池村远离中心城市(距离西宁约 1900 千米,2 天路程)、交通不便,通讯不畅,村民们主要依靠放牧实现自给自足。

　　措池村村民都是藏族,信仰藏传佛教,村中有一个宁玛派寺庙,寺院的活佛长期都劝化村民们不杀生并保护野生动物。在活佛的影响下,村民们在生产生活中自发地制止外来盗猎者对藏羚羊、藏野驴、雪豹等野生动物的猎杀。

　　措池村也属于三江源自然保护区 18 个核心区之一的索加-曲玛河野生动物保护分区。三江源自然保护区 2000 年 8 月成立,2003 年被批准成为国家级自然保护区。尽管中央政府于 2005 年启动总投资达 75 亿的《青海省三江源国家生态保护和建设总体规划》,在三江源区大力开展生态环境建设。但三江源自然保护区在索加-曲麻河野生动物保护分区的保护站的管理能力依然很薄弱,4 位临时性借调人员从 2000 年开始承担着约 41 600 平方千米的保护责任,难以遏制当地较为猖獗的盗猎事件。

### 2. 扎多与三江源生态环境保护协会

　　扎多是青海乃至中国民间生态保护的一个传奇人物。作为索南达杰的秘书,追随环保英雄索南达杰在可可西里开展反盗猎活动,在索南达杰牺牲后,他短期担任了乡党委书记、县委宣传部长等职,于 1998 年主动辞职创建了民间环保组织——"青藏高原环长江源生态经济促进会",在措池村所在的索加-曲玛河野生动物保护分区开展民间的保护活动。

扎多从小在措池村长大,认识措池村中的每一位村民,与村主任嘎玛等是少年玩伴。扎多从 1998 年开始创建"青藏高原环长江源生态经济促进会",并进入措池村支持村民们的反盗猎活动。在 2001 年扎多参与发起成立"青海三江源生态环境保护协会",把保护工作的范围逐渐扩展到玉树州和青海全省。2006 年,经过扎多的前期沟通协调,保护国际基金会把在中国的第一批协议保护项目定在措池村,正式开始三江源自然保护区与措池村民共同保护的试点。

扎多在措池村是比较特殊的人物,一方面他是外来干预者,理解现代保护生物学的保护理念和手段,清楚措池村生物多样性保护对于整个三江源、青海乃至更大范围的意义,也明白自然保护区管理的方法;另一方面他又是措池村的社区精英,能够和每位村民沟通,知晓村间道义和自利的微妙平衡,深谙宗教信仰的影响力和现代文明对传统文化的冲击。

措池村的社区保护地建设,由于有了扎多的参与,在社区参与方面与很多外来干预性项目有了很大的不同。

## 二、项目过程

### (一)成立"野牦牛守望者"协会

2002 年,扎多为会长的"青藏高原环长江源生态经济促进会"帮助措池村建立了一支有 13 位村民参加的"野牦牛巡护队",开展有组织的巡护工作,标志着措池村社区保护地建设项目正式启动。

在起步高原①的帮助下,扎多等对措池村的巡护队员们进行了简单培训,并提供了一些巡护装备,使村民们原来自发的、在放牧过程中较为随意的、单个或数个农户的偶然性保护行为变为村委会组织的、半专业化倾向的、参与人数较多的、主动性的自然资源管理行为。

2005 年,在"野牦牛巡护队"的基础上,措池村成立了"野牦牛守望者"协会,会长为村支书,会员 40~50 名。

### (二)协议保护项目

扎多作为一个知名而活跃的环保公众人物,与多个国际和国内民间组织保持

---

① 起步高原是以促进中国青藏高原地区环境保护与可持续性发展为宗旨的国际民间组织。

了密切的沟通和联系。从 2003 年开始,扎多获得了保护国际基金会的小额赠款支持,在青海省玉树州一带开展面向农牧民的生态文化宣传和保护能力培训项目。前期良好的合作促使保护国际基金会下决心先后两次在措池村开展协议保护项目。三江源自然保护区(保护区)和扎多为秘书长的三江源生态环境保护协会(协会)分别与保护国际基金会签订项目合同,形成合作伙伴关系,共同来实施项目。

1. 第一期协议保护项目(2006—2008 年)

(1) 保护区与协会两个协议文本的比较

第一期协议保护项目从 2006 年 10 月开始到 2008 年 9 月结束。根据保护国际基金会与三江源自然保护区的协议,保护区负责开展社区能力建设;建立合作经济组织促进社区经济发展;帮助措池村制作协议保护宣传品;帮助措池村建立资源管理制度等四个方面的项目活动。

保护国际基金会同时与三江源生态环境保护协会签订协议,由后者在措池村开展以下的项目活动以配合保护区实施协议保护项目:举办 2 次生态文化节;培训村中 2 名措池村赤脚医生的医疗技术;为措池村卫生所配备基本的医疗设备;帮助制定措池村资源管理措施;培训 1 名措池村村民的社区管理能力。

这两个协议相比较可以看出,保护区负责的项目活动比较笼统,更具有"开放地"进入社区建立合作关系的意义;而协会负责的项目活动则比较具体,这是因为后者在项目初期已经比较了解村民的要求并能够将村民的要求明确地反映在协议文本中。

协议保护项目的特点是在一个项目中同时兼顾社区保护与发展的需要。协会由于比较了解措池村民们最大的需求是改善医疗条件,所以能够"精准"地给予回应。而保护区在项目初期不了解村民的需要,主观地设想村民们最急切的期望是提高经济收入。有些类似的项目中一些保护区甚至把社区不需要的种植业或养殖业项目强加给村民们。从笔者的经验看,当农村社区真正能自主提出要求时,经济发展项目往往不是村民们的首要选择。

(2) 生态文化节

帮助村民们举办生态文化节是措池村协议保护项目的亮点。措池村的生态文化节是一个宗教节日,村中的活佛在文化节期间宣讲佛教教义,宣传生态保护的重要性,并在扎多的请求下把协议项目的要求也给村民们宣讲。扎多还请求活佛出面,表彰在项目中做出贡献的村民,正向地激励村民们的道义、鼓励积极参加巡护等集体行动的行为。生态文化节还是村民们期盼文化展示和自娱自乐的欢乐日子,在这样快乐的时期,扎多组织村民们在放松的状态下讨论项目活动,使平时很多难以解决的困难,尤其是纠纷、误解和不信任等问题,都能够在文化节期间得到缓解和改善。

协会还在生态文化节期间,邀请保护区等政府部门和北京等地的专家学者、媒体记者和民间组织参加,一方面从外部对村民的保护行为加以激励;另一方面也向外界宣传了措池村,宣传了协议项目的成效。

总之,生态文化节为外来干预者们提供了能够在村民放松的状态下与全体村民接触的良好机遇,扎多等充分地利用了生态文化节这个平台促进了协议项目的实施。

(3) 制定村级资源管理制度

通过多次学习,协会认识到社区保护地建设不能仅仅停留于开展一些短期而表面的活动,关键是通过制度才能够实现预期的项目成效。为此,协会首先借助第一次生态文化节的契机,面向全体村民们宣传协议保护项目,然后在文化节结束后先后在生产队召开 3 次会议,集中各生产队主要负责人召开 2 次会议,上门听取了70% 以上村民的意见和建议,同时还听取了曲麻河乡党委、政府的意见和建议,使项目能够在措池村内被充分知晓;其次,协会在村中先后累计蹲点 50 多天,深入措池村三个生产队 100 户牧民,为有效落实资源管理制度做出了大量默默无闻且意义重大的细致工作。在这样的基础上,协议保护项目开始具体落实监测、巡护人员,根据牧户草场分布情况指定了 3 个生产队 42 名监测人和 10 名巡护人,并明确了具体监测、巡护范围和目标任务。

通过细致而缜密的前期工作,并在保护国际基金会聘请的专家指导下,协会还帮助村民制定了《措池村受威胁重要资源管理办法》,共计 8 章 37 条,涉及"保护对象及威胁界定"、"监测"、"巡护"、"恢复"、"监督"、"奖惩"等多个方面。

从《措池村受威胁重要资源管理办法》的制订过程来看,协会发挥自身熟悉社区的优势,力图与尽可能多的村民平等沟通,同时还在现代保护区管理、保护生物学逻辑和几乎全部为文盲、不懂汉语的村民们的接受能力之间尽力做了妥协。

措池村后面实施的协议保护项目工作都大体以该制度为框架进行的。

(4) 监测、巡护和恢复

在生态监测方面,协会帮助措池村设立了 18 个野生动物监测小区、1 个气温变化监测点、1 个雪山冰川监测点、9 个物候监测牧户和 3 个野生动物与人的冲突信息收集点,并根据牧业生产的季节性,确定野生动物监测(每年的 1 月 15 日和 7 月 15 日)、雪山冰川监测(每年的 8 月 8 日)、气温变化监测(每天的早晨 8 点、中午 14 点和晚上 20 点)等具体时间。监测主要由"野牦牛守望者"协会的成员担任,规定所有监测数据在监测后的第 6 天之内提交到指定的区域监测负责人,由其负责统计汇总上报村委会,并由村委会按要求报告三江源自然保护区。此外,村委会每年召开一次本村生态监测数据分析会议,根据实际情况制订资源保护管理年度计划。为了保障监测质量,协会还邀请专家对 42 名监测人员进行了培训。此外,还按照藏族传统修行的各个重要日期,设计了具有藏族日历与监测记录双功能的监测宣传挂图,并分发给了每户村民和监测人员。

在巡护方面,措池村确定野牦牛、盘羊、白唇鹿、藏羚羊及雪豹五个物种为主要保护对象,对它们的繁殖地、重要栖息地进行专人定期巡护。同时,还在整个村境内对盗猎、挖沙、采矿、采药等破坏自然资源的行为采取放牧员日常巡护、巡护员定点巡护、村民集体监督巡护等全民参与巡护方式。

在生态恢复方面,主要是针对 5 个保护物种的繁殖地、孤岛化栖息地和重要走廊带开展休牧和拆除网围栏等活动,减少人类干扰。在村中一块野牦牛经常出没地带,通过生态监测,村民们认为放牧对野牦牛有一定干扰,因此就从村公用牧场中划出一片地置换给在该区域放牧的牧户,从而为野牦牛腾出了一片不受干扰的栖息地。这完全是村民们自发的保护地建设行为,整个过程较少受到包括扎多在内的外来干预者影响。

从协议保护一期项目中的保护规划和实施情况来看,措池村的社区保护地建设在三江源生态环境保护协会和三江源自然保护区的帮助下,其精细程度和认真性甚至超过了很多的自然保护区。

(5) 保护主体建设

协议保护项目在措池村有两个关键人物,一个是村主任嘎玛,另外一个是村中的活佛。扎多成功地使两人认识到外来的协议保护项目有利于践行生态文化、保护自然资源,还能强化村民的组织性。而村中的组织动员工作更多地由嘎玛和活佛来承担,巡护与监测工作则主要是嘎玛指挥下的"野牦牛守望者"协会的 40 余名会员来参加。

也就是说,协议保护项目还是利用了当时村中已经有的治理结构来开展协议保护,可能提高了现有社区精英的领导能力,但并没有在社区主体上进行大的改变。

(6) 项目成效

协会自我总结[①]措池村一期的协议保护项目认为,尽管大部分监测人员虽然按要求进行了监测,但从整体上说生态监测情况不尽如人意。主要表现在:① 物候监测不全面。如:大部分监测人员能够提供物候监测调查表,但记录不完整或无记录。② 没有学会正确使用监测器具,如:监测人员记录气候变化时,在 2 月份温度均应在零下 20 多度,但全部记录为 0℃以上。③ 未按要求监测。

尽管协会"帮助"措池村制定监测办法时,尽可能地运用了参与式工具征求意

---

① 三江源生态环境保护协会,《措池村协议保护地第一阶段工作总结》,2008。

见,还请外部专家开展了数次培训,但丰富的监测内容、严谨的科学逻辑,严格的规程要求还是超出了措池村民的接受能力。最关键问题是这些监测从村民角度看并没有直接的意义,主要是为了提交一些数据给保护区,而保护区也没有把数据分析结果反馈回社区。如果没有作用只是为了应付外来干预者的要求,设计越科学、越精细的社区监测,在类似措池村一样的社区可能越脆弱,很容易被中断。在措池村社区监测的一个戏剧性故事是村民们汇总记录监测记录的笔记本,被一个孩童在不了解的情况下拿走了,生态监测工作几乎停止。

相对而言,巡护工作则得以持续进行,牦牛守望者们在巡护中发现并成功制止了两起盗猎案件。但第一起案件由于村民们没有被政府授予相应的权力,导致了盗猎者质疑野牦牛守望者的权力。三江源自然保护区了解到了这个情况后,由于通过协议保护项目对于措池村的情况具有较为充分的了解,因此,从协助保护区管理的角度给野牦牛守望者们颁发了巡护证,社区拥有了一定的执法权,这在整个青海的社区保护地建设中,都是一个创举。

在第一期协议保护项目行将结束阶段,保护区邀请了来自国家行政学院和青海省委党校的专家们进行项目评估。专家们对于项目为保护区所代表的政府保护力量和村民们自发的保护力量能够形成一定的合力而欣喜,并通过各自的渠道向中央和青海省的政府部门分别宣传了项目的成效和经验。

**2. 第二期协议保护项目(2010—2011)**

2010年,北京山水自然保护中心①支持三江源自然保护区在措池村启动了协议保护二期项目。保护协议的甲方是保护区,乙方是措池村村委会,三江源生态环境保护协会没有出现在协议中成为正式的合作伙伴,而是作为保护区的技术单位,其工作经费也从保护区报销。

作为甲方,保护区承诺: ① 帮助乙方修改完善措池村资源保护管理制度; ② 帮助乙方完善建立起来的巡护监测队伍,并为日常监测提供培训;组织第三方对协议保护地的保护成果进行定期监督和评估;③ 为乙方在保护地的日常巡护监测提供设备、经费补助和技术指导;④ 曲麻河保护站工作人员在项目实施期间,每三个月要到项目实施地收集相关信息,了解项目进展情况;⑤ 帮助乙方制作宣传品;⑥ 试验研究缓解人与野生动物冲突的方法;⑦ 在认可乙方保护成果前提下,提供每年2万元人民币奖励资金,用以帮助措池村改善村卫生医疗条件及受到野生动物侵害所造成的损失赔偿等;⑧ 制作宣传碑和宣传影片。

---

① 该项目资金也来源于保护国际基金会,由山水在中国实施。

作为乙方,措池村承诺:① 根据保护规划对协议保护地进行保护;② 制定保护制度,约束自身的资源利用行为,任何放牧、道路建设、生态旅游等生产经营活动必须遵守保护区的相关法规;对野生动物栖息地影响较大的传统放牧活动也应做适当规范和调整;③ 组织对协议保护地巡护,制止任何外来的采矿、挖沙、盗猎、越界放牧等活动;④ 对协议保护地进行定期监测,并规范地做好监测记录,及时向甲方提交保护报告和监测数据;⑤ 如果在协议保护地内发生对生态环境和自然资源产生严重破坏的事件,乙方制止并及时向曲麻河保护站或甲方报告。

从甲方和乙方在协议中所承诺的责任来看,与一期的协议相比有两个主要的变化:

首先是增加了自然保护区在当地的分支机构——索加曲玛河保护站与社区的互动。在协议保护一期项目期间,三江源保护区通过位于西宁的保护区管理局直接与措池村联系,由于不通电话,往返一次仅路途就花费 4~5 天时间,管理的效率较低。通过项目实施,加强基层保护站点的能力,尤其是开展社区共管的能力是三江源自然保护区在协议保护项目二期的主要策略。

其次是取消了生态文化节。生态文化节对于措池村社区保护地建设的重要意义在一期项目分析中已经提及,但从政府的角度看生态文化节既不是自身的优势,而且在实施中具有一定的管理风险性。遗憾的是,保护区也没有把该项活动委托协会来开展,使措池村的社区保护地建设失去了一个特色。

整体而言,二期的协议保护项目在一期项目的基础上鲜有新的亮点,甚至在生态监测和巡护的频度和质量方面,还略有下降。

在措池村实施协议保护二期项目期间,三江源自然保护区利用自有资金在措池村周边的几个行政村如君曲村、乐池村等推广协议保护项目。与此同时,2011年国务院批复同意成立"三江源国家级生态试验区",青海省发展改革委员会采纳山水、三江源自然保护区等机构的建议,在生态实验区试验方案中把协议保护明确为适合于三江源区域的保护措施。

### (三) 后协议保护项目时期:协会对社区保护地建设的持续探索

三江源生态环境保护协会在 2009 年获得壹基金典范工程的表彰和机构资助,协会也决定,尽管在协议保护项目上淡出,依然要在措池村长期开展社区保护地建设项目。与前期参与实施协议保护等外来干预性项目不同,协会拟从以下几个方面入手,在原有的基础上进行更深入的探索:

(1) 把偏远社区的民间组织"小"试点与国家宏观政策紧密结合

协会志在促进整个青藏高原的生态保护,认为要保护好如此巨大面积的生态系统,必须要促进农牧民参与国家生态项目。作为协会的主要野外试点基地,措池村的工作自然也需要与国家的宏观政策紧密结合,尤其是为中央政府对三江源生态试验区提出的"设立生态管护公益岗位,发挥农牧民生态保护主体作用"积极地探索路子,总结经验。中央政府提出生态公益岗位,但并没有就如何从农牧民中既保证公平性还注重效率地选拔出参加生态公益岗位的人员,以及如何对这些人员进行监督和考核出台具体的细则。协会的工作重点准备针对这些薄弱环节。

(2)探索提高乡镇政府在社区保护地建设中的参与性

包括协议保护项目在内的外来干预性社区保护地建设项目主要通过林业主管部门或者自然保护区绕过乡镇政府直接进入社区实施,其优点是短期内项目效率比较高,但由于当前政府资源主要还是通过乡镇政府进入农村社区,保护项目仅仅停留于林业部门很难被主流化。尤其是在地广人稀、交通不便的三江源区域,林业部门如三江源自然保护区在基层的力量非常薄弱,大部分工作都需要乡镇政府来开展。

因此,协会把如何动员曲玛河乡政府的力量参与到措池村社区保护地建设也作为当前的一个探索重点。

(3)超越社区精英建设社区保护地主体

在协议保护项目实施中,包括扎多等外来干预者都是依靠措池村村主任嘎玛和活佛等2~3位社区精英(第一层级),再由嘎玛和活佛组织诸如"野牦牛守望者"协会的40余位会员(第二层级),最终影响整个行政村600多位农牧民(第三层级)这样的金字塔式的三个层级的模式开展项目的。

深感金字塔式社区保护地管理模式因为过于依赖社区精英而难以长期存续,社区精英在这个过程中甚至可能成为外来干预者与普通群众充分交流的阻碍,协会力图利用熟悉措池村的优势,探索如何能够更加民主地而不是完全依赖精英式地开展项目。

很多实践者和研究人员认为在老少边穷地区外来干预者进入农村社区开展项目,无论是政府还是民间组织,都必须依靠社区精英来"摆平",尽量利用社区精英们的强势,但不要触及他们造成的弊端。协会在措池村的探索对于整个中国农村社区的治理模式完善都具有试点意义。

(4)培育生态文化

即使在措池村这样偏远且宗教文化浓郁的村落,生态文化也不断受到外来的冲击,尤其很多年轻人从小在城镇学习,对于家乡的生态环境的美好和作用缺乏认知,使社区保护地在年轻人中的基础越来越薄弱。

中共"十八大"倡导生态文明建设,但如何以农牧民尤其是年轻人愿意接受的方式开展生态文化的教育和传承是一个远未解决的问题,很多相关的项目因为形式机械、内容空泛而令农牧民反感。协会试着把措池村年轻人组织起来开展村内野营,集体认识家乡的美丽并集体讨论面临的生态环境问题,在讨论中引导、培育生态文化。

(5) 试点提高生态产品品质,探索保护与发展有机联系

与山水在关坝村试点的熊猫蜂蜜项目类似(本章第四节),协会开始尝试帮助措池村村民们建立合作经济组织,把高品质的酥油营销到拉萨,获得较高的价格并反过来激励村民们的保护行为。这个产品目前在拉萨已经打开了一定的销路。

三江源生态环境保护协会目前正在措池村探索的五个议题,不仅是社区保护地建设的前沿,还对解决西部的三农问题都具有探索意义。扎多深感协会作为一个较为草根的民间组织力量薄弱,他认为对于措池村社区保护地建设今后的发展"需要能够长期坚持,更需要搭建一个平台让更多的机构投入技术优势,这比任何简单给钱的项目都重要",或许这是很多已经有前期基础而深耕于社区保护地建设的组织的共同心声。

## 三、经验总结

经验一:认识政府与社区在生态保护中互动的困难。

政府和社区可能同时都有意愿开展生态保护,但二者很难形成互动。从三江源自然保护区和措池村村民在协议保护项目中的合作反映出的困难有:

(1) 没有一个顺畅的交流和沟通机制

在措池村案例中即使有扎多这样的纵贯汉藏的精英人士多次往返社区较为深入地开展调查,在协议保护第一期项目期间仍然很难充分了解一般农牧民的想法,只能依靠村主任嘎玛和活佛等社区精英才能把一般的农牧民组织动员起来。由此可见,政府的外来干预性社区保护地建设项目与农牧民沟通交流的困难。但是,通过协议保护项目一期的实施,尤其是在生态文化节这样大家都比较放松的氛围下,保护区、协会和农牧民之间的了解得以迅速加深,或为一个较好的沟通举措。

(2) 社区与政府对于保护客体性活动的偏好差异

例如,三江源自然保护区对于监测和巡护比较注重,而老百姓对于生态文化节更加看重。协会试图在协议保护一期项目中包纳进政府和农牧民双方感兴趣的全部内容,但却由于精力有限而难免顾此失彼。在由保护区主导的协议保护二期项目中,把生态文化节等项目活动取消,更加突出生态监测等内容。或许把二者不同偏好协调起来的关键是项目活动开展要对双方都有实际作用,否则就如措池村的

生态监测,设计得很有科学逻辑、内容全面,还经历了一次和农牧民的参与式调查,似乎应该可以持续地开展,但由于监测数据对于自然保护区和村民们都"无用",所以一个偶然的孩童拿错笔记本的事件就可以终止整个监测活动,非常脆弱。

**经验二:政府与社区之间要形成互动需要社区精英的穿针引线。**

政府项目与社区之间要密切互动必须要依靠社区精英。在措池村的案例中,协会在协议保护项目一期能够发挥巨大的作用,主要还是扎多作为村中社区精英的贡献:帮助形成了村主任嘎玛、活佛—野牦牛守望者协会会员(包括三个村民小组组长)—普通村民这样的金字塔结构的项目实施层级,把村中的精英力量都动员到了项目中来。如果一个外来干预性的项目,不管是政府的还是民间组织的,如果没有一个社区精英参与的机制设计,其项目本身被农牧民接受的程度和组织动员能力,都是非常值得怀疑的。

社区精英们在帮助外来干预性项目实现短期的项目目标同时,也利用项目资源进一步巩固自身的权力和威望。为了防止外来干预者与普通农牧民直接联系导致自己的权威被削弱,社区精英们有时甚至成为外来者与社区沟通交流的障碍。

措池村金字塔结构的社区精英治理模式对于协议保护项目顺利完成具有重要的意义,但完全依赖于该模式顶端的 2 个社区精英,帮助他们维持与中间层级的关系,导致项目成效如生态监测难以巩固和深化,持续性也降低。

扎多认识到措池村的社区保护地建设项目继续前行需要继续利用社区精英的力量,但同时要打破金字塔结构的社区精英参与项目的模式,但由此可能造成的矛盾与冲突,如何妥协与解决,都是值得拭目以待的。

**经验三:不同民族在社区保护地主体建设中表现出的共性。**

很多人认为藏族社区如措池村村民之间凝聚力强、农牧民由于生态文化和宗教信仰等原因天生就是保护者,有关生态保护的集体行动可以自然形成。与很多生态文化不浓郁的汉族社区相比,藏区社区具有很独特的特点。

但在措池村,随着协会和保护区逐渐深度推进社区保护地建设,出现了社区精英的制约问题,是否应该开展监测等客体类型活动的同时针对社区主体开展民主选举、民主决策、民主管理和民主监督的问题,以及当传统生态文化不断被外部冲击时需要与时俱进地培育的问题。这些问题与关坝村、大坝子村等其他民族在社区保护地建设中所面临的主体问题是相似的,具有一定的共性。

认识到不同民族、不同自然与社会经济条件下各个社区在保护地建设中的共同性,有助于进一步细化完善中央政府宏观的生态保护政策,还能从共性的角度对社区提出要求,而不总是停留在单方面给予支持,不真正要求保护成效。

# 参 考 文 献

1. EvansJW, HamnerB. 2003. Clear production at the Asian Development Bank. Journal of cleaner production,11(1): 639-649.

2. Boo E. 1990. Ecotourism: The Potentials and Pitfalls. Vol. 1 and 2. Washington DC: World Wildlife Fund.

3. Buckley R. 2001. Environmental Impacts. //Weaver D B. Encyclopedia of Ecotourism, New York: CABI Publishing, 384.

4. Bujold P. 1995. Community development-making a better home. Voluntary Action News, 5-8.

5. Butler R. 1989. Alternative Tourism: Pious Hope or Trojan horse? World Leisure and Recreation,31(4): 9-17.

6. Ceballos-LascurainH. 1987. The Future of Ecotourism. Mexico Journal ,(1): 13-14.

7. Edgar M,Hoover,Frank Giarratani. 1984. An Introduction to Regional Economics. Alfred AKnopf,264.

8. Fennel DA, Eagles PFJ. 1990. Ecotourism in Costa Rica: A Conceptual Framework. Journal of Park and Recreation Administration,8(1): 23-34.

9. Fennell D, Eagles PFJ. 1989. Ecotourism in Costa Rica: A Conceptual Framework. Journal of Parks and Recreation Administration,8(1): 23-34.

10. FennelIDA. 2001. Areas and Needs in Ecotourism Research. //Weaver D B. Encyclopedia of Ecotourism. New York: CABI Publishing.

11. Fujita, Krugman, Venables. 1999. The Spatial Economy: Cities Regions and International Trade. Cambridge, Massachusetts: MIT Press,18-30.

12. Kutay K. 1989. Ecotourism and Adventure Travel. //Tourism and Ecology: the Impact of Travel on a Fragile Earth. North American Coordinating Center for Responsible Travel, 3-7.

13. LaarmanJG, Gregersen HM. 1996. Pricing policy in nature-based tourism. Tourism Management, 17(4): 247-254.

14. Liindberg K, Enriquez J, Sproule, K. 1996. Ecotourism questioned: case studies from Belize. Annals of Tourism Research, 23: 543-562.

15. LindbergK, EnriquezJ, Sproule K. 1996. Ecotourism questioned: case studies from Belize. Annals of Tourism Research, 23(3): 543-562.

16. Mackinnon B. 1995. Beauty and the beasts of ecotourism. Business Mexico, 5(4): 44-47.

17. OramsMB. 2001. Types of Ecotourism. // David B. Weaver. Encyclopedia of Ecotourism. CABI Publishing, 24. Pedro Moura-Costa, Marc D. Stuart Forestry-based Greenhouse Gas Mitigation: A short story of market evolution. http: //www. forest-trends. org /documents /files /doc_687. pdf.

18. PerloffHS, DunnES, LampardEE et al. 1960. Regions, Resources and Economic Growth. Land Economics, 39( 3): 320-322.

19. Richard Hartshorne. 1959. Perspective on me Nature of Geography. Chicago: Rand and McNally.

20. Sirakaya E, Sasidharan V, Sönmez S. 1999. Redefining Ecotourism: the Need for a Supply-Side View. Journal of Travel Research, 38: 168-172.

21. Sproule KW. 1996. Community-based ecotourism development: identifying partners in the process. Paper presented at the Ecotourism Equation: Measuring the Impacts (ISTF) Conference, Yale School of Forestry and Environmental Studies, April 12-14.

22. TisdellC. 1995. Investment in ecotourism: assessing its economics. Tourism Economics, 1(4): 375-387.

23. WeaverDB. 1998. Ecotourism in the Less Developed World. New York: CABI Publishing.

24. Working Group I Fourth Assessment Report of the International Panel On Climate Change"The Physical Science Basis". http: //www. ipcc. ch/.

25. ZifferK. 1989. Ecotourism: The Uneasy Alliance. WashingtonDC: Conser-

vational International andErnst & Young,1-36.

26. 宝力高.2006.论蒙古族传统生态文化.内蒙古师范大学学报(哲学社会科学版),(01):26-30.

27. 北京大学社会学人类学研究所,中国藏学研究中心合编.1997.西藏社会发展研究.北京:中国藏学出版社.

28. 毕君,冯小军,姚章军.2005.京都协议下的森林碳汇(CDM造林、再造林)项目及其前景与对策.河北林业科技,(5):35-36.

29. 蔡禾著.2005.社区概论.北京:高等教育出版社.

30. 蔡志坚,华国栋.2005.对我国发展森林碳补偿贸易市场的相关问题探讨.林业经济问题,25(2):68-72.

31. 曹光辉.2005.生态补偿机制:环境管理新模式.环境经济,(11):46-48.

32. 陈栋生等著.1993.区域经济学.郑州:河南人民出版社.

33. 陈灵芝主编.1993.中国的生物多样性现状及其保护对策.北京:科学出版社.

34. 陈茂干,廖崇惠.1984.小良热带人工林脊椎动物调查.热带亚热带森林生态系统研究,(2).

35. 陈钦著.2006.公益林生态补偿研究.北京:中国林业出版社.

36. 陈群元,宋玉祥.2007.我国新农村建设中的农村生态环境问题探析.生态经济,(03):146-148.

37. 陈晓莉.2012.新时期乡村治理主体及其行为关系研究.北京:中国社会科学文献出版社.

38. 陈秀山,张可云.2003.区域经济理论.北京:商务印书馆.

39. 陈佐忠,汪诗平.2006.关于建立草原生态补偿机制的探讨.草地学报,14(01):1-4.

40. 程必定著.1989.区域经济学.合肥:安徽人民出版社.

41. 崔功豪,魏清泉,陈宗兴著.2003.区域分析与区域规划.北京:高等教育出版社.

42. 寸瑞红.2002.高黎贡山傈僳族传统森林资源管理初步研究.北京林业大学学报,1:43-47.

43. 丹尼尔·W·布罗姆利著.1996.经济利力益与经济制度.陈郁等译.上海:上海三联书店.

44. 邓肯·米切尔G.著.1987.新社会学词典.上海:上海译文出版社.

45. 邓燔,陈秋波,章芸.2007.森林生态补偿体系的现状和局限.现代农业科技,

(10)：47-49.

46. 董建新.1996.论制度功能.现代哲学,46(04)：117-121.

47. 杜肯堂,戴世根著.2004.区域经济管理学.北京：高等教育出版社.

48. 杜守祜.2007.生态文明建设四题.开放导报,135(6)：76-77.

49. 杜受祜著.2002.环境经济学.北京：中国大百科全书出版社.

50. 凡勃伦著.1964.有闲阶级论.蔡受百译.上海：商务印书馆.

51. 方明,王颖著.1991.观察社会的视角—社区新论.北京：知识出版社.

52. 方卫华.2005.制度多样性与制度分析的层次性.甘肃社会科学,(01)：
    127-130.

53. 费正清等.2012.中国传统与变革,.南京：江苏人民出版社.

54. 高洪深著.2002.区域经济学.北京：中国人民大学出版社.

55. 高进田著.2007.区位的经济学分析.上海：上海人民出版社.

56. 高进田著.2007.区位的经济学分析.上海：上海人民出版社.

57. 耿海青,梁学功.2006.关于建立煤炭行业生态补偿机制的探讨.中国煤炭,
    (05)：15-19.

58. 郭广荣,李维长,王登举.2005.不同国家森林生态效益的补偿方案研究.绿色
    中国,07M：14-17

59. 郭晓鸣等.2009.农村社区案例研究.成都：四川大学出版社.

60. 郭学斌,李志强.2005.参与式工具在天然林资源保护工程中的应用.林业与社
    会,13(3)：42-45.

61. 郭学斌.2002.参与式方法在社区林业发展中的应用.林业与社会,(06)：
    12-14.

62. 郝寿义,安虎森等著.1999.区域经济学.北京：经济科学出版社.

63. 郝寿义著.2007.区域经济学原理.上海：上海人民出版社.

64. 何肇发著.1991.社区概论.广州：中山大学出版社.

65. 贺聪志,李玉勤.2006.社会主义新农村建设研究综述.农业经济问题,(10)：
    67-73.

66. 侯元兆,吴水荣.2005.森林生态服务价值评价与补偿研究综述.世界林业研
    究,18(3)：1-5.

67. 胡鞍钢,王绍光编.2000.政策与市场.北京：中国计划出版社.

68. 黄禄星,黄国勤.2006.农村资源、生态、环境问题与社会主义新农村建设.江西
    农业大学学报(社会科学版),(03)：27-30.

69. 黄平等.2011.公共性的重建.北京：社会科学文献出版社.

70. 姜振华,胡鸿保.2002.社区概念发展的历程.中国青年政治学院学报,21(4)：121-124.

71. 解焱,汪松著.2004.中国的保护地.北京：清华大学出版社.

72. 解焱.2004.我国的自然保护区体系空缺分析.绿色中国,(10M)：60-63.

73. 解焱著.2004.中国自然保护区管理体制综合评述.北京：社会科学文献出版社.

74. 金相郁著.2007.中国区域经济不平衡与协调发展.北京：人民出版社.

75. 柯武刚,史漫飞著.2000.制度经济学—社会秩序与公共政策.北京：商务印书馆.

76. 克尔日查诺夫斯基 TM.1961.苏联经济区划问题.商务印书馆.

77. 赖海榕等.2007.中国乡村治理研究现状调查报告.北京：中国农业大学出版社.

78. 李波,杨方义.2005.《Review of CCA studies in Southwest China》.

79. 李芬.2006.森林生态效益补偿的研究现状及趋势分析.环境科学与管理,31(7)：31-33.

80. 李晖.2007.可持续发展环境下的节约型城市建设研究[D].湖南大学.

81. 李惠斌主编.2003.全球化与公民社会.桂林：广西师范大学出版社.

82. 李建德著.1994.经济制度演进大纲.北京：中国财政经济出版社.

83. 李建东.2006.我国农村生态环境建设规划问题探讨.农业经济,(05)：10-11.

84. 李怒云,白顺江等.2002.我国人工造林质量的影响因素及提高途径.林业经济,(10)：29-31.

85. 李怒云,龚亚珍,章升东.2006.林业碳汇项目的三重功能分析.世界林业研究,19(3)：1-6.

86. 李怒云,宋维明,章升东.2005.中国林业碳汇管理现状与展望.绿色中国,(3M)：23-26.

87. 李怒云.宋维明.2006.气候变化与中国林业碳汇政策研究综述.林业经济,(5)：60-64.

88. 李怒云著.2007.中国林业碳汇.北京：中国林业出版社.

89. 李文华,李世东等.2007.森林生态补偿机制若干重点问题研究.中国人口、资源与环境,17(2)：13-18.

90. 李文华等.2006.森林生态效益补偿的研究现状与展望.自然资源学报,21(5)：

677-89.

91. 李志强.2006.浅谈社会主义新农村建设的背景和内涵.太原科技,(08)：18-20.

92. 李智环.2007.浅论中国穆斯林民族传统生态文化及现代价值.青海社会科学,(06)：78-80.

93. 廖盖隆,孙连成,陈有进等著.1993.马克思主义百科要览.人民日报出版社.

94. 林爱文,胡将军著.2005.资源环境与可持续发展.武汉：武汉大学出版社.

95. 林德全.1986.区域经济规划的理论与实用方法.数量经济、技术经济资料.北京：[出版者不详].

96. 林德荣,李智勇,支玲.2005.森林碳汇市场的演进及展望.世界林业研究,18(1)：1-5.

97. 林毅夫.2006.关于建设社会主义新农村建设的几点思考.2006年春季CCER中国经济观察,(05)：2-11.

98. 林毅夫著.2000.再论制度、技术与中国农业发展.北京：北京大学出版社.

99. 刘兰翠,吴刚.2007.我国CDM项目的现状与思考.中国能源,29(3)：34-39.

100. 刘林.参与的概念与参与式发展研究途径的特点.发展研究方法,2007～2008年第一学期课程.

101. 刘湘溶,朱翔等.2003.生态文明—人类可持续发展的必由之路.长沙：湖南师范大学出版社.

102. 刘兴良,杨冬生等.2005.长江上游绿色生态屏障建设的基本途径及其生态对策.四川林业科技,26(1)：1-8.

103. 刘燕,潘杨等.2006.双二元经济结构下的生态建设补偿机制.中国人口·资源与环境,16(03)：43-47.

104. 卢锐,等.2008.参与式发展理念在村庄规划中的应用.华中建筑,26(04)：13-17.

105. 罗莹.2006."新农村"建设的思路与对策.求实,(01)：86-88.

106. 吕星.2001.参与式农村发展理论与实践——来自滇川黔地区的经验.云南地理环境研究,13(02)：1-8.

107. 吕星等.2001.村民参与人畜饮水工程规划、建设与管理,参与式方法在发展项目中的应用研讨会,北京,3月.

108. 吕学都,刘德顺著.2004.清洁发展机制在中国.北京：清华大学出版社.

109. 马克平著.1994.生物多样性研究的原理和方法.北京：中国科学技术出版社

出版.

110. 毛丹.2007.生态文明的科学内涵与具体要求解析.中共乐山市委党校学报,9 (06):13-14.

111. 孟德拉斯 H.2010.农民的终结.李培林译.北京:社会科学文献出版社.

112. 清华大学.2005.清洁发展机制.北京:社会科学文献出版社.

113. 任立忠,罗菊春,李新彬.2000.抚育采伐对山杨次生林植物多样性影响的研 究.北京林业大学学报,22(4):14-17.

114. 任雪山.2008."生态文明"理论的提出及其当代意义.合肥学院学报(社会科 学版),25(03):89-93.

115. 沈满洪,陆菁.2004.论生态保护补偿机制.浙江学刊,(04):217-220.

116. 沈孝辉.2004.保护地:社会孤岛造成了生态孤岛.绿色中国,(19):54-59.

117. 有信.1997.拉祜族为主的民族地区政府扶贫攻坚行为中 PRA 方法的应用: 以澜沧县歉迈乡为例.云南参与性农村评估工作网简讯,(03).

118. 四川省农业资源与区划编委会编.1986.四川省农业资源与区划(下篇).北 京:四川省社会科学院出版社.

119. 四川省统计局.2006.四川统计年鉴—2006.北京:中国统计出版社.

120. 宋洁尘.2006.试论社会主义新农村的基础架构.现代经济探讨,(09): 114-116.

121. 宋林飞著.1987.现代社会学.上海:上海人民出版社.

122. 孙久文,叶裕民著.2000.区域经济学教程.北京:中国人民大学出版社.

123. 孙丽英,李惠民等.2005.在我国开展林业碳汇项目的利弊分析.生态科学,24 (1):42-45.

124. 王丰年.2006.论生态补偿的原则和机制.自然辩证法研究,22(01):31-35.

125. 王军著.1997.可持续发展.北京:中国发展出版社.

126. 王康著.1988.社会学词典.济南:山东人民出版社.

127. 王丽.2007.论区域类型与区域发展战略的选择.环渤海经济瞭望,(09): 42-43.

128. 王丽华.2000.三江平原人工林天然化的生物多样性研究.高师理科学刊,20 (2).

129. 王万英等.2001.推动农户互助学习网络的发展,参与式方法在发展项目中的 应用研讨会,北京,3月

130. 王雪红.2003.林业碳汇项目及其在中国发展潜力浅析.世界林业研究,16

（4）：7-12.

131. 王振海著.2003.社区政治论.太原：山西人民出版社.

132. 王铮,邓锐等著.2002.理论经济地理学.北京：科学出版社.

133. 王铮.1999 区域管理与发展.北京：科学出版社.

134. 王志亮,张翠荣.2008.参与式方法的理论基础及其在安全培训中的应用.华北科技学院学报,5(03)：92-94.

135. 温铁军.2005.怎样建设社会主义新农村.发展,(12)：1.

136. 温臻,王娟,肖艺容.2005.国际碳汇造林项目介绍.陕西林业,(1)：40-41.

137. 武曙红等.2005.清洁发展机制下造林或再造林项目的额外性问题探讨.北京林业大学学报(社会科学版),(2)：51-56.

138. 郗婷婷,李顺龙.2006.黑龙江省森林碳汇潜力分析.林业经济问题,26(6)：519-524.

139. 夏国忠著.2004.社区简论.上海：上海人民出版社.

140. 肖笃宁,杨桂华著.2002.生态旅游透视.北京：中国旅游出版社.

141. 熊培云.2011.一个村庄里的中国.北京：新星出版社.

142. 徐浩.2002.农民经济的历史变迁.北京：社会科学文献出版社.

143. 徐震著.1988.社区与社区发展.台北：台北正中书局.

144. 许建初.参与式技术开发,第一届西南实践者大会,成都,1999 年 11 月.

145. 严汉平,白永秀.2006.经济学视野下关于"制度"的文献综述.山西师大学报(社会科学版),33(06)：1-6.

146. 严书翰,谢志强著.2006.中国城市化进程.北京：中国水利水电出版社.

147. 颜华.2006.关于建立湿地生态补偿机制的思考—以黑龙江三江平原湿地为例.农业现代化研究,27(05)：383-385.

148. 杨国利.浅论制度的起源、特征和比较,载香港哲学学会网.

149. 杨克俭.1994.国内生态环境问题研究述评.科学技术与辩证法,(06)：43-45.

150. 杨小建等.2006.四川森林资源动态变化与提高森林质量的初步研究.四川林业科技,27(6)：72-79.

151. 杨小凯,黄有光著.1999.专业化与经济组织：一种新兴古典微观经济学框架.张玉刚译.北京：经济科学出版社.

152. 杨小莉.2006.刍论推进社会主义和谐农村建设.理论导刊,(08)：56-58.

153. 杨晓优著.2005.区域制度环境与区域竞争对策研究.广州：中山大学出

版社.

154. 杨晓优著.2005.区域制度环境与区域竞争对策研究.广州:中山大学出版社.

155. 印开蒲,鄢和琳等编著.2005.生态旅游与可持续发展.成都:四川大学出版社.

156. 于立忠等.2005.森林经营活动对生态环境的影响.辽宁林业科技,(3):49-51.

157. 余小平著.2000.中国现代进程中的农村村庄建设.北京:中国言实出版社.

158. 袁洁.2007.新农村建设进程中环境保护对策研究.农业环境与发展,(06):42-45.

159. 张敦福著.2001.现代社会学教程.北京:高等教育出版社.

160. 张立华.2006.论社会主义新农村建设的目标及实施.农业经济,(06):9-10.

161. 张松.2001.禄劝社区综合发展项目中的参与性监测与评估,参与式方法在发展项目中的应用研讨会,北京,3月.

162. 张先治.2007.基于《企业内部控制规范》的若干理论问题探讨.财会学习,9:18-22.

163. 张小全,李怒云,武曙红.2005.中国实施清洁发展机制造林和再造林项目的可行性和潜力.林业科学,(5):139-143.

154. 张小全,武曙红著.2006.中国 CDM 造林再造林项目指南.北京:中国林业出版社.

155. 张旭昆.2002.制度的定义与分类.浙江社会科学,6:3-9.

156. 张炎周,唐礼贵,庞永长.2006.四川省参与清洁发展机制下的林业碳汇项目的思考.四川林勘设计,(3):10-15.

157. 张炎周.2006.国际林业碳汇项目及四川省林业发展的机遇.四川林业科技,27(2):49-53.

158. 张燕.2003.西方区域经济理论综述.当代财经,(12):86-88.

159. 章东升,宋维明,李怒云.2005.国际碳市场现状与趋势.世界林业研究,18(5):9-13.

160. 章锦河,张捷.2005.九寨沟旅游生态足迹与生态补偿分析.自然资源学报,20(05):735-44.

161. 赵德华.2007.社区与社区功能的探析.中南民族大学学报(人文社会科学版),(S1).27(6):39-41.

162. 赵秀丽.2006.区域经济理论研究.科技情报开发与经济,16(18):142-143.

163. 赵鸭桥.1997.论贫苦农户的参与性及其对云南扶贫攻坚战略的影响.云南参与性农村评估工作网讯,(04).

164. 甄霖,闵庆文等.2006.海南省自然保护区生态补偿机制初探.资源科学,28(06):10-19.

165. 中国林业科学研究院森林生态环境研究所.2004.中国准备和实施CDM造林再造林项目的能力建设培训教材.

166. 中国森林多重效益项目设计标准项目组.2007.中国森林多重效益项目设计标准与指标.北京:中国林业出版社.

167. 中国生态补偿机制与政策研究课题组.2007.中国生态补偿机制与政策研究.北京:科学出版社.

168. 中国政府门户网站.中华人民共和国森林法实施条例.(2005-09-27)3013-07-01.http://www.gov.cn/flfg/2005-09/27/content_70635.htm.

169. 中国政府门户网站.中华人民共和国自然保护区条例.(2005-09-27)[3013-07-01].http://www.gov.cn/ziliao/flfg/2005—09/27/content_70636.htm

170. 周洪,张晓静.2003.森林生态效益补偿的市场化机制初探.中国林业,(4):31-32.

171. 周瑞华.1999.制度功能析.湖北师范学院学报(哲学社会科学版),19(01):34-37.

172. 周义程,胡晓芳.2006.区域政府:概念界说及其建设构想.理论与现代化,(05):27-32.

173. 周颖虹,康忠慧.2006.苗族传统生态文化初探.贵州文史丛刊,(03):49-52.

174. 祝庆林.1996.什么是社区.中州统战,(12):24.

175. 邹爱兵.1998.生态文明研究综述.社会科学动态,(12):1-2.

176. 邹恒芳.1998.参与式方法在防护林生态工程中的探索.会议交流论文,参与性农村发展案例分析研讨会,云南昆明,5月.